Manfred Rogner

Schildkröten

Biologie · Haltung · Vermehrung

119 Farbfotos
13 Zeichnungen

Ulmer

Inhalt

Indischen Sternschildkröten, *Geochelone elegans*, sollte man Bademöglichkeiten zur Verfügung stellen.

Jungtiere der Buchstaben-Schmuckschildkröte, *Trachemys emolli*.

Vorwort

Mit dem Schwund der heimischen Fauna – vor allem in den Ballungsräumen – kam und kommt bei vielen Zeitgenossen der Wunsch auf, sich ein „Stück Natur" in das eigene Heim zu holen. Dabei stellen wohl die Aquarianer die Hauptgruppe der Vivarianer dar, gefolgt von den Terrarianern. Die Terrarianer haben in Deutschland verschiedene Interessengemeinschaften gebildet, die sich in einem größeren Verband, der Deutschen Gesellschaft für Herpetologie und Terrarienkunde e. V. (DGHT) zusammengefunden haben. In dieser Gesellschaft gibt es unterschiedliche Arbeitsgemeinschaften, wie die DGHT-AG Schlangen, die DGHT-AG Echsen und viele andere. Ähnliche Verbände und Arbeitsgemeinschaften gibt es auch in anderen europäischen und außereuropäischen Ländern.

In der Reihe der DATZ-Terrarienbücher sind neben vielen anderen Werken bereits Bücher über Schlangen und Echsen erschienen. Die wohl größte Arbeitsgemeinschaft innerhalb der DGHT ist allerdings wohl die DGHT-AG Schildkröten. Auf zahlreichen organisierten Veranstaltungen treffen sich ihre Mitglieder und tauschen untereinander ihre Erfahrungen aus. Unter den beteiligten Wissenschaftlern werden Theorien, wie etwa zur Taxonomie und Systematik der Schildkröten, heftig diskutiert und schließlich veröffentlicht. Zudem gibt es verhältnismäßig viele Vereinsblätter und Zeitschriften, die sich mit Schildkröten befassen. Das zeigt, dass man der archaischen Gruppe der Schildkröten ein sehr großes Interesse entgegenbringt.

Mit dem vorliegenden Buch möchte ich insbesondere den Anfängern einen Überblick über die Pflege und Vermehrung von Schildkröten vermitteln. Der vorgegebene Umfang des Buches und der Charakter der Reihe, in der das Buch erscheint, lassen natürlich im Wesentlichen nur die Behandlung der Arten und Unterarten zu, die bereits erfolgreich im Menschenobhut gehalten und vermehrt werden konnten. Aus diesen Gründen wird man Informationen über Meeresschildkröten im vorliegenden Buch vergeblich suchen.

Hinweise zur Vermehrung haben vor allem die Nachzucht-Statistiken einiger Schildkröten-Interessengemeinschaften geliefert. Auch der erfahrene Schildkrötenhalter kann daher in diesem Buch schnell einmal nachschlagen, was ihm im Moment vielleicht entfallen ist, denn auch das Langzeitgedächnis hat nicht immer alles sofort parat.

Hürtgenwald, im Sommer 2007
Manfred Rogner

Jungtier der Indischen Sternschildkröte, *Geochelone elegans.*

Grundlagen

Im Freiland können Schildkröten (hier *Testudo hermanni boettgeri*) zwischen verschiedenen Kräutern wählen.

Bevor ich auf das Thema „Schildkröten" näher eingehe, möchte ich auf zwei Themen hinweisen, die zum einen (artgerechte Haltung) unbedingt zu berücksichtigen sind und zum anderen (Artbegriff) immer wieder für Verwirrungen sorgen.

Artgerechte Haltung

Was bedeutet eigentlich „artgerechte Haltung"? Gemeint ist damit, dass man bei der Unterbringung und Haltung in Menschenobhut genommener Wildtiere, also auch der Schildkröten, die ökologischen Bedingungen ihrer natürlichen Umgebung zu berücksichtigen hat, aber auch den natürlichen Bewegungsradius und ihr Verhalten sowie ihre natürliche Ernährung.

Zwar gibt es unter den 250–300 Schildkröten-Arten auch etliche Gruppen mit ähnlichen ökologischen Bedürfnissen und Verhaltensweisen, doch haben die jeweiligen Gruppenmitglieder oft noch ganz spezielle Ansprüche. Europäische Landschildkröten (*Testudo graeca*, *T. hermanni*, *T. marginata*) kann man eigentlich nur in großzügig angelegten **Freilandterrarien** artgerecht halten, ebenso europäische Sumpf- (*Emys orbicularis*, *Emys trinacris*) und einige Bachschildkröten (*Mauremys caspica*, *M. leprosa*, *M. rivulata*). Aber auch andere Schildkröten der gemäßigten Klimazonen sind für einen Freilandaufenthalt dankbar, wobei aufgrund ihrer Biologie und Ökologie natürlich sehr unterschiedlich eingerichtete Freilandanlagen erforderlich sind.

Ernst Haeckel, der 1866 das Wort **Oecologie** einführte, meinte damit „die Lehre von den Wechselbeziehungen der Organismen mit der belebten und unbelebten Umwelt sowie die Lehre vom Haushalt der Natur". Ökologie setzt also ein vernetztes Denken voraus. Die Lebewesen werden nicht isoliert betrachtet, sondern auch ihre Abhängigkeit von anderen Lebewesen und den unbelebten Elementen Wasser, Luft, Boden und Klima (Licht, Temperaturen).

Tropische und subtropische Arten hält man aus klimatischen Gründen stets oder zumindest vorwiegend in **Terrarien**, die je nach Größe und Zahl der Tiere als Blickfang in einem Zimmer stehen oder einen ganzen Raum in Anspruch nehmen. Vor allem **Gewächshäuser** bieten sich für die Haltung von etlichen Schildkröten-Arten an, da die Tiere darin den natürlichen Tag-Nacht-Rhythmus erleben können. Anders als bei der Pflege von Arten aus gemäßigten Klimazonen muss das Gewächshaus oft auch zusätzlich beheizt oder beleuchtet werden, um die natürlichen Klimaansprüche der Tiere gewährleisten zu können.

Seit 1997 gibt es ein **Gutachten über Mindestanforderungen an die Haltung von Reptilien**, das 1997 vom Bundesministerium für Ernährung, Landwirtschaft und Forsten herausgegeben worden ist. Die hier vorgeschlagenen Terrarienmaße werden von vielen Schildkrötenhaltern kritisiert, da sie als zu gering bemessen betrachtet werden. Das trifft vor allem auf die Angaben bei den Halswendern (Pleurodira) zu, da die Panzerlänge als Grundlage angesetzt wird, jedoch der bei etlichen Halswendern fast ebenso lange Hals keine Berücksichtigung findet. Andererseits bieten die Tabellen in diesem Gutachten zumindest einfach überschaubare Informationen. Deshalb habe ich mich in den Tabellen dieses Buchs einer ähnlichen Gliederung bedient.

In der Natur – ganz gleich wo – ändern sich im Laufe eines Tages und Jahres die **klimatischen Bedingungen**, sodass auch Schildkröten in Menschenobhut nicht immer gleich gehalten werden dürfen. Auskünfte über das Klima einer Region geben die Daten der einzelnen **Klimastationen** (siehe S. 14–16). Vor allem sollte man sich bereits vor der Anschaffung der in Betracht kommenden Schildkröten mit ihren speziellen Bedürfnissen auseinandersetzen. Einige wesentliche Informationen hierzu sind den einzelnen Steckbriefen zu entnehmen.

Vor allem, wenn man sich mit der „Schildkrötologie" etwas mehr auseinandersetzen möchte, sollte man als Schildkrötenhalter auch etwas über **Systematik**, **Taxonomie** und ihr Zustandekommen wissen. Vor allem sollte man aber schnell Mitglied im „Arbeitskreis Schildkröten" der DGHT werden.

Was ist eine Art?

Bereits in der Antike sind Systematiken entwickelt worden, die sich zum Beispiel bei Pflanzen nach der Wuchsform (Kraut, Staude, Baum) oder bei Tieren nach der Lebensweise (Nutztier, Wassertier, Wildtier) richtete. Seit Carl von Linnés **Systema naturae** (1735) hat es immer wieder weitere

Versuche gegeben, die Tier- und Pflanzenwelt zu systematisieren.

DARWINS **Evolutionstheorie** (1859) schuf schließlich die Basis für die Erforschung der Verwandtschaftsverhältnisse der Lebewesen. So entwickelte sich durch die Untersuchung der Abstammung der Arten eine Klassifikation, wobei die damaligen Möglichkeiten jedoch noch sehr beschränkt waren und oft auf der Intuition der Biologen basierten. Erst Mitte des 20. Jahrhunderts begannen sich die Wissenschaftler mit der theoretischen Basis etwas näher zu befassen. Dabei entstanden verschiedene Schulen, wie die **numerische Taxonomie** (Phänetik), die streng auf Verwandtschaftsbeziehungen beruhende **kladistische Systematik** nach HENNIG und die sogenannte **evolutionäre Klassifikation**. Darauf komme ich später noch zurück.

Die Begriffe „Taxonomie" und „Systematik" haben heute eine ganz andere Bedeutung als in der Vergangenheit. Die **Systematik** ist verantwortlich für die Erforschung der Abstammung und Verwandtschaftsverhältnisse sowie das Erstellen von Systemen, die **Taxonomie** für das Beschreiben, Benennen und Einordnen von Lebewesen in bereits vorhandene Systeme.

Zurzeit befinden wir uns offenbar am Beginn einer Renaissance. Die Zahl der Wissenschaftler, die sich beispielsweise mit der Kladistik beschäftigen, ist noch viel zu gering, und die heute von etlichen Taxonomen verwendeten Systeme unterscheiden sich daher nicht wesentlich von denen zu Beginn des letzten Jahrhunderts. Im vorliegenden Buch bleibe ich – wie noch weit verbreitet – beim **biologischen Artbegriff** nach MAYR (1967). Denn man darf auch weiterhin nicht vergessen: Alle Verwandtschaftshypothesen bleiben Hypothesen, da man die Entwicklung der Organismen ohne Zeitmaschine nicht zurückverfolgen, sondern nur zu rekonstruieren versuchen kann.

RIEPPEL & KEARNEY (2007) verweisen darauf, dass man alle derzeitigen Systematiken eigentlich in Frage stellen kann, denn die heute gebräuchlichen bauen auf subjektiven, willkürlich ausgewählten Merkmalen und deren ebenfalls subjektiver Bewertung auf. Deshalb gibt es bislang keine Klarheit bei der Konzeptualisierung der Merkmale, denn das würde voraussetzen, dass es eine Merkmalsidentifizierung und Wiederidentifizierung gibt, die auf einem nach wissenschaftlichen Kriterien nachvollziehbaren kausalen Prozess beruht. Aber welche Systematiken gibt es denn?

Biologische oder evolutionäre Systematik

Das **phylogenetische System**, das beispielsweise der finnische Forscher PERÄLÄ (2002 a, b) anwendete und das für erhebliche Verwirrungen unter den Haltern europäischer Landschildkröten gesorgt hat, zielt darauf ab, ausschließlich die phylogenetische Verwandtschaft der Organismen zu berücksichtigen. Die Gruppen innerhalb dieses Systems müssen **monophyletisch** sein. Das bedeutet, dass alle Arten einer Gruppe von der gleichen Art abstammen und dass es keine Nachkommen dieser Art außerhalb der Gruppe gibt. Arten hören auf zu existieren, wenn sie durch Artaufspaltung in zwei neue Arten übergehen (es gibt daher auch keine Unterarten!).

Ergebnisse einer kladistischen Analyse sind Verwandtschaftshypothesen, die als **Kladogramm** (Argumentationsschema der phylogenetischen Systematik, HENNIG 1966) dargestellt werden. Im Gegensatz zu einem Stammbaum stehen bei einem Kladogramm nur am Ende der Abstammungslinien Arten. Man geht also nicht davon aus, dass eine Art von einer eindeutig definierten anderen abstammt. Die Kladistik basiert ausschließlich auf phylogenetischer Verwandtschaft. Dabei nimmt sie keine Rücksicht auf offensichtliche oder vermeintliche Ähnlichkeiten. Eine Weiterentwicklung der Organismen muss danach nicht zwingend stattfinden.

Anders dagegen sieht es die **biologische** oder **evolutionäre Systematik**. Innerhalb der typologisch-biologischen und evolutionären Systematik und Taxonomie der Tiere und Pflanzen ist die **Art** (Spezies) eine Grundeinheit. Sie umfasst die Gesamtheit aller Individuen oder Populationen, die einer potenziellen Fortpflanzungsgemeinschaft angehören. Von allen anderen Arten ist die jeweilige Art durch ihre Fortpflanzungsgemeinschaft reproduktiv isoliert. Durch die reproduktive Isolierung werden Arten zu geschlossenen genetischen Systemen und besitzen einen spezifischen **Genpool**.

Ihrem Charakter entsprechend unterscheidet man zwischen der **Artentstehung** aufgrund geografischer (allopatrischer) und ökologischer (sympatrischer, also im gleichen Verbreitungsgebiet stattfindender) Isolation. Sobald die Entwicklung des genetischen Systems der Art einmal erfolgt ist, ist dies nicht mehr reversibel. Man rechnet für die Entstehung einer Art über verschiedene Zwischenstufen durchschnittlich mit einem Zeitraum von 200 000–500 000 Jahren. Der Zeitraum kann aber auch deutlich kürzer sein und hängt von den jeweiligen Faktoren und der Kompliziertheit des Lebewesens ab. So wird beispielsweise darüber diskutiert, ob die Artbildungsprozesse bei den ostafrikanischen Buntbarschen nicht schon in wenigen hundert Jahren abgelaufen sein können!

Innerhalb einer Art bildeten sich **Populationen**, die mit anderen Populationen nur manchmal in Verbindung stehen, meist aber durch Hindernisse (Inselbildungen, Eiszeiten, Gebirge, Flüsse) mehr

Die Chinesische Streifenschildkröte, *Ocadia sinensis*, ist die Ausgangsart verschiedener Hybriden, die gelegentlich für neue Arten gehalten worden sind.

oder weniger deutlich getrennt werden. Innerhalb einer Population kommt es zu Nachkommen, die die Merkmale dieser Population erben und weitergeben können. Ein Gen-Austausch mit anderen Populationen ist häufig nicht oder nur selten möglich. Die mehr oder weniger strenge **genetische Isolation** von Populationen führt über Evolutionsprozesse zur Bildung neuer Arten. Wo zwei unterschiedliche Populationen in Kontakt treten können, ist auch wieder eine Vermischung möglich.

Es gibt Arten, die sich innerhalb des gesamten Verbreitungsgebiets in allen Eigenschaften völlig gleichen. Man bezeichnet das als **monomorph** (monotypisch, homofazial). Vor allem in sehr großen Verbreitungsgebieten, wie sie zum Beispiel die Griechische Landschildkröte (*Testudo hermanni*) und die Europäische Sumpfschildkröte (*Emys orbicularis*) besiedeln, kommt es aber innerhalb einer Art oft zu weit gehenden Abweichungen von der Norm oder zu speziellen Differenzierungen, etwa kleineren oder größeren Unterschieden im Aussehen (morphologische Merkmale), bei anderen Arten aber auch jahreszeitlich bedingten Unterschieden (beispielsweise Verfärbungen bestimmter Körperpartien). Solche deutlich auftretenden Merkmale können dann nach dem typologisch-biologischen Artbegriff (MAYR 1967) zur Beschreibung von **Unterarten** (Subspezies) führen, nach dem phylogenetischen System ausschließlich zur Bildung von **Arten**.

Wenn verschiedene Arten oder Unterarten bei einem Händler oder Schildkrötenhalter gemeinsam gehalten werden, kann es (unabsichtlich oder ganz bewusst) zur Entstehung von **Hybriden** kommen. Vor allem geschieht das in den großen Zuchtfarmen (etwa auf der Insel Hainan, China), in denen manchmal mehr als 50 Schildkröten-Arten gemeinsam in einem großen Teich gehalten werden. Von besonders eifrigen Wissenschaftlern werden solche Hybriden dann häufig zu schnell als „neue Arten" beschrieben, ohne dass sie den Lebensraum und eine mögliche Population erforscht hätten, bis der Irrtum aufgeklärt wird.

Ein besonders krasser Fall ist zum Beispiel „*Ocadia philippeni*". Diese Schildkröte erschien plötzlich im Handel und wurde von MCCORD & IVERSON (1992) zu Ehren eines deutschen Schildkrötenhalters als neue Art beschrieben. Da die Tiere offenbar sehr selten waren, wurde die Art auf Antrag in den CITES-Anhang III gesetzt (ab Februar 2005).

Später wurde deutlich, warum diese Art so selten war. Es handelte sich bei dieser Form um einen Hybriden, vermutlich zwischen *Ocadia sinensis* und *Cuora trifasciata*, vielleicht auch *Ocadia sinensis* × *Pyxiclemmys trifasciata* × *Cathaiemys mutica*, entstanden in einem Schildkröten-Sammelbecken eines chinesischen Großhändlers. Wie peinlich! In den USA werden diese Hybriden **Mock Turtles** (Pseudo-Schildkröten) genannt (DE BRUIN & ZWARTEPOORTE 2004, DALTON 2003). Auf die Kreuzungsgefahr bei einigen Arten wird in den Steckbriefen hingewiesen.

Die aktuelle Systematik und Taxonomie der Schildkröten kann man im Internet der von UETZ geführten **The Embl Reptile Database** (siehe Serviceteil; zu finden auch über Google) entnehmen. Sie ist zur Zeit des Drucks mit der hier im Buch verwendeten identisch).

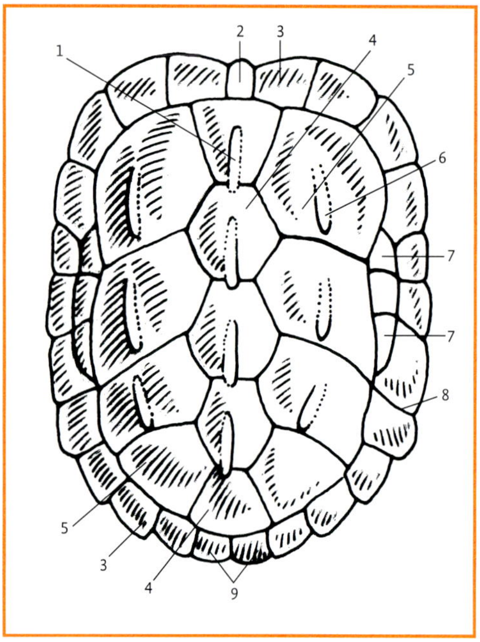

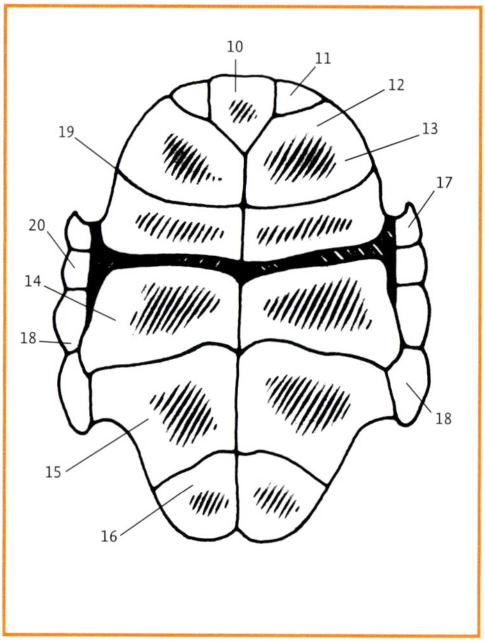

Schema der Schilde des Schildkrötenpanzers (nach ULLRICH 1998).

Rückenpanzer (Carapax)
1 Wirbelkiel (Dorsalkiel)
2 Nackenschild (Praecentrale)
3 Randschild (Marginale)
4 Wirbelschild (Centrale)
5 Rippenschild (Laterale)
6 Seitenkiel (Lateralkiel)
7 oberer Zwischenschild (Supramarginale)
8 Rückenpanzerscharnier (Carapaxscharnier)
9 Schwanzschilde (Postcentralia)

Bauchpanzer (Plastron)
10 Zwischenkehlschild (Intergulare)
11 Kehlschild (Gulare)
12 Armschild (Humerale)
13 Brustschild (Pectorale)
14 Bauchschild (Abdominale)
15 Schenkelschild (Femurale)
16 Afterschild (Anale)
17 Achselschild (Inframarginale)
18 Hüftschild (Inguinale)
19 Bauchpanzerscharnier (Plastronscharnier)
20 unterer Zwischenschild (Inframarginale)

Körperbau

Der Bauplan der Schildkröten ist immer ähnlich. Sichtbar sind Rücken- und Bauchpanzer, Kopf, Vorder- und Hinterbeine sowie der Schwanz! Aber bei der Betrachtung der verschiedenen Schildkröten bemerkt man doch schnell einige Unterschiede. Diese Merkmale werden zur Beschreibung und Bestimmung der Arten herangezogen.

Der Panzer

Der Panzer ist das auffälligste Merkmal aller Schildkröten. Er ist deutlich in **Rücken-** (Carapax) und **Bauchpanzer** (Plastron) untergliedert. Beide sind meist durch eine Brücke miteinander verbunden. Je nach Familie kann der Panzer recht unterschiedlich geformt sein. Weichschildkröten (Familie Carettochelydae, Familie Trionychidae) und die in diesem Buch nicht behandelten Lederschildkröten (Familie Dermochelydae) besitzen einen weicheren und auch sehr von der üblichen Form abweichenden Panzer.

Bei den Angaben der Panzerlängen werden oft unterschiedliche Abkürzungen verwendet. Die Abkürzung PL bedeutet Panzerlänge, CL die Carapaxlänge. Genauer ist jedoch die **Stockmaß-Carapax-Länge** (SCL), da man hier die Schildkröte auf ein Zentimetermaß legt und dann die sichtbare Panzerlänge vom Beginn des Panzers bis zum Ende misst. In früheren Zeiten wurde die Länge der Schildkröte oft entlang der Carapaxkrümmung gemessen, wodurch es zu überhöhten Längenangaben kam.

Unter dem äußeren **Hornpanzer** liegt der eigentliche **Knochenpanzer**. Zwischen dem Knochen- und dem Hornpanzer befindet sich eine gut durchblutete Hautschicht, die auch mit Nervenbahnen ausgestattet ist. Die einzelnen Schilde des Hornpanzers sind bei vielen Schildkröten relativ ähnlich angeordnet und nicht identisch mit der Form und Lage der einzelnen Platten des darunter befindlichen Knochenpanzers.

Wirbelsäule und Schultergürtel

Bei Schildkröten ist die Wirbelsäule fest mit dem Knochenpanzer verwachsen. Nur die Hals- und Schwanzabschnitte sind frei beweglich. Während der kurze Schwanz seitlich an den Panzer angelegt werden kann, können die Schildkröten der Unterordnung **Cryptodira** (Halsberger) ihren Kopf mit dem Hals in den schützenden Panzer ziehen, die der Unterordnung **Pleurodira** (Halswender) ihren oft sehr langen Hals jedoch nur an den Panzerrand anlegen. Auch Schulter- und Beckengürtel sind am Aufbau des Knochenpanzers beteiligt, und beide sind um einige Elemente reduziert.

Kopf

Viele Schildkröten haben eine typische Kopfform. Ihre Kiefer sind mit einer Hornschneide ausgestattet, die dem Abbeißen der Nahrung dient. Die Augen liegen etwas in den Höhlen und sind für gewöhnlich trocken und klar. Auch die Nasenlöcher sind normalerweise trocken und sondern keinen Schleim ab. Das Trommelfell ist deutlich erkennbar. Öffnet die Schildkröte das Maul, erkennt man die dicke, fleischige Zunge. Die Anordnung der Kopfschilde kann recht unterschiedlich sein und stellt ein weiteres Bestimmungsmerkmal dar.

Der Panzer ist das auffälligste Merkmal der Schildkröten, wie hier bei der schönen Stachelrand-Gelenkschildkröte (*Kinyxis erosa*).

Gliedmaßen

Während der Begriff **Sumpfschildkröten** der deutsche Name der Familie Emydidae ist, hat die Bezeichnung **Wasserschildkröten** keine wissenschaftliche Bedeutung. Sie beschreibt lediglich Schildkröten, deren Aktivitäten sich vorwiegend im Wasser abspielen.

Sowohl bei Wasser- als auch bei etlichen Sumpfschildkröten findet man an den Hinterbeinen meist recht unterschiedlich stark ausgeprägte Schwimmhäute zwischen den Zehen. Je mehr die Arten an ein Leben im Wasser angepasst sind, desto ausgeprägter sind die Schwimmhäute. An den Vorder- und Hinterbeinen findet man Krallen, die beim Verlassen des Wassers und beim Klettern hilfreich sind, bei Landschildkröten auch zum Graben. Bei einigen amerikanischen Schmuckschildkröten sind die Vorderbeinkrallen bei den Männchen besonders stark ausgeprägt und werden bei der Balz eingesetzt.

Im Gegensatz zu Wasserschildkröten besitzen **Landschildkröten** regelrechte Klumpfüße. Sie sind besonders gut zum Überwinden von Hindernissen, aber auch zum Graben geeignet. Dabei helfen auch die an allen Gliedmaßen befindlichen Hornkrallen. Bei manchen Landschildkröten findet man auf den Oberschenkeln Höckerschuppen, die als Unterscheidungsmerkmal europäischer Arten eine Rolle spielen.

Geschlechtsmerkmale

Im Allgemeinen haben männliche, geschlechtsreife Schildkröten einen wesentlich kräftiger ausgeprägten Schwanz, da darin der **Penis** eingebettet ist. Der Penis besteht aus lang gestreckten, seitlichen Fortsätzen der unteren Kloakenwand und liegt auf der zur Bauchseite zeigenden Kloakenwand. Im erigierten Zustand kann er sehr groß werden und er besitzt bei vielen Arten an seinem Ende eine deutliche Verdickung.

Ansonsten bleiben die Männchen oft auch etwas oder deutlich kleiner als die Weibchen. Bei einigen Arten zeigen die Männchen auch noch andere Merkmale, wie einen mehr oder weniger deutlich konkav geformten Bauchpanzer. Bei der Griechischen Landschildkröte haben Männchen – von oben betrachtet – im Gegensatz zu den eher oval geformten Weibchen einen eher trapezförmigen Panzer, da die hinteren Randschilde breiter sind. Andere Beispiele werden in den Steckbriefen erwähnt.

Nach dem Ablösen der Hornschilde erkennt man den Knochenpanzer der Schildkröte (*Testudo kleinmanni*).

Lebensweise

Alle Reptilien, also auch Schildkröten, gehören zu den sogenannten poikilothermen oder **wechselwarmen** Lebewesen. Ihre Körpertemperatur ist daher immer von der Umgebungstemperatur abhängig. Für die meisten tropischen Schildkröten ist das in ihrer Heimat kein Problem. Das Klima in den natürlichen Lebensräumen tropischer und subtropischer Schildkröten erlaubt ihnen meist ganzjährig Aktivitäten. Hierzu gehören nicht nur die Fortbewegung, sondern auch Nahrungsaufnahme, Verdauung und Fortpflanzung. Anders dagegen ist die Situation für Schildkröten aus den gemäßigten Zonen, wo meist eine **Überwinterung** notwendig ist. Zu diesen Arten gehören auch unsere europäischen Land- und Sumpfschildkröten.

Eine besondere Anpassung an ihren Lebensraum wird von jenen Arten verlangt, die in Wüsten, Halbwüsten, Steppen und Savannen leben. Um nicht an einer **Überhitzung** zu sterben, graben sie sich für gewöhnlich Gänge in das Erdreich oder nutzen bereits bestehende Baue, die beispielsweise von Säugetieren angelegt worden sind.

Entgegen einer weit verbreiteten Meinung sind viele Schildkröten keine Sonnenanbeter. Nachdem sie ihre **Vorzugskörpertemperatur**, etwa 28–30 °C, durch Sonnenbäder oder bereits durch die Umgebungstemperatur erreicht haben, ziehen sie sich meistens – je nach Art – in Deckungen oder in Gewässer zurück, um dort ihr eher verborgenes Leben zu führen.

Das Leben der europäischen **Landschildkröten** spielt sich zum großen Teil in mit Brombeeren überwucherten Gräben oder im Dickicht der Macchia, Garrigue oder Phrygana ab. Nur relativ selten kann man sie in der Natur auch außerhalb ihrer Versteckbereiche beobachten, gewöhnlich während der Paarungszeit, wenn sie auf der Suche nach Partnern sind.

Viele **Wasserschildkröten** gleiten nach Erreichen ihrer Vorzugstemperatur in das Wasser, um sich dort auf die Jagd oder Suche nach Nahrhaftem zu begeben. Sinkt die Körpertemperatur auf einen bestimmten Schwellenwert, sind sie genötigt, sie durch erneute Sonnenbäder wieder zu erhöhen. Manche Arten verlassen hierzu gar nicht das Wasser, sondern nehmen an der Wasseroberfläche wärmende **Sonnenbäder**, etwa die Meeresschildkröten, die Weichschildkröten, aber auch viele andere das Wasser bewohnende Schildkröten.

Während der Mensch zur Erhaltung der erforderlichen Körpertemperatur von 36–37 °C stets Energie umsetzt, reduziert sich bei Schildkröten bei sinkenden Umgebungstemperaturen automatisch die Körpertemperatur. Auch der Stoffwechsel, der Herzschlag und alle anderen Körperfunktionen verlangsamen sich immer mehr, sodass die Schildkröten in eine Art Starre verfallen. Man spricht deshalb bei ihrer kühlen Ruhephase nicht von einer Winterruhe oder einem Winterschlaf, sondern tatsächlich von einer **Winterstarre**! An diese Überwinterung sind jedoch lediglich die Schildkröten angepasst, die natürlicherweise in den gemäßigten Zonen leben. Subtropische und tropische Schildkröten verenden bei länger anhaltenden Niedrigtemperaturen.

Sinnesleistungen

Bei ihrer Suche nach Nahrhaftem benutzen Schildkröten in erster Linie ihren **Gesichtssinn**. Mit seiner Hilfe finden sie auch Partner, erkennen mögliche Gefahren oder den Stand der Sonne. Es ist bemerkenswert, dass sich Landschildkröten häufig von gelben oder rötlichen Pflanzenteilen (Blüten, Früchte) angezogen fühlen. Würmer erkennen sie an den Bewegungen und ein leeres Schneckenhaus (aber auch *Sepia*-Schalen) – aus welchen Gründen auch immer – als Kalziumquelle. Wasserschildkröten nehmen ihre Beute häufig ebenfalls wegen der Bewegungen wahr, finden aber auch bewegungslose Nahrung mit dem Gesichtssinn.

Haben Schildkröten eine in Frage kommende unbewegliche Nahrung erreicht, prüfen sie sie erst einmal mit dem **Geruchssinn** auf ihre Tauglichkeit. Manchmal dauert das Beriechen von Pflanzen oder anderer Nahrung schon etwas länger und gelegentlich beißen Schildkröte etwas skeptisch in unbewegliche Nahrung. Bewegliche Nahrungstiere werden dagegen vor allem von Wasserschildkröten oft sehr schnell geschnappt und verschlungen. Aas oder Kot von Säugetieren können Schildkröten auch allein mit dem Geruchssinn aufspüren, ohne diese „Appetithäppchen“ zuvor mit den Augen wahrgenommen zu haben.

Sinnesorgan Haut

Auch die Haut dient Schildkröten als Sinnesorgan. Mit ihrer Hilfe erkennen Schildkröten zum Beispiel:

- Temperaturunterschiede. Wird es ihnen bei direkter Sonneneinstrahlung zu warm, ziehen sie sich an einen kühleren Ort zurück.
- Hindernisse. Auch bei schwacher Beleuchtung oder im Dunkeln bemerken sie Hindernisse und können ihnen dann ausweichen.
- Erschütterungen. Mit der Hautoberfläche nehmen Schildkröten Erschütterungen auch aus größeren Entfernungen wahr.

Auch zwischen Horn- und Knochenpanzer befindet sich eine dünne, mit Nerven und Blutgefäßen durchzogene Haut. Mit ihrer Hilfe können die Tiere ebenfalls Temperaturen und Druck wahrnehmen.

Der Uferhang bietet viele Sonnenplätze – und vor allem auch Eiablageplätze!

Schildkröten, die sich bereits seit einiger Zeit in Menschenobhut befinden, erkennen auch ihren Pfleger – und ob er gerade mit dem Futter naht. Zudem können Schildkröten mit ihrem seismischen Sinn selbst schwache Erschütterungen des Bodens oder des Wassers (herannahende Feinde, Konkurrenten oder mögliche Partner) feststellen. Sogar ein wenig hören können Schildkröten. Mit ihrem **Gehör** können sie allerdings nur einige niedrige Frequenzen (200–500, maximal 1000 Hz) wahrnehmen.

Gedächnisleistungen

Dass viele Schildkröten ihren Pfleger erkennen, zeigt, dass sie auch zu bestimmten Gedächnisleistungen fähig sind. Ebenso erkennen sie auch innerhalb ihres Aktionsradius bestimmte Bereiche wieder und wissen genau, wann es sich lohnt, sie aufzusuchen, weil dort in einem bestimmten Zeitraum Nahrung zu finden ist. Mit der Zeit entsteht im Revier vieler Landschildkrötenarten ein deutliches Wegenetz – und man begegnet sich darauf auch immer wieder einmal. Mit dem Geruchssinn werden dann auch Artgenossen oft ausgiebig geprüft – und vermutlich wiedererkannt. Mit Hilfe ihres Erinnerungsvermögens merken sich Weibchen auch geeignete Eiablageplätze und Männchen wissen, wo man innerhalb des Reviers auf Weibchen treffen könnte. Auch hilft das Gedächtnis dabei, immer wieder die selbst gegrabene Höhle zu finden oder – bei Landschildkröten aus den gemäßigten Zonen – im Herbst die frostsichere Überwinterungshöhle.

Klimazonen und Schildkröten

Für das Auftreten unterschiedlicher **Klimazonen** ist in erster Linie der von der Region abhängige unterschiedliche Einfallswinkel der Sonnenstrahlung auf die Erde verantwortlich. Damit verbunden sind starke Temperaturunterschiede, die wiederum für klimatische Folgen (etwa geringe oder hohe Verdunstung, Wüstenbildung) verantwortlich sind. Anhand verschiedener klimatischer Kriterien wird die Atmosphäre der Erde in unterschiedliche Klimazonen eingeteilt.

Außerdem kann man diese Zonen auch noch in **Klimatypen** unterteilen. Mit den Klimazonen eng verknüpft sind auch die Vegetationszonen, da die pflanzliche Artenvielfalt insbesondere vom Klima abhängt. Bei der Einteilung nach geografischen Kriterien gibt es vier Klimazonen, von denen für das Vorkommen von Schildkröten nur die **Gemäßigte Zone** von 66,5° (Polarkreise) bis 40°, die **Subtropen** von 40° bis 23,5° (Wendekreis) und die **Tropen** von 23,5° bis 0° (Äquator) eine Rolle spielen.

Die **Gemäßigte Zone** liegt zwischen den Polarkreisen und den Subtropen. Bei ihr handelt es sich um Gebiete, in denen der wärmste Monat wärmer als 10 °C ist, die Jahresmitteltemperatur jedoch unter 20 °C liegt. Die **Subtropen** umfassen Gebiete mit einer Jahresmitteltemperatur über 20 °C, die Mitteltemperatur im kältesten Monat übersteigt aber nicht 20 °C. Bei den **Tropen** handelt es sich um Gebiete, in denen die Mitteltemperatur im kältesten Monat über 20 °C liegt.

Die hier nach den Temperaturbedingungen erfolgte Einteilung gibt nur grob wieder, in welchen Verbreitungsgebieten Schildkröten möglicherweise überwintern müssen. Es gibt auch detailliertere Einteilungen, die die tatsächlichen Klimabedingungen etwas genauer wiedergeben. Eine davon berücksichtigt die **Niederschlagsmengen** und die **Evapotranspiration**. Dabei unterscheidet man aride, semiaride, semihumide und humide Klimate. Jede dieser Differenzierungen hat ihre Vor- und Nachteile – hier soll nur ein erster Einblick gegeben werden.

Bei der Beachtung der Klimabedingungen sind vor allem die lokalen Werte entscheidend. Denn die zuvor genannten Grobeinteilungen geben mit dem **Makroklima** nur eine Einschätzung über einen größeren Bereich wieder. In der gleichen Region ist zum Beispiel das vorherrschende Küstenklima ein ganz anderes als das Klima im Gebirge oder sogar Hochgebirge. Man bezeichnet solche enger gefassten Bereiche als **Mesoklima** (etwa im Bereich einer Lagune oder Bergkette). Deshalb ist es wichtig, den exakten Lebensraum zu kennen, der von den betreffenden Schildkröten besiedelt wird. So suchen vor allem Schlüpflinge oder junge Landschildkröten oft feuchtere Bereiche auf, die in unmittelbarer Nähe auch ein Aufwärmen ermöglichen. Deshalb sind sie in der Natur nur selten aufzuspüren.

Daher ist es viel wichtiger, etwas über das die Tiere umgebende **Mikroklima** oder Kleinklima zu wissen. Als Mikroklima versteht man das Klima im Bereich der bodennahen Luftschichten bis etwa 2 m Höhe, oder das Klima, das sich in einem kleinen, klar umrissenen Bereich (zum Beispiel zwischen Bäumen in einem Wald) ausbildet.

Das Mikroklima wird entscheidend durch die Nähe der Bodenoberfläche und die dortige Bodenreibung des Windes geprägt. Hier herrschen schwächere Luftbewegungen, aber größere Temperaturunterschiede. Die Verschiedenheit des Bodens, des Geländes, der Hanglage und des Pflanzenwuchses kann auf engem Raum große Klimagegensätze hervorrufen. So ist das Mikroklima beispielsweise besonders für niedrig wachsende Pflanzen von Bedeutung, da sie ihr klimaempfindlichstes Lebensstadium in der bodennahen Luftschicht durchlaufen.

Auch Schildkröten sind dem Mikroklima direkt ausgesetzt. So wirkt sich Vegetation auch durch die Veränderung der Sonneneinstrahlung (Beschattung) oder die Modifikation des Windfelds aus. Da sich diese Einflüsse mit der Zeit verändern und auch externe Faktoren leicht einwirken können, kann man Mikroklimate in der Regel nicht mit Messreihen darstellen.

Klimatischer Jahresrhythmus

Bereits weiter oben wurde darauf hingewiesen, dass Schildkröten – je nach geografischer Verbreitung – unterschiedlichen klimatischen Bedingungen unterworfen sind. Die in ihrer Heimat im Verlauf eines Jahres gängigen Temperaturen sollte man den Tieren in etwa auch in Menschenobhut bieten.

Lebensraum von *Testudo marginata* (Kardamili auf dem Peloponnes in Griechenland).

Kalifornische Halbwüste mit aridem Klima.

Um den klimatischen Jahresrhythmus überblicken zu können, bietet es sich an, die Daten einer im Lebensraum der Schildkröten oder in seiner Nähe befindlichen **Klima-Messstation** heranzuziehen. Obwohl es spezielle Handbücher über die Klimastationen der Erde gibt (etwa MÜLLER 1996), kann man auch im Internet schnell die Daten verschiedener Klima-Messstationen auf der ganzen Welt abrufen (siehe auch das Kapitel „Beleuchtung und Wärme" auf S. 24).

Bei dem Nachlesen der Klimainformationen ist aber auch zu berücksichtigen, dass im speziellen Lebensraum der betreffenden Schildkröten die mikro- oder mesoklimatischen Bedingungen oft anders sind als die von den Messstationen erhobenen Daten des Großklimas. Befindet sich die nächste Messstation in Küstennähe im offenen Gelände, der Lebensraum der betreffenden Schildkröten jedoch in höheren Lagen im Wald, werden zumindest die Temperaturen schon deutlich niedriger liegen. Das ist aber nicht immer so! Daher ist es für den Pfleger wichtig, sich genau über den Lebensraum und die Lebensweise der Tiere zu informieren.

Zur artgerechten Haltung der Tiere gehört es auch, Schildkröten der gemäßigten Zonen eine kühle **Ruhephase** zu ermöglichen, jene aus subtropischen und tropischen Bereichen dagegen **Trocken- und Regenzeiten** erleben zu lassen. Bei überwiegend aquatisch lebenden Arten sind auch die Wassertemperaturen wichtig. Sie können sich im Verlauf eines Jahres verändern und sinken in der Regenzeit häufig um einige Grad.

Klima

Arides Klima. Der Begriff kommt vom lateinischen *aridus* (trocken, dürr). Bei diesem Klima ist der Niederschlag in einer Region für 10–12 Monate im Jahr geringer als die mögliche Verdunstung.

Semiarides Klima. Der Niederschlag ist für 6–9 Monate im Jahr geringer als die Verdunstung.

Semihumides Klima. Der Niederschlag ist in einer Region höher als die mögliche Verdunstungskapazität (er übertrifft die Verdunstung für 6–9 Monate im Jahr). Dadurch herrscht eine hohe Luftfeuchtigkeit und damit das genaue Gegenteil eines ariden Klimas.

Humides Klima. Dieses Klima wird auch als Feuchtklima bezeichnet. Dabei sind die jährlichen Niederschläge größer als die Verdunstungskapazität (der Niederschlag übertrifft die Verdunstung für 10–12 Monate im Jahr).

Bildlich kann man sich das so vorstellen: Stellt man einen halbvollen Eimer mit Wasser ins Freie, wird er in einem ariden Klima bald leer sein, in einem humiden Klima bald überlaufen.

Biologische oder innere Uhr

Eins der wesentlichen neuroendokrinen Zentren des Gehirns, der Hypothalamus, bildet mit den entsprechenden Sinnesorganen jene übergeordnete Schaltzentrale, durch die die Verhaltensweisen gesteuert werden, die wiederum die Körpertemperatur beeinflussen. Denn bei einer ausgewogenen **Thermoregulation** stimmen bei Schildkröten die Umgebungstemperaturen mit den Körpertemperaturen fast überein. Die Körpertemperatur der Schildkröten ist zwar den äußeren Temperaturschwankungen unterworfen, aber es gibt Hinweise, die darauf hindeuten, dass die Körperkern- und die Umgebungstemperaturen in bestimmten Phasen des Lebenszyklus – zumindest bei Arten aus den gemäßigten Klimazonen – nicht übereinstimmen, sondern dass die Körpertemperatur etwas höher liegt.

Die von Mai bis August herrschenden Umgebungstemperaturen im Lebensraum der Schildkröten **gemäßigter Klimazonen** sorgen fast übergangslos für die notwendigen Vorzugstemperaturen. Im Gegenteil – vor allem im Hochsommer müssen die Schildkröten dafür sorgen, dass sie sich nicht überhitzen und deshalb kühlere Stellen (etwa Buschbereiche) aufsuchen.

Was geschieht aber in den Phasen ihres Lebens, wenn die Umgebungstemperatur keinen oder noch keinen Einfluss ausüben kann, wie zum Beispiel während der Nachtruhe, der morgendlichen Aufwärmphase, aber auch der Fortpflanzungsbereitschaft im Frühling und vor allem während der Überwinterung? Dann setzt offenbar eine endokrine, **physiologische Steuerung** ein.

Auch das rechtzeitige Aufsuchen von Winterquartieren steht – wie schon angedeutet – nicht nur in Verbindung mit den sinkenden Außentemperaturen, sondern wird offenbar auch durch den Rhythmus der „inneren Uhr" gesteuert. Diese Ruhephase ist das Ergebnis der ökologischen Anpassung jener Schildkröten an ihren jeweiligen Lebensraum und steht auch im Zusammenhang mit den Zyklen der Produktion von Melatonin und des Glucocorticoidspiegels im Blut.

Auch der Einfluss der **Vitamin-D_3-Synthese** spielt dabei eine große Rolle. Denn dieses Vitamin ist nicht nur für die Knochenmineralisierung verantwortlich, sondern reguliert zusätzlich auch die Produktion vieler Hormone und beeinflusst auch bestimmte Verhaltensweisen. Da die Vitamin-D_3-Synthese unter Einfluss des Sonnenlichtes stattfindet und nach Stumpf & Privette (1991) der UVB-Anteil im Sommer 1300 % über dem der Wintermonate liegt, geht Bidmon (2001) davon aus, dass hier ein weiteres System besteht. Dieses System ist zumindest teilweise an der Regulation durch den Jahres-Biorhythmus (circanuell) gesteuerter Vorgänge beteiligt und hat damit auch Einfluss auf das Reproduktionsgeschehen.

Sowohl **Aestivation** (Sommer- oder Trockenruhe) als auch **Hibernation** (Winterstarre, Winterruhe) folgen bei den ihnen unterworfenen Schildkröten einem jahreszeitlichen Rhythmus (Zyklus oder **circannueller Rhythmus**). Er unterscheidet sich deutlich vom **circadianen Rhythmus** (Tag-Nacht- oder Hell-Dunkel-Rhythmus). Die „innere Uhr" wird durch den circadianen Rhythmus gesteuert, also dem täglichen Wechsel von Hell- und Dunkelphasen. Europäische Schildkröten nutzen als wichtigstes Merkmal die Tageslichtlänge, da sie in ihrem Verbreitungsgebiet bis zum 21. Juni stetig steigt und ab dem 21. Juni jedoch wieder langsam geringer wird.

Diese Änderungen der circadianen Phasen zeigen den Schildkröten nach dem Erwachen aus der Ruhephase immer, in welchem Jahreszyklus sie sich zu diesem Zeitpunkt befinden. Damit sind auch die beiden Hauptpaarungszeiten (Frühjahr und Herbst) zu erklären, obwohl verschiedene Breitrandschildkröten aufgrund der Lage ihres Lebensraums und der darin herrschenden ökologischen Bedingungen (etwa dichte, schattige Buschbereiche der Macchia oder Phrygana) nicht unbedingt eine Sommerruhephase einlegen müssen. Daher ist es auch immer interessant zu wissen, aus welcher Region die eigenen Schildkröten kommen. Nicht zuletzt deshalb benötigen Schildkröten, die aus weiter südlich liegenden Regionen in unsere Breiten kommen, häufig auch Jahre, bis sie sich an die bei uns üblichen Tageslichtlängen gewöhnt haben.

Der bei der Steuerung der inneren Uhr wichtige Botenstoff ist das bereits erwähnte **Melatonin**, ein Hormon der Zirbeldrüse (Epiphyse). Die Melatoninsekretion wird in allen bisher untersuchten Reptilien in Abhängigkeit von der Temperatur und dem Abstand zwischen den Lichtphasenwechseln (Hell/Dunkel und Dunkel/Hell) gesteuert. Neben der Epiphyse sind auch noch weitere Hirnregionen zur Melatoninbildung befähigt, und zwar jene, die im Verlauf der Evolution zur Lichtwahrnehmung fähig waren und auch noch sind, wie etwa Teile der Augen (Netzhaut und Retina).

Das Hormon Melatonin ist der Botenstoff, der den eigentlichen Schrittmacher im 24-Stunden-Takt des Gehirns auf die im jeweiligen Lebensraum vorherrschenden Bedingungen einstellt. Mit dem Beginn der Dunkelphase erfolgt die Induktion der Melatoninsynthese. Bis jedoch Melatonin produziert und abgegeben wird, dauert es erst einmal einige Zeit. Bei Reptilien, die eine Winterstarre einlegen, konnte man eine über den Lichtphasenwechsel gesteuerte Melatoninfreisetzung lediglich während der warmen Sommermonate feststellen. Die Melatoninsynthese wird außerhalb die-

Natürliches Winterquartier der Breitrandschildkröte (*Testudo marginata*) in Kardamili (Peloponnes/Griechenland). Die Schildkröten nutzen die Tageslichtlänge, um sich auf die Winterstarre vorzubereiten.

ser Sommermonate von der Temperatur gesteuert. Über den Blutkreislauf gelangt Melatonin in alle Körperregionen, also auch in die Gehirnflüssigkeit im Zentralnervensystem. Schließlich bindet sich Melatonin an Rezeptoren verschiedener Körperzellen, auch an den Nervenzellen des Hypothalamus im Zwischenhirn. Der Hypothalamus ist über den Hypophysenstiel mit der Hirnanhangdrüse (Hypophyse) verbunden und regelt über sogenannte **Steuerhormone** die Hormonfreisetzung aus der Hypophyse, die wiederum Hormone in den Blutkreislauf abgibt.

Diese Hormone regulieren fast alle bekannten Lebensvorgänge. Es gibt Hormone, die die Schilddrüse steuern, andere steuern die Reproduktionsvorgänge in beiden Geschlechtern, das Wachstum, das Immunsystem und vieles mehr. So wird auch deutlich, wie wichtig der circadiane und circannuelle Rhythmus sind, und ebenso, warum sich die Schildkröten (und andere Reptilien) nicht fortpflanzen können, bevor sie ihr endokrines System auf den in einer für sie „neuen" Freilandanlage herrschenden Rhythmus eingestellt haben.

Gegen Ende der Nacht ist der Melatoninspiegel abgesunken und im Blut tritt nun ein kurzzeitig erhöhter Glucocorticoidspiegel auf. Diese Glucocorticoide (Zuckerhormone) regen den Stoffwechsel an und sorgen dafür, dass tagaktive Arten von der Ruhe- in die Aktivitätsphase übergehen, da ihr Organismus ihnen diesen Wechsel signalisiert. Solche Zyklen der Melantoninproduktion kann man nicht nur bei Säugetieren nachweisen, sondern auch bei Schildkröten (Menaker 1985, Tosini et al. 2001, zitiert in Bidmon 2001). Diese Zyklen fehlen bei Reptilien während der Winterstarre. Lediglich am Anfang und am Ende der Winterstarre sind geringe, aber messbare Schwankungen im Glucocorticoidspiegel nachweisbar.

Aber auch bei Landschildkröten im **Freilandterrarium** lässt sich schon am frühen Morgen oft ein erhöhter Stoffwechsel vermuten, da sie bereits ihr Nachtquartier verlassen, um Sonnenplätze aufzusuchen, obwohl die Außentemperaturen noch gar nicht dazu einladen. Am Abend kehren sie im umgekehrten Fall bei abnehmender Lichtintensität bereits recht früh wieder in ihre Nachtquartiere zurück.

Die Ausdehnung der Dunkelphase (die Tage werden immer kürzer), verbunden mit einer längeren Freisetzung von Melantonin, führt beispielsweise bei Säugern, die einen Winterschlaf halten, zu einer Veränderung des Serotoninspiegels. Das konnte auch bei Schildkröten festgestellt werden. Der Neurotransmitter Serotonin, 5-Hydroxytryptamin, steigt mit Zunahme der Dunkelphasenlänge im Jahreszyklus in bestimmten Gehirnregionen an, unter anderem auch solchen, die den Appetit für bestimmte Nahrungsbestandteile anregen.

Schienenschildkröten (hier ein Jungtier der Terekay-Schienenschildkröte, *Podocnemis unifilis*) sollen ihre Eier bevorzugt auf Sandbänken ablegen.

Solche physiologischen Veränderungen wirken bei Schildkröten auch auf den Magen-Darmtrakt, auf Niere, Blase und Blutparameter, sodass sowohl vor der Winterstarre eine **Darmentleerung** angeregt wird und bei sommerruhenden Tieren zuvor eine **Flüssigkeitsspeicherung**. Die Entleerung des Darms verhindert Fäulnis und Gärungen, die zum Tod der Tiere führen würden.

Diese Vorgänge werden jedoch nicht mehr allein von der Länge des Tageslichts beeinflusst, sondern auch durch die Außentemperaturen. Das Erwachen aus der Winterstarre ist beispielsweise nicht von der circadianen Rhythmik, sondern vom Temperaturanstieg abhängig, denn bei Reptilien sind ja während der Winterstarre keine Melatoninschwankungen zu beobachten. Erst nach dem Erwachen wird durch die Licht- und Dunkelphasen wieder die Produktion von Melatonin angeregt, was die Tiere wieder in den circadianen Rhythmus überführt.

Sozialverhalten bei Schildkröten?

Schildkröten besitzen kein ausgeprägtes Sozialverhalten, sondern sind ausgesprochene Individualisten. Dennoch gibt es doch einige Verhaltensweisen, die erwähnenswert sind.

Manche Arten, vor allem unter den Wasserschildkröten, bilden mit einigen Artgenossen einen lockeren **Verband**. Gemeinsam klettern sie auf einen Baumstamm, der aus dem Wasser ragt, um dort Sonnenbäder zu nehmen. Der Vorteil ergibt sich daraus, dass – sobald eins der Tiere eine mögliche Gefahr wahrnimmt – die anderen durch seine Flucht ebenfalls gewarnt werden.

Von vielen Schildkröten – ob Land- oder Wasserbewohnern – ist bekannt, dass die Weibchen einer Population oft einen bestimmten **Eiablageplatz** aufsuchen. Bevorzugt legen sie oft in Hanglagen ihre Nester an, da auf diese Weise das Oberflächenwasser abfließen und nicht in das Nest mit den Eiern einsickern kann. Von den Weibchen der Schienenschildkröten (*Podocnemis*) ist bekannt, dass sie im Bereich des Amazonas- und Orinoko-Flusssystems ihre Eier bevorzugt auf bestimmten Sandbänken ablegen.

Andererseits verlieren sich viele Schildkröten innerhalb eines Geländes und begegnen sich nur sporadisch. Häufig kommt es bei den seltenen Begegnungen zu Paarungen, wobei Männchen oft einfach die Weibchen überfallen. Aber auch in Menschenobhut kann man häufig beobachten, dass in einer größeren Gruppe das ein oder andere Tier innerhalb der Gruppe dominiert oder häufig unterdrückt wird. Deshalb werden viele Schildkröten in Menschenobhut einzeln gehalten (vor allem Männchen), um sie nur kurzzeitig und kontrolliert mit einer Partnerin zusammenzubringen.

Fressen und Verdauen

Schildkröten besitzen keine Zähne, mit denen sie die Nahrung durch Kaubewegungen zerkleinern können. Die meisten beißen von ihrem Futter mit dem für sie typischen **Hornschnabel** mundgerechte Stücke ab. Allerdings ragen die Hornscheiden oft als verbreiterte „Kauleisten" weit in den Rachenraum hinein und besitzen zum Teil sogar eine Art Zähnelung. Etliche Arten verfügen in der oberen Schnabelmitte über eine deutliche Schnabelspitze, mit der sie ihre Nahrung festhalten und zerreißen können. Anschließend schlucken sie das Nahrungsstückchen mithilfe ihrer fleischigen Zunge und des Speichels hinunter.

Unter den Schildkröten gibt es auch einige Spezialisten, die ihre Nahrung (beispielsweise Fische) durch das schnelle Aufreißen des Maules ansaugen und so durch **Saugschnappen** in das Maul befördern. Besonders bemerkenswert ist die Köderfalle der Geierschildkröte (*Macroclemys temminckii*). Die Gestalt dieser starr ruhenden Schildkröten ist vortrefflich an die Umgebung angepasst (Mimikry) und wird von den Fischen nicht als Gefahr wahrgenommen. Die wurmähnlichen Fortsätze auf der Zunge dieser Schildkröten können aktiv bewegt werden. Sobald ein Fisch diesen „Wurm" in dem weit geöffneten Maul wahrnimmt und ihn erbeuten will, schließt sich blitzschnell das Maul der Geierschildkröte, und der Fisch wird seinerseits von ihr verschlungen.

Über die durch Längsfalten extrem dehnbare und drüsenreiche **Speiseröhre** gelangt die Nahrung unzerkaut in den Magen, kann allerdings lediglich bei entsprechend hohen Körpertemperaturen (etwa 25–30 °C) später auch im Darm verdaut werden.

Der **Darm** schließt sich an den Magen an und besteht aus Dünn- und Dickdarm. In den vorderen Darmbereich münden die Ausführungsgänge der Bauchspeicheldrüse und der Leber. Sie liefern die jeweiligen Stoffe (Enzyme), die bei der Aufspaltung der Nahrung in ihre Bausteine (Aminosäuren, Fettsäuren, Glycerin, Monosaccharide) benötigt werden.

Der **Dickdarm** besteht aus drei Abschnitten: dem Blinddarm, dem eigentlichen Dickdarm oder Grimmdarm und dem Enddarm. Der Blinddarm (Caecum) ist beispielsweise bei Landschildkröten eine Aussackung des vorderen Dickdarmabschnitts und außerordentlich dehnbar. Dadurch verlangsamt er teilweise die Passage der Nahrung durch den Darm. Während feine und flüssige Bestandteile schneller befördert werden, sammeln sich hier die groben Rohfaserpartikel. Sie bilden dabei ein netzwerkartiges Gebilde, das nun wegen des längeren Verbleibs intensiv von der Darmflora bearbeitet werden kann. Über die stark vergrößerte Schleimhautfläche des **Enddarms** wird dem Nahrungsbrei Wasser entzogen und die Reste werden als grünlich schwarzer Kot ausgeschieden. Bei den weißen Ausscheidungen handelt es sich dagegen um Harnsäure-Konzentrate.

Es ist bemerkenswert, dass Landschildkröten für uns unverdauliche Stoffe (Ballaststoffe) verdauen können, wie etwa **Zellulose**. Hierbei wirken die im Darm siedelnden Mikroorganismen mit. Manchmal verhungern Jungtiere, obwohl sie Nahrung aufnehmen, weil ihre Darmflora unzureichend ausgebildet oder geschädigt ist.

Deutlich sind im offenen Maul der Geierschildkröte die beiden weißen, wurmähnlichen Fortsätze zu sehen, mit denen Fische angelockt werden. Sie können aber auch rot oder bräunlich gefärbt sein.

Verdauungsgeschwindigkeit

Wie lange die Nahrung im Darm bleibt, hängt von der Futtermenge, der Fütterungsfrequenz, der Umgebungstemperatur und dem Aktivitätsgrad der Schildkröte ab. Aber natürlich spielen auch die Konsistenz und Zusammensetzung der Nahrung mit ihrem Wasser- und Rohfasergehalt eine Rolle.

Genauere Untersuchungen haben Folgendes gezeigt: Bei einer Maurischen Landschildkröte (*Testudo graeca*) dauerte die Magen-Darm-Passage von Kopfsalat bei einer Temperatur von 28 °C etwa 3–8 Tage. Trockene, rohfaserreiche Nahrung, wie etwa Heu, Disteln oder Gras, benötigten dagegen bereits 16–28 Tage, bis die Abbauprodukte ausgeschieden wurden.

Werden Landschildkröten der gemäßigten Klimabereiche auf eine Überwinterung vorbereitet, gehört zur Vorbereitung auch eine – dem letzten Futter angemessene – entsprechend lange Fastenzeit, damit sich im Darm keine Nahrungsreste mehr befinden!

Schildkröten in Zimmer und Freiland

Europäischen Schildkröten sollte man unbedingt eine Freilandanlage anbieten, hier mit Schutzhütte und Gewächshaus.

Bei der Wahl des Terrariums oder Aqua-Terrariums kommt es in erster Linie auf die darin zu pflegenden Schildkröten an. Andererseits muss das Terrarium aber auch dem Geschmack des Halters entsprechen. Und bei der **Standortwahl** ist zu berücksichtigen, dass der Behälter nicht ständig im Weg steht oder beim Öffnen von Türen oder Fenstern ein Hindernis darstellt.

Auch sollte das Terrarium nicht in einem Raum stehen, in dem geraucht wird oder in dem sonstige **Luftverunreinigungen** auftreten. Das gleiche gilt für störende Geräusche. Im Gutachten über die Mindestanforderungen an die Haltung von Reptilien (Bundesministerium für Ernährung, Landwirtschaft und Forsten 1997) sind die Schildkröten in Gruppen zusammengefasst worden. Dabei hat man jeweils ähnliche Haltungsansprüche berücksichtigt. In Anlehnung an diese Empfehlungen werden die Schildkröten hier ebenfalls in Gruppen eingeteilt, die in den Tabellen mit den Haltungshinweisen genannt werden. Nun zu einigen wichtigen Details.

Damit Schildkröten ihre **Vorzugstemperatur** erreichen können, sind in den meisten Terrarien Wärmestrahler erforderlich, in deren Lichtkegel bestimmte Temperaturen geboten werden müssen. Diese Strahlungswärme wird in den einzelnen Steckbriefen in Grad Celsius angegeben. Auch zur **Beleuchtung** sind im Innenbereich Lampen erforderlich, deren Beleuchtungsdauer sich möglichst nach der Tageslichtlänge in der Heimat der Schildkröten richten sollte. Die Tageslichtlänge der jeweiligen Regionen kann man den Daten der Klimastationen entnehmen. Beispiele folgen weiter unten.

Obwohl viele Schildkröten sich omnivor ernähren, das heißt, sie verzehren sowohl animalische als auch vegetarische **Nahrung**, ist die Gewichtung recht unterschiedlich. Denn während Landschildkröten neben vorwiegend vegetarischer hin und wieder (selten) auch animalische Kost zu sich nehmen, ist es bei „Wasserschildkröten" meist umgekehrt. In den Tabellen zur Haltung der Schildkröten wird auf die Ernährungsweise hingewiesen. Allerdings wird der aufmerksame Halter bald selbst die kulinarischen Vorlieben seiner Schildkröten feststellen können.

Es gibt sicher viele Schildkröten, die man problemlos in **Gruppen** halten kann, da sie auch in der Natur in einem größeren Verband (etwa an einem Gewässer) leben. Aggressive Arten oder typische Einzelgänger hält man am besten einzeln, um eventuellen Mitbewohnern Beschädigungen oder Verletzungen zu ersparen und sie vor Stress zu bewahren. Viele Schildkrötenhalter pflegen bestimmte Arten, vor allem die Männchen, grundsätzlich **einzeln**, um sie nur in der Paarungszeit oder zur Paarung mit einer Partnerin zu vergesellschaften. Aber auch die Weibchen einiger Arten kann man besser einzeln halten, da sie in Gesellschaft in Stress geraten oder ständig unterdrückt werden können. Und ist das Terrarium wesentlich größer als in den Mindestmaßangaben angegeben (etwa bei Freilandanlagen), kann man auch einige typische Einzelgänger oft in Gruppen halten, da sie sich aus dem Weg gehen können.

Terrarien für Schildkröten

Um die Ansprüche der jeweiligen Schildkröten möglichst knapp und übersichtlich vorstellen zu können, werden die Arten in den Tabellen, wie bereits erwähnt, nach ihren Ansprüchen in Gruppen zusammengefasst. Auf die jeweilige Gruppenzugehörigkeit der einzelnen Arten wird durch Buchstaben in den Tabellen hingewiesen. Dabei handelt es sich um:

A. Kleine bis mittelgroße „Wasserschildkröten", die nur hin und wieder den Landteil aufsuchen. Sichtbarrieren und Unterwasserverstecke sind grundsätzlich erforderlich. Für ihre Pflege sind Aquaterrarien (siehe S. 22/23) gut geeignet.

B. „Wasserschildkröten", die recht groß werden können und ständig im Wasser leben. Da sie meist in einem Versteck (zum Beispiel unter einer Wurzel oder dem Landteil) auf Beute lauern und sich nur wenig bewegen, stören andere Artgenossen oder Arten. Deshalb wird bei ihnen eine Einzelhaltung empfohlen. Nur zur Eiablage wird der Landteil aufgesucht. Für die Pflege sind große Aquaterrarien geeignet.

C. Schildkröten, die eine Panzerlänge von etwa 40–50 cm erreichen können, vorwiegend im Wasser leben und sehr bewegungsfreudig sind. Nur zur Eiablage suchen sie den Landteil auf. Daher sollte sich der Strahler über der Wasseroberfläche befinden. Einige dieser Arten (beispielsweise Weichschildkröten) graben sich auch gern in den Bodengrund ein, sodass sich

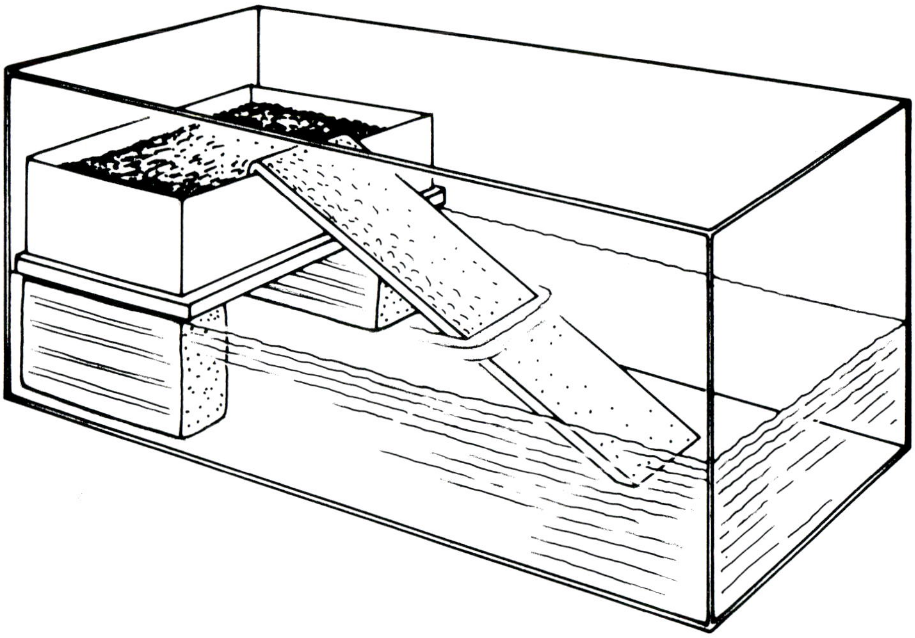

Aquaterrarium für „Wasserschildkröten" mit auf Ziegel gestelltem Landteil, der auch als Eiablageplatz dienen kann. Zwischen Landteil und Ziegeln befindet sich eine Lage Schaumstoff.

Seitenansicht des oben abgebildeten Aquaterrariums. Unter dem Landteil können sich die Schildkröten verstecken.

auf dem Grund eine Schicht rundkörnigen Sands befinden muss, die so hoch wie der Panzer ist. Aggressive Arten sind einzeln zu halten.

D. Schildkröten, die eine Panzerlänge von etwa 25 cm erreichen können und sich sowohl oft im Wasser als auch häufig außerhalb des Wassers aufhalten (Sonnenbaden, Trocknen). Meist lassen sie sich in Gruppen halten, wobei die Männchen jedoch untereinander manchmal aggressiv sein können. Daher hält man meist ein Männchen mit mehreren Weibchen oder grundsätzlich allein. Für klimatisch angepasste Arten ist eine ständige oder zeitweise (Sommer) Freilandhaltung möglich und zu empfehlen.

E. Wie Gruppe D, jedoch Arten, die wesentlich größer werden können.

F. Sumpfschildkröten, die eine Panzerlänge von etwa 20 cm erreichen können und sehr stark an das Land gebunden sind, gehören zu dieser Gruppe. Zum Teil sind die Männchen untereinander sehr aggressiv (oft auch anderen Schildkröten gegenüber) und müssen dann einzeln gehalten werden.

G. Landschildkröten, die unbedingt im Freiland gehalten werden sollten. Die Freilandanlage muss Schutzhütten, Sonnen- und Schattenplätze sowie einen Eiablagehügel aufweisen. In den ungünstigen Zwischenzeiten (Frühling, Spätherbst) können die Schildkröten bis zur Überwinterung in einem Zimmerterrarium untergebracht werden.

H. Landschildkröten, die aus heißen Trockengebieten stammen. Sie sind in einem Innenterrarium zu pflegen. Lediglich in den Sommermonaten können sie (zeitweise) in einer Freilandanlage untergebracht werden.

I. Landschildkröten, die aus Gebieten mit heißem und feuchtem Klima stammen. Sie sind in einem geheizten Innenterrarium unterzubringen. Ein Wassernapf oder ein flaches Wasserbecken dürfen nicht fehlen und es muss eine höhere Luftfeuchtigkeit (durch Sprühen zu erreichen) gewährleistet sein.

Terrariengröße

Ebenso wie die Freilandhaltung muss auch das Zimmerterrarium für Schildkröten eine artgerechte Haltung gewährleisten. Das bereits oben zitierte Gutachten über die Mindestanforde-

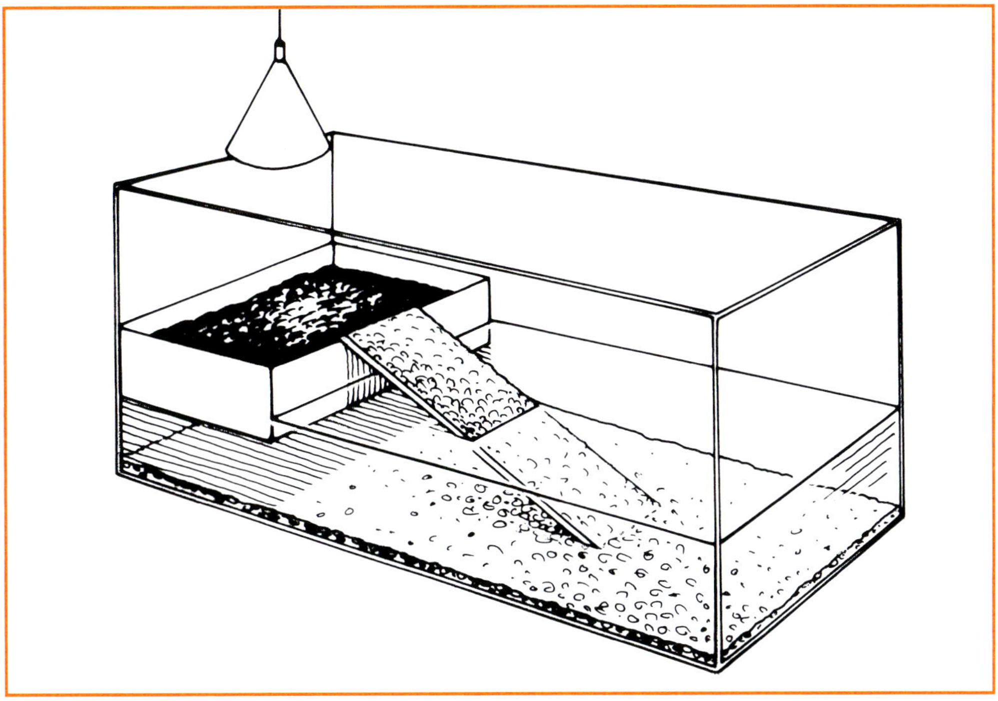

Aquaterrarium mit eingeklebtem Landteil, unter dem sich die Schildkröten verbergen können. Im Vergleich zur Lösung mit den Ziegelsteinen geht hier weniger Platz verloren.

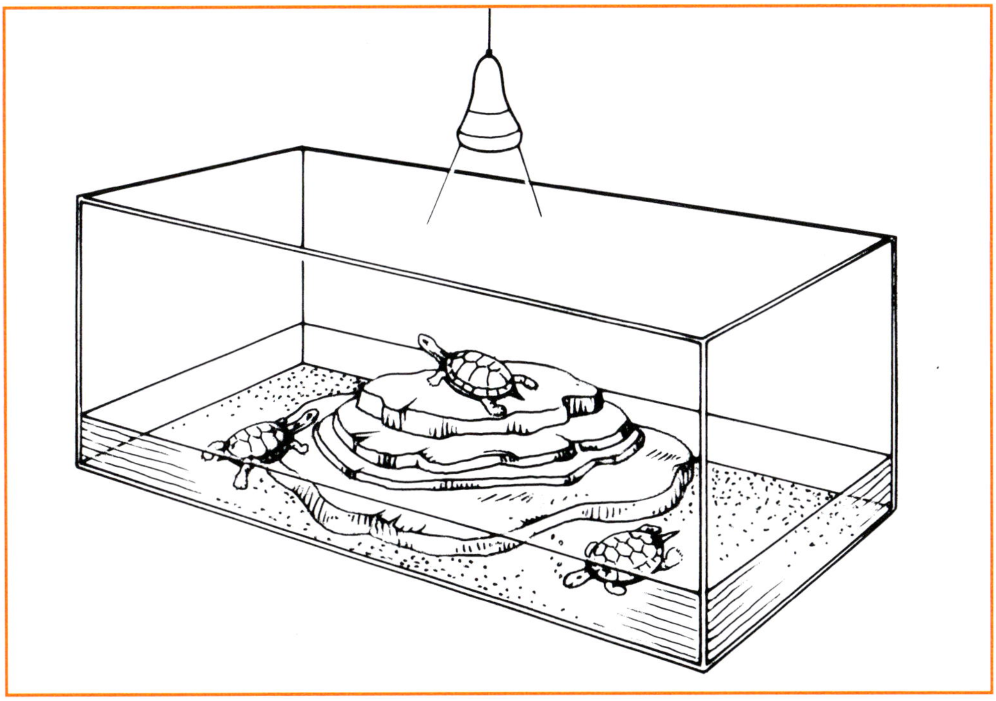

Einfaches Aufzuchtbecken für „Wasserschildkröten".

rungen an die Haltung von Reptilien, das auch gern von Behörden bei der Beurteilung von Terrarien herangezogen wird, weist nicht nur meiner Meinung nach viel zu geringe Maße auf. Deshalb werden in den Tabellen in diesem Buch in der Regel etwas großzügigere Abmessungen vorgeschlagen. Für jede dritte und vierte Schildkröte muss man zusätzlich etwa 10 %, besser 15 % zu der Fläche hinzurechnen, die für die Haltung von zwei Tieren notwendig wäre.

Als Beispiel, wie man die Terrarienfläche berechnet, führe ich hier die Tropfenschildkröte (*Clemmys guttata*) an. Man sollte diese Tiere zwar möglichst einzeln pflegen, doch sie müssen zur Vermehrung zeitweise in Paaren gehalten werden (siehe Seite 24).

Die Tropfenschildkröte, *Clemmys guttata*, dient hier als Beispiel für die Berechnung der Terrariengröße.

Beispiel

Zwei Tropfenschildkröten (*Clemmys guttata*) haben je eine Panzerlänge von 12 cm. Als Faktor für die Terrarienlänge wird in der Tabelle das Vierfache der Panzerlänge angegeben. Die Terrarienbreite ist die halbe Terrarienlänge. Das Terrarium muss also 4 × 12 cm = 48 cm lang und 24 cm breit sein!

Die Höhe spielt nur insofern eine Rolle, als dass man durch sie das Entweichen der Tiere verhindern muss. Denn manchmal klettern Schildkröten – vor allem in Ecken – so übereinander, dass eine zu niedrige Begrenzung überwunden werden kann. Vor allem bei kleinen Schildkröten kann man auch handelsübliche Aquarien in Zimmerterrarien umfunktionieren.

Wasserstand

Für die Errechnung der Wasserhöhe ist die Panzerbreite wichtig, die auch hier mit einem Faktor multipliziert wird. Bei Tropfenschildkröten (*Clemmys guttata*) ist diese Zahl die 3, was bedeutet, dass bei der etwa 7 cm breiten Schildkröte eine Wasserhöhe von 7 × 3 = 21 cm angebracht ist. Dass die Tiere dabei stets leicht das Wasser verlassen können müssen, dürfte selbstverständlich sein. Und dass sich im Wasser auch einige Versteckmöglichkeiten (Kunstpflanzen, Wurzelstücke) befinden sollten, muss wohl nicht unbedingt erwähnt werden, wenn man auch die Lebensweise und den Lebensraum der jeweiligen Art berücksichtigt.

Beleuchtung und Wärme

In der Natur ist die Sonne die Licht- und Wärmequelle. Um auch im Terrarium den Schildkröten das erforderliche Klima gewährleisten zu können, sind einige technische Hilfsmittel erforderlich:

- Leuchtstoff- und/oder HQL- und/oder HQI-Lampen zur Beleuchtung,
- Spot- und/oder Concentra-Lampen als Wärmestrahler,
- 1–2 Thermometer an verschiedenen Stellen, um mit einem Blick die aktuelle Temperatur im Terrarium ablesen zu können und
- 1–2 Zeitschaltuhren, um die tägliche Beleuchtungs- und Bestrahlungsdauer zu regeln.

Die im Lichtkegel erforderliche Strahlungswärme wird in Grad Celsius angegeben. Bei der Haltung sollte man sich an dem natürlichen klimatischen **Jahresrhythmus** aus dem Verbreitungsgebiet der Schildkröten orientieren. Es ist oft kaum möglich, Arten, die von der südlichen Hälfte der Erdkugel stammen, auf unseren natürlichen Jahresrhythmus umzugewöhnen. Jedoch kann bei Arten aus heißeren Regionen (etwa *Chersina angualata*) unser Sommer ihrem klimatischen Winter ähneln (Freilandaufenthalt).

Über Zeitschaltuhren kann man dann im Zimmerterrarium die erforderliche Beleuchtungsdauer sowie die Heizquellen steuern. **Klimadiagramme** geben über den klimatischen Jahresrhythmus Auskunft. Man kann sie im Internet abfragen (beispielweise www.klimadiagramme.de, www.top-wetter.de, www.klimainfos.de) oder ein entsprechendes Handbuch benutzen (etwa MÜLLER 1996).

Die Klimadiagramme enthalten in dem genannten Handbuch nicht nur Daten über die jeweilige monatliche Sonnenscheindauer und Temperaturen, sondern auch über die Niederschlagszeiten und -mengen. Besonders wichtig sind aber die monatlichen Minimal- und Maximaltemperaturen. Dadurch ist es möglich, für die Schildkröten einen Plan über den möglichen „Jahresrhythmus" zu entwickeln. Hilfreich sind auch Erfahrungsberichte der verschiedenen Autoren, auf die an ver-

Die Klimadiagramme von Athen und Köln unterscheiden sich deutlich (nach www.klimadiagramme.de).

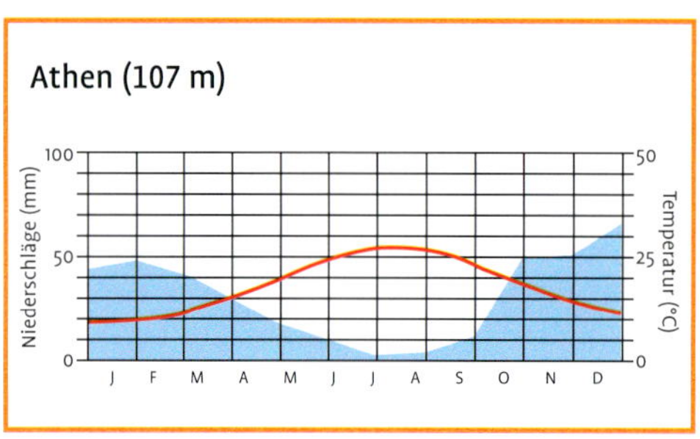

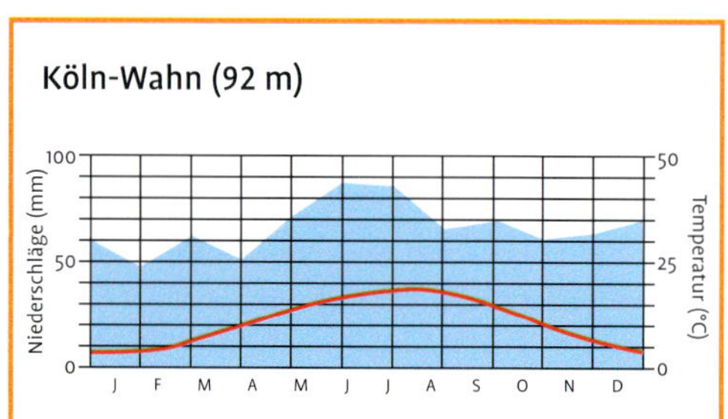

Beispiel eines verfeinerten Klimadiagramms: Klimastation Sevilla/Spanien (nach MÜLLER 1996)

	J	F	M	A	M	J	J	A	S	O	N	D	Jahr
Mittl. Temperatur (°C)	10,5	12,3	14,6	17,2	19,9	24,8	27,9	27,8	24,8	19,8	15,0	11,4	18,8
Mittl. Temperaturmaximum (°C)	15,1	17,4	20,3	23,6	26,6	32,0	36,4	36,0	32,1	25,8	19,9	15,7	25,1
Mittl. Temperaturminimum (°C)	5,5	6,5	9,0	11,1	13,4	17,2	19,6	19,8	17,7	13,7	9,9	6,6	12,5
Absol. Temperaturmaximum (°C)	25,0	29,0	30,8	36,0	39,5	43,5	45,6	47,0	40,8	39,0	32,9	24,0	47,0
Absol. Temperaturminimum (°C)	−2,8	−3,2	0,0	4,0	2,6	10,2	12,5	12,1	9,0	5,2	0,2	-2,8	-3,2
Mittl. rel. Luftfeuchtigkeit (%)	81	77	76	71	67	61	55	58	63	74	74	81	70
Mittl. Niederschlagsmenge (mm)	64	62	57	59	39	9	1	4	20	66	70	84	535
Tage mit Niederschlägen	8	6	9	7	5	1	0	0	2	5	6	8	57
Sonnenscheindauer in Stunden	182	190	189	235	292	332	360	505	413	294	196	154	375

Lage 37° 24' N, 6° 00' W; Höhe ü. NN 30 m

schiedenen Stellen (Steckbriefe, Tabellen) aufmerksam gemacht wird.

Vergleicht man die groben Klimadiagramme von Athen und Köln, so wird deutlich, dass beispielsweise *Emys orbicularis*, *Mauremys rivulata*, *Testudo hermanni boettgeri* und *Testudo marginata* in ihrer Heimat (Griechenland) im Verlauf des Jahres wesentlich höheren Temperaturen und im Sommer deutlich geringeren Niederschlägen ausgesetzt sind als bei einer Haltung in der Umgebung von Köln-Wahn. Dennoch ist ihre Haltung im Freiland unbedingt jeder anderen vorzuziehen (natürliche Sonneneinstrahlung, Frischluft, natürliche Tageslichtlänge).

Freilandterrarien für Landschildkröten

Möchte man europäische Landschildkröten pflegen, ist es ein absolutes Muss, einen Garten zur Verfügung zu haben! Diese Reptilien sollte man nur in Ausnahmefällen (Quarantäne, Übergangszeiten, Krankheitsfall) in einem Zimmerterrarium halten. Um keine unangenehmen Überraschungen zu erleben, ist ein Freilandterrarium jedoch sorgfältig zu planen.

Standort, Größe und Umfriedung

Grundsätzlich muss das Freilandterrarium an einer Stelle geplant werden, die nach Süden ausgerichtet und möglichst den ganzen Tag über der vollen Sonneneinstrahlung ausgesetzt ist. Des Weiteren dürfen auf die Stelle keine Umweltbelastungen einwirken, wie Abgase, Lärm und ständige Störungen.

Da die Schildkröten in der Natur einen recht großen **Aktionsradius** haben und im Verlauf einer Saison auch beträchtliche Strecken zurücklegen können, sollte ein Freilandterrarium nicht zu klein sein. Dabei spielt natürlich auch die Anzahl der Schildkröten eine Rolle. Damit sie sich nicht ständig begegnen, muss das Freilandterrarium groß genug und mit vielen Versteckmöglichkeiten eingerichtet sein. Einer **Gruppe** von einem Männchen und zwei bis drei Weibchen sollte schon eine Fläche von mindestens 10 m² zur Verfügung stehen.

Für **Jungtiere**, die bereits nach dem Schlupf und der folgenden Überwinterung in ein Freilandterrarium überführt werden sollten, reichen natürlich deutlich kleinere Anlagen aus. Ansonsten hat man Schwierigkeiten, die Jungtiere bei Bedarf (Überführung in ein Winterquartier, Gesundheitskontrolle) zu finden.

In der Natur graben sich Landschildkröten häufig **Gänge** in den Boden, in die sie sich zu ihrem Schutz und während der Ruhephasen zurückziehen. Dementsprechend muss man auch bei der Anlage des Freilandterrariums ihre Grabfähigkeit berücksichtigen und die **Umfriedung** etwa 40 cm tief in den Bodengrund versenken. Dadurch hält man auch gleichzeitig unerwünschte Gäste (Mäuse, Ratten) ab. Die Umfriedung sollte nur aus Materialien erstellt werden, durch die die Schildkröten nicht hindurchschauen können. Sie kann aus Brettern, Palisaden, Mauerwerk oder ähnlichen Materialien bestehen. Man sollte keinesfalls Glas oder Maschendraht verwenden, da die Tiere dann ständig an diesen Hindernissen entlanglaufen und einen Weg hindurch suchen.

Um auch von außen ein Eindringen von möglichen Feinden (Raubvögel, Marder) zu verhindern, bietet es sich an, die Freilandanlage, sofern sie nicht zu groß ist, mit einem **Netz** oder Maschendraht abzudecken. Bereits die grünen, für Obstbäume gedachten Vogelschutznetze leisten dabei gute Dienste. Es werden dadurch auch noch weitere unerwünschte Einflüsse verhindert.

Freilandanlage für europäische Landschildkröten.

Obwohl **Katzen** den erwachsenen Landschildkröten kaum etwas anhaben können, koten sie doch gern in Sandhaufen, wie etwa an den Eiablageplätzen. Da Schildkröten außerdem gern Säugetierkot verzehren, können sie dabei Würmer aufnehmen – mit den entsprechenden gesundheitlichen Folgen.

Auch **Vögel** suchen gern den Wassernapf der Schildkröten auf, um daraus zu trinken, ihre Jungen zu tränken oder darin zu baden. Eine Infektion – etwa mit Salmonellen – kann dabei für keine Seite ausgeschlossen werden, wenn nicht sogar noch aktuellere Erreger übertragen werden können.

Freianlage mit Gewächshaus

In Regionen, in denen es sehr häufig regnet, muss sich an die Freilandanlage unbedingt ein entsprechend geräumiges Gewächshaus anschließen, damit die Tiere auch längerfristig trockene Stellen finden können. Auch für Wasserschildkröten können in Gewächshäusern befindliche Teiche von Vorteil sein. In einem Gewächshaus steigen bei Sonneneinstrahlung die Lufttemperaturen wesentlich schneller als in der Freilandanlage an.

Einrichtung

Nachdem der Standort festgelegt und die sichere Umfriedung angebracht wurde, kann das Freilandterrarium nun artgerecht eingerichtet werden. Damit Landschildkröten nicht nur eine eintönige glatte Fläche vorfinden, sollte es gut strukturiert werden. Darunter versteht man eine mit Hügeln und Mulden geformte und abwechslungsreich gestaltete Einrichtung. **Hindernisse** aus größeren Steinen, liegenden Wurzeln oder Stämmen zwingen die Tiere auf ihren Wanderungen, sie zu umgehen. Ähnlich wirkt eine stellenweise dichte **Bepflanzung** mit Heidekraut (*Calluna* sp.), Lavendel (*Lavandula angustifolia*), Salbei (*Salvia officinalis*) oder anderen Pflanzen, die in trockener Umgebung gedeihen.

In sehr geräumigen Freilandterrarien kann man auch Zwergkiefern sowie niedrig wachsende und nicht zu groß werdende Büsche pflanzen, unter denen die Schildkröten an heißen Tagen einen schattigen Platz finden. Neben großzügigen Flächen mit allerlei Wildkräutern sind auch sandige Flächen erforderlich, auf denen sich die Schildkröten aufwärmen können. Kunststoff-Pflanzenuntersetzer dienen als Tränken und müssen täglich gesäubert und mit Frischwasser gefüllt werden.

Jahresverlauf der Schildkrötenaktivität in gemäßigten Klimabereichen

Frühling
Mit dem Ansteigen der Frühjahrstemperaturen verlassen Landschildkröten ihr frostsicheres Winterquartier und nehmen in unmittelbarer Nähe erst einmal ausgiebige Sonnenbäder. Wird es wieder kühler, ziehen sie sich in ihre Verstecke zurück, bis es wieder wärmer wird. Bei Landschildkröten handelt es sich dabei um Erdhöhlen. Wasserschildkröten verbleiben in ihrem Gewässer und suchen hin und wieder Flachwasserbereiche auf, die etwas wärmer als die tieferen Bereiche sind. Bemerkenswert ist, dass Europäische Sumpfschildkröten (*Emys orbicularis*) recht früh im Jahr sogar schon unter dem Eis schwimmend beobachtet werden können. Sobald Schildkröten ihre Vorzugstemperaturen einige Zeit halten können, nehmen sie auch erstmals Nahrung zu sich. Sie gehen auch schon auf die Suche nach möglichen Partnern, denn mit dem Erwachen aus der Winterstarre erwacht auch der Fortpflanzungstrieb. Sowohl der Zeitpunkt des Erwachens als auch der Fortpflanzungstrieb werden hormonell gesteuert (biologische Uhr).

Sommer
Immer wieder suchen die Männchen im Frühling beziehungsweise zum Beginn der Sommermonate intensiv nach fortpflanzungsbereiten Weibchen, mit denen sie sich paaren können. Die Weibchen können nach einer Paarung die Spermien der Männchen bis zu mehrere Jahre lang in ihrem Kloakenbereich speichern. Einige Zeit nach der Paarung beginnen sie, einen geeigneten Eiablageplatz zu suchen. In der Natur dienen hierzu oft traditionelle Eiablageplätze, die oft auch von anderen Weibchen genutzt werden. Während des Sommers sind die Schildkröten tagsüber fast immer auf der Nahrungssuche, unterbrochen von Pausen, in denen sie Sonnenbäder nehmen oder in ihrem Sommerversteck ruhen. Denn mit dem Ansteigen der Tagestemperaturen wird es auch den Landschildkröten hin und wieder zu warm, sodass sie sich an kühlere Stellen zurückziehen müssen. Ihre Aktivitäten finden im Hochsommer fast nur noch unter Schatten spendenden Sträuchern statt, sodass man sie kaum zu Gesicht bekommt. Außerdem haben die Kräuter und andere Nahrungspflanzen immer mehr die Konsistenz von Heu angenommen, mit vielen Rohfaserstoffen, sodass die Darmflora für die Aufbereitung der Nährstoffe besonders aktiv sein muss. Landschildkröten können in extremen Lebensräumen auch eine Sommerruhe halten. Wasserschildkröten ziehen sich bei einer zu großen Erwärmung kleinerer Gewässer, oder wenn sie auszutrocknen beginnen, in größere Gewässer zurück – oder sie graben sich in das Erdreich ein, um darin die ungünstige Zeit zu überdauern. Insbesondere junge Landschildkröten verbringen ihre Jugend während der Aktivitätszeiten fast ausschließlich an leicht feuchten, kühleren Stellen mit vielen Versteckmöglichkeiten, da sie zu hohen Temperaturen noch wenig entgegensetzen können. Junge Wasserschildkröten leben vorwiegend an flachen Stellen, wo sie sich in dichter Vegetation oder unter Steinen und Wurzeln verbergen können.

Herbst und Winter
Die Aktivitäten der Sumpf- und Landschildkröten nehmen immer mehr ab und sind in den Morgenstunden oft auf ausgiebige Sonnenbäder beschränkt. Viele Wasserschildkröten verlassen das Wasser häufig nur noch an Tagen, die ausgiebige Sonnenbäder möglich machen. Je weiter sich der Spätherbst nähert und die niedrigeren Temperaturen die Schildkröten in ihr Versteck zwingen, um so seltener werden auch die Nahrungsaufnahmen. Aber auch der Energieverbrauch der Schildkröten nimmt ab, da die niedrigere Körpertemperatur auch geringere Aktivitäten des Kreislauf- und Verdauungssystems bewirkt. Ihre Biologische Uhr bereitet sie schon auf die Winterruhe vor. Hierzu gehört es auch, rechtzeitig keine Nahrung mehr aufzunehmen, da sie bei kühleren Temperaturen auch nicht mehr verdaut werden kann. Je nach Region kann die kalte Jahreszeit einige oder mehrere Monate dauern. Daran angepasst ziehen sich die betreffenden Landschildkröten rechtzeitig an geschützte, frostsichere Stellen (meist Erdhöhlen) zurück und beginnen dort bald darauf ihre Ruhephase. Wasserschildkröten verbringen die kalte Jahreszeit meist am Grund des Gewässers, denn dort herrscht im Winter in der Regel eine Temperatur von 4 °C, da Wasser bei dieser Temperatur am schwersten ist.

Schutzhütten

Ein Gewächshaus, in das die Landschildkröten aus der Freilandanlage durch eine Öffnung gelangen können, ist die beste Lösung, um den Schildkröten Schutz vor dem Wetter zu gewährleisten. Aber auch ein modifiziertes **Frühbeet** kann schon gute Dienste als Schutzhütte leisten. Handelsübliche Kunststoff-Frühbeete werden dabei so auf geeignete Unterlagen (etwa Vierkanthölzer oder Lagen von Ziegelsteinen) gestellt, dass nur noch an der regenabgewandten Seite eine Öffnung als Ein- und Ausgang bestehen bleibt. Den Boden unter diesem Frühbeet bedeckt man mit einem lockeren Gemisch aus Buchenlaub und Heu, und der Bodengrund selbst sollte aus rundkörnigem Sand bestehen.

In dieser Schutzhütte steigen die Temperaturen schneller an als außerhalb, sodass die Landschildkröten eher ihre Vorzugstemperatur erreichen. Deshalb suchen die Tiere sie gern auf und graben sich hier bei schlechtem Wetter in das Substrat ein. Aber auch völlig dunkle, aus Holz konstru-

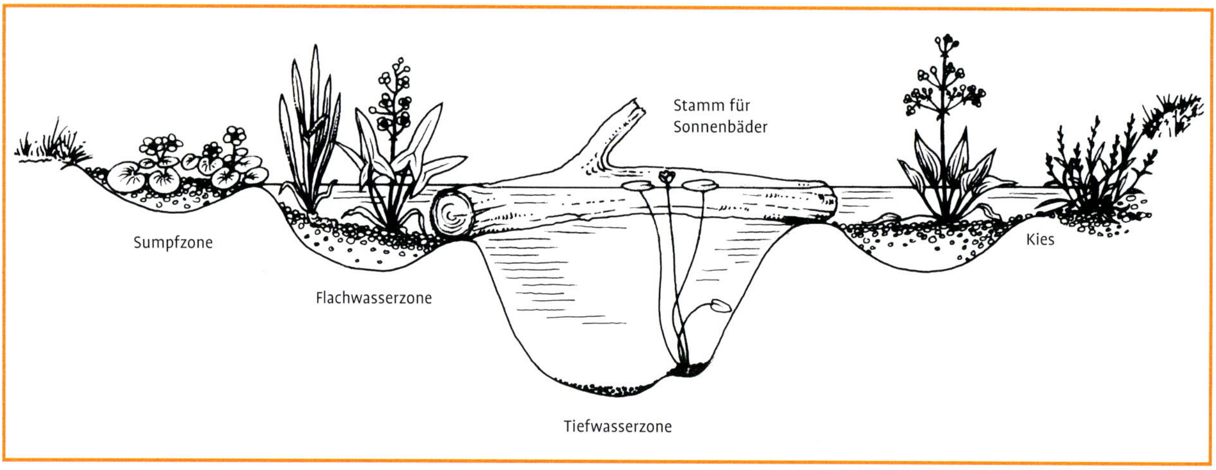

Schema eines Teichs für Wasserschildkröten mit verschiedenen Tiefenbereichen.

ierte Hütten mit einem oder mehreren Eingängen werden gern zur Nachtruhe oder bei ungünstiger Witterung als Schutzhütte aufgesucht. Auch hier sollten der gleiche Bodengrund und das gleiche Substrat wie bei den Kunststoff-Frühbeeten verwendet werden.

Die Eingänge beider Schutzhüttenformen kann man mit Kunststoff-Flatterbändern behängen, damit kalte Luft nicht völlig ungehindert eindringen kann. Die Schildkröten lernen es schnell, sie zu überwinden. Zum Schutz der Tiere sollte man die Eingänge der Schutzhütten abends verschließen, wenn sie sich darin befinden.

Eiablageplatz

Neben den verschiedenen Hügeln, die gern von den Tieren erklettert werden, kommt dem Eiablageplatz eine besondere Bedeutung zu. Er sollte aus verschiedenen Materialien (Erde, Sand) bestehender Hügel sein, sodass der stets leicht feuchte Boden für die Weibchen grabfähig bleibt. Das kann man mit einem Teelöffel kontrollieren, mit dem man eine Grube gräbt, die der späteren Nistgrube ähnelt. Beim Graben darf der Bodenaushub von den Rändern nicht wieder locker in die Grube rutschen, sonst ist das Substrat nicht als Eiablageplatz geeignet.

Mit Pflanzen und Steinen an den Rändern verhindert man, dass das Substrat zu schnell abgetragen wird, sodass der Hügel erhalten bleibt. Auch in der Natur legen Landschildkröten-Weibchen ihre Nistkammern meist an leicht abschüssigen Stellen an, damit bei Niederschlägen das Oberflächenwasser leicht abfließen kann.

Freilandterrarien für Sumpf- und „Wasserschildkröten“

Nicht alle Sumpfschildkröten (Schildkröten der Familie Emydidae) sind streng an ein Gewässer gebunden. Das Folgende gilt also nur für die „Wasserschildkröten“ unter ihnen.

Bei der Wahl des **Standorts** und der **Umfriedung** gilt das Gleiche wie bei den Freilandanlagen für Landschildkröten. Im Gegensatz dazu muss sich innerhalb der Anlage aber auch noch ein **Gewässer** befinden. Für die Arten, die sehr gut schwimmen können und sich häufig im Wasser aufhalten, sollte der Teich eine entsprechende Größe und Tiefe haben.

Sollen die im Freiland gehaltenen Schildkröten auch im Gewässer **überwintern**, wie das bei vielen Haltern von Europäischen Sumpfschildkröten (*Emys* sp.) der Fall ist, muss das Gewässer (oder besser: eins der Gewässer) eine Tiefe von über 120 cm haben. Denn erst ab dieser Tiefe kann von einer frostsicheren Überwinterung am Gewässergrund ausgegangen werden.

Teich

Ohne Wenn und Aber: Zur Anlage eines Teichs sind **Teichfolien** besonders gut geeignet. Der Aufbau eines Teichs ist der oben abgebildeten Zeichnung zu entnehmen. Auf ihr erkennt man, dass der Teich drei Hauptstufen (Sumpf-, Flachwasser- und Tiefwasserzone) bieten muss. Die Schildkröten müssen stets und leicht das Wasser verlassen können. Die **Uferbereiche** sind auch deshalb abgeflacht, damit die Tiere in der kalten Jahreszeit und im zeitigen Frühjahr bei Bedarf mühelos am Grund laufend erreichen können, da sie zu dieser Zeit offenbar nicht immer dazu in der Lage sind, frei im Wasser zu schwimmen.

Mehrere große Äste oder Stämme dienen den Schildkröten als Versteck- und **Sonnenbadeplätze**. Vor allem mitten im Teich liegende Stellen, von denen die Tiere schnell in das Wasser flüchten können, suchen sie gern auf. Hier können am Grund des Teichs auch mit Seerosen oder anderen Gewächsen bepflanzte Kübel stehen. Ansonsten sollte kein **Bodengrund** vorhanden sein.

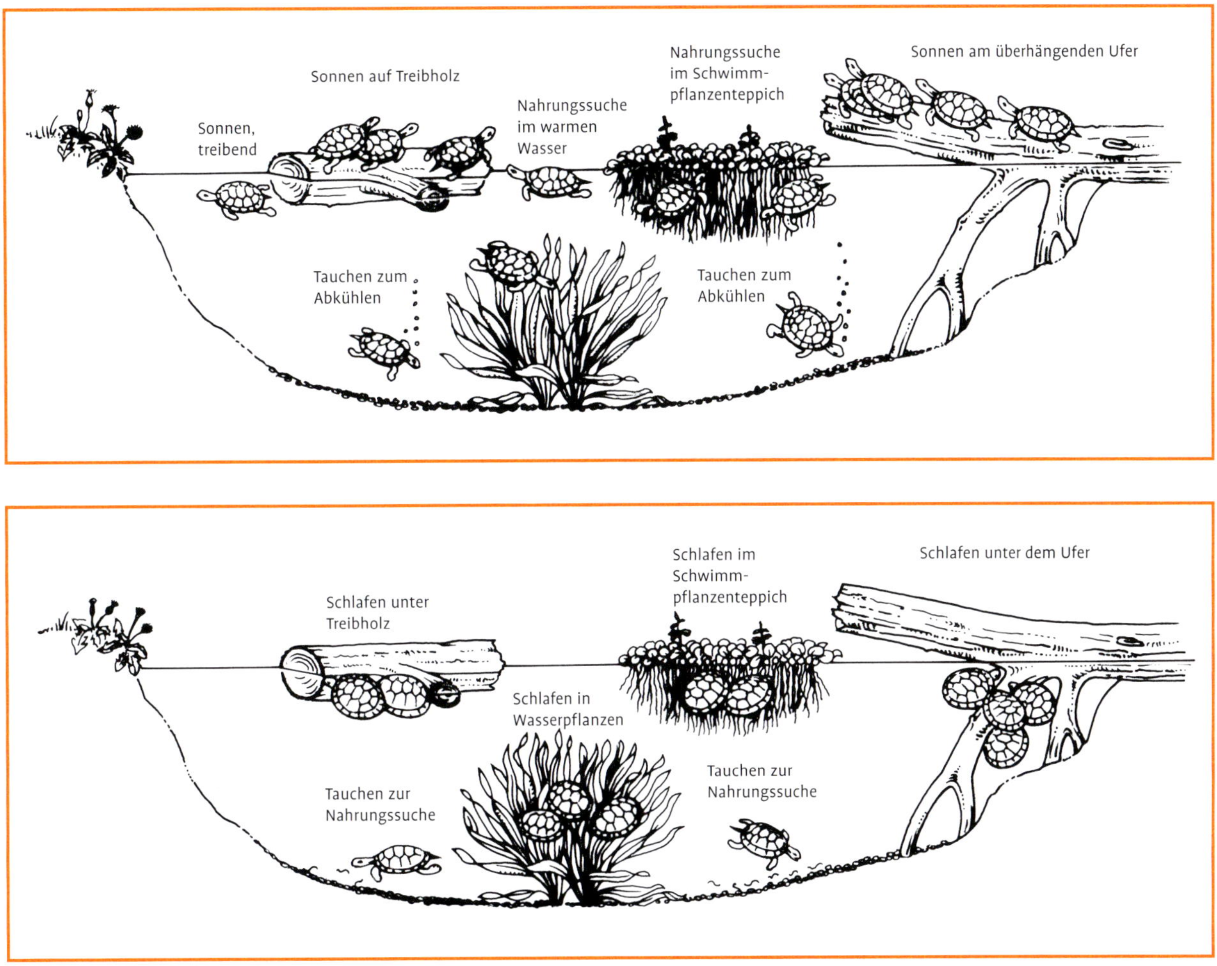

Aktivitäten von sehr gut schwimmenden und tauchenden Schildkröten bei Tag (oben) und bei Nacht (unten) (nach LEUCK in OBST 1985).

In den Flachwasserbereichen können Bestände von *Myriophyllum spicatum* (Tausendblatt) oder Wasserpest (*Elodea* sp.) den Tieren weitere Versteckmöglichkeiten bieten. Sie werden aber manchmal auch von den Schildkröten gefressen. Ebenso wie der sich ansammelnde Bodenschlamm nach einigen Jahren abgesaugt werden muss, müssen auch die schnell wachsenden *Myriophyllum*-Polster immer wieder einmal ausgelichtet werden. Besser als nur ein Teich sind mehrere verschieden große geeignet, da von Rivalen verfolgte Männchen oder von Artgenossen unterdrückte Tieren auf diese Weise Ausweichquartiere aufsuchen können.

Beheizte Terrarien

Möchte man Land- oder an Land lebende Sumpfschildkröten aus tropischen oder subtropischen Klimaregionen halten, ist es wichtig, nicht nur das **Klima** ihrer Heimat zu kennen (Klimadiagramme des Verbreitungsgebiets), sondern auch ihren typischen **Lebensraum** und ihre **Lebensweise**. Je nach Größe der Art ist ein Zimmerterrarium, ein beheizbares Gewächshaus oder etwas Ähnliches erforderlich, wenn man den Bewegungsdrang der Tiere ebenfalls berücksichtigt. Deshalb können die folgenden Informationen lediglich eine grobe Orientierung liefern.

Regenwald- oder Feuchtterrarium

Für alle Regenwaldterrarien ist eine hohe **relative Luftfeuchtigkeit** Grundbedingung. In der Natur werden die allgemeine Feuchtigkeit und auch die relative Luftfeuchtigkeit (etwa 80–95 %) durch die häufigen Niederschläge erreicht und durch den üppigen Pflanzenwuchs sowie wasserspeichernde Böden gehalten und unterstützt. Hinzu kommen Tagestemperaturen zwischen 25 und 32 °C, die auch in der Nacht nur unwesentlich absinken.

In diesem Milieu fühlen sich tropische Landschildkröten wohl. Sie können innerhalb eines geräumigen Terrariums zwischen den erwähnten Temperaturbereichen wechseln und ihre Temperaturbedürfnisse befriedigen. Zusätzlich sollten einige Arten bei Bedarf unter einem lokalen Strah-

Kleine Freilandanlage für Wasser- und Sumpfschildkröten. Der Randbereich besteht aus einer Kiesschicht als Drainage, damit überlaufendes Wasser versickern kann. Darüber befindet sich eine Sandschicht.

ler (etwa 35–44 °C) zusätzliche **Sonnenbäder** nehmen können.

An die **Beleuchtung** werden von den Schildkröten meist keine großen Ansprüche gestellt, sodass bereits Leuchtstofflampen ausreichen. Lediglich auf die Einrichtung ist ein besonderes Augenmerk zu richten. In einem derartigen Milieu vermehren sich auch Mikroorganismen sehr gut, vor allem wenn sie durch Nahrungsreste oder Ausscheidungen entsprechend unterstützt werden. Auf **Hygiene** ist daher besonders zu achten. Das heißt, dass solche Abfallprodukte manchmal sogar mehrmals am Tage entfernt werden sollten. Bei besonders groß werdenden Landschildkröten wird der leicht zu reinigende Boden von vielen Haltern auch nur einfach mit Heu oder Stroh eingestreut.

Auch darf die **Einrichtung** (etwa die im Terrarium unbedingt erforderliche Kunsthöhle) nur aus robusten, schlecht verrottbaren Materialien bestehen. Aus diesem Grund haben sich bei größeren Schildkröten-Arten Rindenmulch und Rindenhumus, bei kleineren ein Gemisch aus Sand und Blumenerde als Bodengrund bewährt. Leider ist nicht ganz auszuschließen, dass mit der Nahrung von den Schildkröten auch Rindenmulch-Splitter aufgenommen werden, die innerhalb des Verdauungstrakts zu Verletzungen führen können.

Zum Jahresrhythmus tropischer und subtropischer Schildkröten

Herbst bis Frühsommer
In dieser Zeit sind diese Schildkröten bei uns unbedingt in einem Innenterrarium oder einem beheizten Gewächshaus zu halten! Dabei sind den Klimadiagrammen ähnliche klimatische Bedingungen zu beachten und gewährleisten.

Sommer
Um tropischen und subtropischen Schildkröten auch einen möglichst natürlichen klimatischen Jahresrhythmus sowie die Vorteile einer Freilandhaltung (Frischluft, ungefiltertes Sonnenlicht, großzügigere Flächen) zu ermöglichen, kann man einige der weniger empfindlichen Arten etwa ab Anfang Juni auch in unserem mitteleuropäischen Klima zeitweise oder sogar ganztägig in eine Freilandanlage überführen. Dadurch erleben sie gleichzeitig ihre natürliche „kühlere" Jahreszeit. Das ungefilterte Sonnenlicht, die frische Luft sowie die natürlichen Tageslichtlängen tragen zu einer besseren Kondition bei. Dabei haben jedoch Schildkröten aus ariden und semiariden Gebieten eher Probleme mit unseren feuchten Sommern als die aus Regenwäldern oder Feuchtgebieten.

Geräumiges Zimmerterrarium für Landschildkröten mit Kletter- und Versteckmöglichkeiten sowie Wärmestrahler.

Deshalb verwenden vorsichtige Halter lieber ein Gemisch aus Sand und Blumenerde sowie trockenes Buchenlaub.

Die **Bodengrundhöhe** richtet sich nach der Größe der Schildkröten und nach ihrem Bedürfnis, im Substrat zu graben. So gibt es Arten, die sich besonders gern eingraben, sodass die Bodengrundhöhe etwas höher als die Panzerhöhe sein muss. Zumindest der unbedingt etwas höher liegende **Eiablageplatz** (etwa 28–32 °C) muss so hoch mit grabfähigem Substrat gefüllt sein, dass Weibchen darin Nisthöhlen an- und ihre Eier ablegen können. Bei manchen Arten graben sich die Weibchen sogar zuvor etwas in den Bodengrund ein, um dann erst mit dem eigentlichen Nestbau zu beginnen. Das ist bei der Substrathöhe ebenfalls zu beachten.

Eingebrachte **Pflanzen** können nur außerhalb der Reichweite der Schildkröten kultiviert werden, da sie sonst als Futter betrachtet werden könnten. Das tägliche Besprühen der Pflanzen und Einrichtungsgegenstände sorgt über längere Zeit für ein Ansteigen der **Luftfeuchtigkeit**. Eine Reduzierung der Sprühhäufigkeit führt dagegen zu ihrer Verringerung, sodass man so eine manchmal notwendige „Trockenzeit“ als zweite Jahreszeit simulieren kann.

Wüsten- oder Trockenterrarium

Landschildkröten der ariden oder semiariden Lebensräume haben einen besonders hohen Anspruch an die **Beleuchtung**. So muss das Terrarium bei der Grundausleuchtung bereits eine hohe Lichtintensität bieten. Andererseits müssen lokale **Wärmestrahler** in ihrem Lichtkegel Temperaturen um 45 °C erzeugen. In der Nacht ist dagegen eine deutliche Temperaturabsenkung erforderlich, was an einem geeigneten Standort bereits durch das Ausschalten der Wärmequellen erreicht wird. Dass die **relative Luftfeuchtigkeit** tagsüber nur gering sein sollte, ist sicher verständlich. Sie sollte jedoch im Laufe der Nacht leicht ansteigen und eventuell durch morgendliche „Taubildung“ (leichtes Sprühen) noch einmal gesteigert werden.

In derartigen Terrarien ist Sand oder ein Sand-Erde-Gemisch (wasserdurchlässig) als **Bodengrund** erforderlich. Auch hier ist die Substrathöhe von den Schildkröten abhängig. Kunsthöhlen sind am besten aus unverrückbaren Steinplatten zu fertigen. Als **Bepflanzung** eignen sich optisch am besten typische Steppen- oder Wüstenpflanzen (Euphorbien, Kakteen), die jedoch möglichst unerreichbar für die Schildkröten platziert sein sollten (Fraßschäden, Verletzungsgefahr).

Schildkröten pflegen

Rechts: Zur Winterruhe vergraben sich europäische Landschildkröten gern in leicht feuchtem Buchenlaub.

Neben dem eigenen Interesse, gesunde Tiere zu erhalten, sind auch rechtliche Bestimmungen zu beachten, um keinen Ärger mit den Behörden oder sogar der Justiz zu bekommen. Deshalb muss bei der Übernahme bestimmter Arten auf Schutzbestimmungen und die damit verbundene Übergabe- und Übernahme-Regeln geachtet werden.

Was muss man bei der Übernahme von Schildkröten beachten?

Natürlich ist es am sinnvollsten, Nachzuchten bei einem Züchter zu erwerben, denn dadurch lernt man einen kompetenten **Ansprechpartner** kennen, der einem sicher auch weiterhin beratend zur Seite steht. Außerdem kann man dabei sehen, wie er seine Schildkröten hält und sich gegebenenfalls Vorstellungen von einer Freilandanlage machen.

Doch meistens ist man auf andere Angebote angewiesen, etwa **Kleinanzeigen** in den diversen Fachzeitschriften, im Anzeigen-Journal der DGHT, im Internet oder über andere Quellen. Ein Tipp: Besuchen Sie den derzeitigen Halter und schauen Sie sich seine Schildkrötenanlage an. Bereits dabei können Sie Informationen über die Kompetenz des Anbieters bekommen und ausschließen, dass es sich nur um einen Händler oder Zwischenhändler handelt.

Kann sich die junge Schildkröte nicht festhalten, sondern sinkt sie kraftlos zwischen den Fingern hindurch, sollte man von ihrem Erwerb absehen.

Woran erkennt man eine gesunde Schildkröte?

Beobachten Sie vor dem Kauf die entsprechende Schildkröte erst einmal eine Zeit lang und machen Sie anschließend den Gesundheitscheck! Wenn landbewohnende Schildkröten mit dem Panzer deutlich vom Boden abgehoben und kraftvoll laufen, wenn „Wasserschildkröten" geschickt schwimmen und tauchen können, nimmt man sie einmal in die Hand und untersucht sie.

Artenschutzbestimmungen

Bei sehr vielen Schildkröten handelt es sich um geschützte oder sogar streng geschützte Reptilien-Arten. Um stets nachweisen zu können, dass man der rechtmäßiger Eigentümer oder Besitzer ist, muss der Halter für jede Schildkröte eine entsprechende CITES- oder EU-Bescheinigung besitzen. Sie muss mit der Übergabe der Schildkröte ebenfalls dem neuen Besitzer ausgehändigt werden.

Während man in der Vergangenheit lediglich eine amtliche CITES-Bescheinigung erhielt, ist es seit einiger Zeit erforderlich, für eine unverwechselbare **Identifizierung** von Anhang-A-Arten der Bundesartenschutzverordnung zu sorgen. Der Anhang A erfasst vom Aussterben bedrohte Tier- und Pflanzenarten (etwa 1000). Es sind im

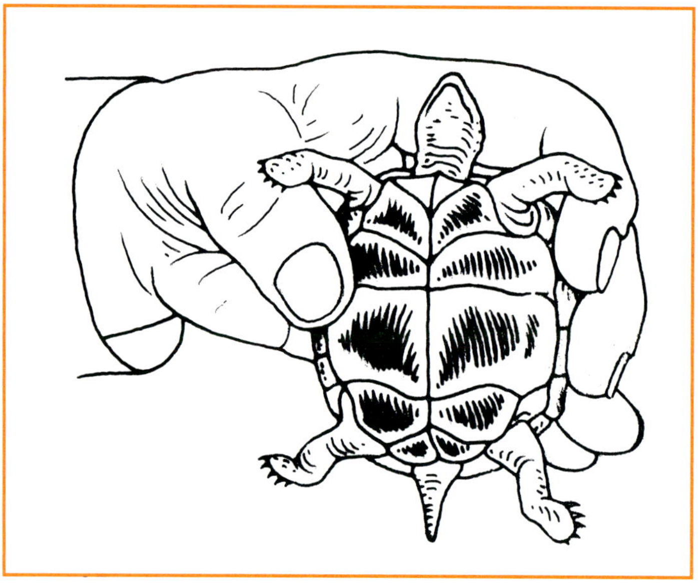

Gesundheitscheck

Dier folgenden Punkte sollte man bei der Übernahme einer Schildkröte überprüfen:

- Ist der Panzer frei von Verletzungen und haben sich bisher keine Höcker gebildet?
- Fühlt sich der Panzer fest an? Weichschildkröten und Jungtiere mit noch unvollständigem Knochenpanzer bilden dabei eine Ausnahme!
- Ist die Haut frei von Parasiten, wie etwa Zecken oder Milben?
- Sind die Augen offen, klar und frei von Sekreten?
- Atmet die Schildkröte geräuschlos und sondert sie weder aus der Nase noch aus dem Mund Schleim ab (Bläschenbildung)?
- Sind die Beinmuskeln kräftig oder kann man die Beinknochen überdeutlich fühlen?
- Kann sich die Schildkröte zwischen zwei Fingern mit den Vorderbeinen halten oder rutscht sie kraftlos dazwischen durch?

Bei der Fotodokumentation müssen die Carapax- und die Plastronfläche frei von Schatten aufgenommen werden.

Wesentlichen die in Anhang I des Washingtoner Artenschutzübereinkommen (WA) aufgeführten Arten, ergänzt durch die bislang in Anhang C der bisherigen EG-Artenschutzverordnung geschützten Arten der Anhänge II und III des WA und einige nicht vom WA erfasste Arten. Für die Anhang-A-Arten gilt, dass Wildexemplare dieser Arten für kommerzielle Zwecke weder ein- noch ausgeführt werden dürfen und auch ein Handel innerhalb der Europäischen Gemeinschaft grundsätzlich verboten ist. Von diesem Vermarktungsverbot kann man nur in Einzelfällen befreit werden. Allerdings ist ein Verfahren vor dem wissenschaftlichen Ausschuss der EU vorgesehen, in dem für Zucht- oder Vorerwerbsexemplare allgemeine Ausnahmen festgelegt werden können. Bei Anhang-A-Arten sind Bescheinigungen unverzichtbar.

Außerdem ist inzwischen auch das EU-Recht zu berücksichtigen, sodass man eine EU-Bescheinigung (EU-Zertifikate) haben muss. Diese Bescheinigung werden von den zuständigen Landschaftsbehörden ausgestellt, wenn man beispielsweise Nachzuchten geschützter Arten anmeldet.

Während man früher den Landschildkröten ab einem Gewicht von 500 kg zur Identifikation von einem Tierarzt einen **Microchip** (Transponder) unter Vollnarkose einpflanzen lassen musste, genügt heute eine Fotodokumentation. Die Transponder-Methode führte zu Recht zu erheblichen tierschutz- und praxisbezogenen Bedenken.

Schmerzfrei und sicher – Fotodokumentation

Bei der Fotodokumentation wird berücksichtigt, dass jede einzelne der wenigen bisher dafür vorgesehenen Schildkröten-Arten individuelle, unverwechselbare Merkmale aufweist, ähnlich wie die Fingerabdrücke der Menschen. Durch entsprechende Fotos kann man diese Merkmale festhalten und somit dokumentieren.

Inzwischen hat es sich auch durchgesetzt, dass zur Dokumentation der Merkmale einzelner Schildkröten lediglich zwei Fotos benötigt werden. Das erste Foto zeigt den Rückenpanzer des Tiers, das zweite den Bauchpanzer. Bei beiden Aufnahmen muss die Schildkröte waagerecht auf einer Unterlage liegen und auch ihre Größe muss eindeutig zu erkennen sein. Daher hat es sich durchgesetzt, sie zum Fotografieren auf eine Unterlage mit einem schwarz-weißen Schachbrettmuster zu legen. Dabei sollte die Kantenlänge der einzelnen Quadrate jeweils 1 cm betragen. So lassen sich nicht nur leicht die Länge und Breite der Schildkröte zum Zeitpunkt der Aufnahme feststellen, sondern auch ihre individuelle Färbung und ihr Zeichnungsmuster. Zwar verändert sich die Zeichnung während des Wachstums, doch bleiben meist einige charakteristische Merkmale erhalten.

Fototipp

Da der rundliche Rückenpanzer es kaum zulässt, vor allem größere Landschildkröten waagerecht auf den Rücken zu legen, nimmt man am besten einen entsprechend großen Ring und legt dort die Schildkröte mit dem Rückenpanzer auf. Die höchste Stelle des Rückenpanzers berührt nun die Unterlage und der Ring bleibt auf der Aufnahme unsichtbar. Bei kleineren Schildkröten kann schon der Kronkorken einer Bierflasche als Stütze genügen!

Notwendige Papiere

Bei geschützten Arten muss der Besitzer und Eigentümer stets nachweisen können, dass er diese Schildkröten rechtmäßig erworben hat. Der Vor-

> **Transportgenehmigung**
> Für Wildfänge, für die ein Haltungsort festgelegt worden ist, ist vor deren Transport an einen neuen Ort eine Genehmigung beim Bundesamt für Naturschutz einzuholen! Das betrifft natürlich nicht den Transport zum Tierarzt, wenn die Schildkröten anschließend wieder an den alten Standort zurückgebracht werden!

besitzer muss also mit der Schildkröte unbedingt auch die erforderlichen „Papiere" liefern. Dabei ist auf Folgendes zu achten:

- Niemals darf man eine geschützte Art/Unterart ohne behördliche Genehmigung halten. Als Nachweis gelten die „Einfuhrgenehmigungen" oder die „Befreiung vom Vermarktungsverbot", für vor Inkrafttreten der EU-Artenschutzverordnung bereits vorhandene Schildkröten die Bescheinigung über den legalen Erwerb beziehungsweise über die legale Einfuhr.
- Sofort nach dem Erwerb des Tiers muss man die Schildkröte unter Vorlage der oben genannten Bescheinigungen bei der zuständigen Landesbehörde (Umweltamt der Stadt, des Kreises) anmelden!
- Alle behördlichen Genehmigungen sowie Tausch-, Kauf- oder Schenkungsbelege sind sorgfältig als Nachweis aufzubewahren!
- Bestandsveränderungen, wie Schlupf, Todesfälle sowie (genehmigte) Veräußerungen sind sofort der zuständigen Landschaftsbehörde schriftlich anzuzeigen!
- Ist für das Tier nur eine einmalige Vermarktungsgenehmigung erteilt worden, muss vor der vorgesehenen Veräußerung eine neue beantragt werden!
- Wurde durch einen Umzug oder Ähnliches der Standort der Schildkröte verändert, ist das der (oder den) zuständigen Landschaftsbehörde(n) zu melden!

Schildkrötenkartei

Natürlich sollte man sich bereits vor der Anschaffung mit der speziellen Schildkröten-Art (Verbreitung, Lebensraum, Lebensweise) auseinandergesetzt und eine spezielle Kartei angelegt haben. In diese Kartei gehören neben Diagrammen der Klima-Messstationen aus dem Verbreitungsgebiet auch die in den jeweiligen Tabellen dieses Buchs angegebenen Daten. Nach der Anschaffung werden das Alter, die Panzerlänge, das Gewicht, das Geschlecht und andere Eigenschaften mit dem jeweiligen Datum in dieser Kartei festgehalten.

Wenn man nun in regelmäßigen Abständen diese Daten fortschreibt, hat man mit der Zeit einen gut überschaubaren **Lebenslauf** der einzelnen Schildkröten verfasst. So kann man auch **Futtersorten** eintragen, die besonders gern verzehrt oder meistens gemieden werden. Anhand der Klimadaten lässt sich auch der erforderliche klimatische **Jahresrhythmus** erahnen und bei der Einstellung der Beleuchtungsdauer und der Heizung berücksichtigen.

Richtige Ernährung

Ganz gleich, welche Nahrung Schildkröten auch zu sich nehmen – am Ende des Verdauungsprozesses werden ihrem Körper immer die gleichen **Grundstoffe** zugeführt wie anderen Wirbeltieren. Im Wesentlichen handelt es sich bei diesen Stoffen um Proteine (Eiweiße), Kohlenhydrate und Fette sowie Wasser, Vitamine, Mineralien und Spurenelemente.

Vor allem Sumpf- und „Wasserschildkröten" verzehren vorwiegend animalische Kost. Die meisten Landschildkröten nehmen vorwiegend vegetarische Nahrung zu sich und erhalten damit ebenfalls die genannten Nährstoffe, Vitamine und Mineralien sowie das enthaltene Wasser. Wenn die Pflanzen bereits recht trocken geworden sind, ist ihr **Wassergehalt** jedoch nur noch sehr gering. Lediglich am Morgen, wenn Tau die Pflanzen teilweise benetzt, können die Schildkröten das wenige auf Pflanzen haftende Wasser mit den Pflanzenteilen verzehren oder über die Nasenlöcher aufsaugen.

> **Ballaststoffe**
> Die Gerüstsubstanzen der Pflanzen (Zellulose, Hemizellulose, Lignin und Pektine) sind für uns Menschen lediglich Ballaststoffe und können vom Körper nicht verwertet werden. Sie sind für die Verdauung dennoch sehr wichtig und gehören auch bei uns zu einer gesunden Ernährung. Landschildkröten können diese Rohfasern jedoch mithilfe von in ihrem Darm lebenden Bakterien nicht nur gut verwerten – sie benötigen sie sogar dringend zu ihrer Existenz. Deshalb müssen Landschildkröten auch unbedingt ein reich strukturiertes, rohfaserreiches Futter erhalten.
>
> Man hat nachweisen können, dass das Futter frei lebender Landschildkröten einen Rohfaseranteil von 10–40 % enthält. Sinkt der Rohfaseranteil im Futter europäischer Landschildkröten über längere Zeit unter 4 %, kommt es im Darm der betroffenen Tiere zur Bildung toxischer Stoffe! Deshalb muss auch im Futter von in Menschenobhut gehaltenen europäische Landschildkröten ein Rohfaseranteil von mindestens 15 %, besser 20–30 % enthalten sein.

Möhren bieten Nährstoffe, Vitamine und Mineralien sowie Ballaststoffe! Die Spaltenschildkröte frisst sie mit großem Appetit.

Sobald jedoch der **Regen** einsetzt, suchen Landschildkröten oft gezielt feuchte Stellen oder sogar Pfützen auf, um daraus ausgiebig zu trinken. Dabei kann man an ihrem Hals deutliche Schluckbewegungen erkennen, wobei der Kopf manchmal tief in das Wasser eingetaucht ist. Im Übrigen können Schildkröten überschüssiges Wasser auch in ihrem Magen, in ihrer Blase und in ihren Analblasen beziehungsweise Analsäcken speichern. Bei diesen Analsäcken handelt es sich um dünnwandige, gut durchblutete, paarige Ausstülpungen der Kloakenwand, die in den Kloakenraum münden und von außen (über den After) mit Wasser gefüllt werden können.

Viele Süßwasserschildkröten besitzen Analsäcke, ausgenommen die Arten der Familie Trionychidae. Bei *Chelydra serpentina* sind sie rudimentär angelegt. Mit Ausnahme der Gelenkschildkröten (*Kinixys*) fehlen sie jedoch allen Landschildkröten. Während der Überwinterung am Gewässergrund dienen sie Süßwasserschildkröten offenbar als zusätzliche Atmungsorgane (physiologische Kiemen), bei *Kinixys* vermutlich auch als Wasserspeicher. Ist eine Schildkröte erregt, etwa weil man sie unvermutet anhebt, kann sie den Inhalt ihrer Analsäcke als aposematische (abschreckende) Reaktion ausspritzen.

Ohne die vom Körper, aber auch von der Darmflora produzierten **Enzyme** (Eiweiße, die als Katalysatoren biochemischer Reaktionen dienen) wäre eine Aufbereitung der Nahrung nicht möglich. Wichtig sind vor allem für Landschildkröten auch die uns lediglich als „Ballaststoffe" bekannten Faserstoffe! Ihnen kommt bei ihrer Ernährung und Erhaltung der Darmflora eine besondere Bedeutung zu. Eine zu ballaststoffarme Ernährung kann daher die Darmflora schädigen und die Gesundheit der Schildkröten beeinträchtigen.

Nahrung für Vegetarier

Bei der Zusammensetzung des Futters für Landschildkröten kommt es auf die darin enthaltenen Rohfette, Rohproteine und Rohfasern an. Wichtig ist für alle Schildkröten ein ausgewogenes Verhältnis von Kalzium (Ca) und Phosphor (P). Auf die Bedeutung der Rohfasern für die Darmflora wurde bereits hingewiesen.

Viele Schildkrötenhalter verfüttern gern Tomaten, Gurken, Paprika oder Obst. Diese **Früchte** bestehen jedoch hauptsächlich aus Wasser und enthalten nur wenig Rohfasern. Außerdem haben

Ernährung von Landschildkröten

- Die Nahrung der meisten Landschildkröten aus Trockengebieten (Halbwüsten und Savannen), aber auch aus gemäßigten Gebieten (europäische Landschildkröten), muss stets ballaststoffreich und kohlenhydratarm sein!
- Landschildkröten aus feuchten tropischen Lebensräumen können Kohlenhydrate, sogar einfach- und doppelzuckerhaltige Stoffe, etwas besser verarbeiten. Aber auch sie müssen mit ihrer Nahrung immer genügend Rohfasern aufnehmen können.

Als Futterpflanzen geeignete Wildkräuter
Ackerwinde (*Calystegia* sp.)
Bärenklau (*Acanthus* sp.)
Brombeere (*Rubus fruticosus*)
– auch im Winter noch verfügbar!
Ferkelkraut (*Hypochoeris* sp.)
Klee (*Trifolium* sp.)
– Rot- (*Trifolium pratense*)
– Weiß- (*Trifolium repens*)
Löwenzahn (*Taraxacum officinale*)
Malve (*Malva* sp.)
Mauerpfeffer (*Sedum* sp.)
Pippau (*Crepis* sp.)
Saudistel (*Sonchus oleraceus*)
– Stachelige (*Sonchus asper*)
Schafgarbe (*Achillea millefolium*), jung
Steinbrech (*Saxifraga* sp.)
Taubnessel (*Lamium album*)
– Rote (*Lamium purpureum*)
– auch im Winter oft noch verfügbar
Vogelmiere (*Stellaria media*)
– auch im Winter verfügbar!
Waldgeißblatt (*Lonicera periclymenum*)
Wicke (*Vicia* sp.)
Wildkohl (*Brassica* sp.) – nur selten verfüttern!
Wegerich (*Plantago* sp.)
Wegwarte (*Cichorium intybus*)
Zimbelkraut (*Cymbalaria muralis*)

sie keinen bedeutenden Nährwert. Bei einem Übermaß kann die Darmflora erheblich geschädigt werden. **Obst**, wie Äpfel, Birnen, Kirschen und Johannisbeeren, enthält sehr viel Zucker, durch den es unter bestimmten Umständen im Darm der Schildkröten zu Fehlgärungen kommen kann. Aber auch ein Flagellatenbefall wird durch diese Nahrung begünstigt. Denn auch Obst besteht vorwiegend aus Wasser. Offenbar kommen tropische Landschildkröten jedoch mit derartigem Futter besser zurecht als andere Arten (siehe Kasten).

Will man Landschildkröten an die für sie unbekannten faserreichen Heupresslinge gewöhnen, wie sie im Handel erhältlich sind, kann man anfänglich eingeweichte Heupellets oder Heucobs mit ein wenig Fruchtfleisch betupfen, um den Appetit der Tiere anzuregen. Denn Heu, vor allem Luzerne-, Klee- und auch Grasheu, ist ein besonders wertvolles Futter, da es sehr viele Rohproteine enthält, aber auch Kalzium.

Dabei muss das Heu jedoch vor der Blüte gewonnen werden, da danach diese wichtigen Anteile immer mehr sinken und dafür die Rohfaser- und Phosphoranteile steigen. Denn neben den zwar nötigen Rohfasern sind auch die Rohproteine sowie Vitamine und Mineralien (etwa Kalzium) sehr wichtig. Außerdem ist das Kalzium/Phosphor-Verhältnis zu diesem Zeitpunkt am günstigsten. Die höchsten Gehalte an Rohprotein, Kalzium und Phosphor erreicht Luzerneheu! Besonders wichtig ist auch das Verfüttern von Wildkräutern, die uns in der Schildkrötensaison zur Verfügung stehen. Dass eine abwechslungsreiche Fütterung möglich ist, zeigt die im Kasten aufgeführte Liste der als Futter geeigneten Wildkräuter.

Keineswegs sollte man Grünfutter an **belasteten Stellen** pflücken, etwa an Straßenrändern oder auf gedüngten oder mit Bioziden belasteten Wiesen! Auch sollte man den Schildkröten keine Pflanzen mit hohen **Nitratwerten** anbieten. Hierzu gehört beispielsweise Gemüse, das unter Einsatz von Düngemitteln angebaut worden ist. Nitrate führen zur Verringerung des Hämoglobins (roter Blutfarbstoff), das im Blut für den Sauerstofftransport benötigt wird.

Als weiteres Problem ist die **Oxalsäure** zu nennen. Sie ist ein Inhaltstoff etlicher Pflanzen und verursacht in hoher Dosierung Krämpfe, Erbrechen und Geschwüre. Oxalsäure ist dafür bekannt, dass sie Kalzium, Eisen, Magnesium, Natrium und Kalium zu schwer löslichen Oxalaten bindet und so zum Beispiel den Kalziumspiegel des Bluts senkt. Verfüttern Sie also auf keinen Fall Sauerklee, Rhabarber, Gänsefußgewächse, das Laub der Roten Beete oder Ampfer-Arten. Auch Spinat ist bedenklich, da von ihm nur etwa 5 % des Kalziumgehaltes verwertet werden können. Denn auch Spinat beinhaltet Oxalsäure.

Futter für Fleischfresser

Im und am Wasser lebende Schildkröten ernähren sich im Gegensatz zu Landschildkröten gewöhnlich überwiegend von Tieren. Dabei hängt das konkrete Ausmaß von der jeweiligen Art ab. Lediglich von der Pfauenaugenschildkröte *Morenia petersi* und einigen anderen Arten ist bekannt, dass sie vorwiegend Pflanzen fressen. Außerdem können sich im Verlauf ihres Lebens bei den Tieren vieler Arten die Ernährungsgewohnheiten ändern. Vor allem Jungtiere nehmen meist ausschließlich animalische Kost zu sich. Zu ihrer Beute gehören in der Natur Würmer, Kleinkrebse, Insekten und ihre Larven, Schnecken und Muscheln, Fisch- und Amphibienlaich und -larven, kleine Fische und Amphibien. Reine Fleischfresser nehmen Kohlenhydrate und Vitamine oft mit dem Mageninhalt ihrer Beutetiere auf. Ihre notwendigen Kalziumgaben (Ca) bekommen sie vor allem durch den Verzehr von Schnecken und Krebsen. Mit fortgeschrittener Größe fressen etliche Arten auch pflanzliche Kost und schrecken auch vor Aas und dem Kot von Säugetieren nicht zurück.

In der Natur ist die **Nahrungszusammensetzung** von der Saison abhängig. Je nach Jahreszeit vermehren sich plötzlich Kleinkrebse stark und bilden eine leicht erreichbare Beute, oder in bestimmten

Gewässerabschnitten befinden sich zu bestimmten Zeiten viele Schnecken. Schildkröten können in Menschenobhut auch lernen, dass bestimmte Stoffe als Nahrung dienen, und nehmen dann auch „Kunstfutter" an.

Es ist erschreckend, wie eintönig Wasserschildkröten häufig ernährt werden. Sie können zwar stets mit dem gleichen Futter konfrontiert werden, jedoch lieben sie ebenso die Abwechslung wie andere Lebewesen. Dabei ist die Palette der Fütterungsmöglichkeiten recht umfangreich, wenn man sich ein wenig Mühe gibt.

Manchmal werden Wasserschildkröten lediglich mit **Fleischstückchen** (Rindfleisch, aber auch Pute und anderes Geflügel) gefüttert. Diese ausschließlich animalische Nahrung ist reich an Phosphor (P), jedoch arm an Kalzium (Ca). Da auch die im und am Wasser lebenden Schildkröten zum Aufbau von Skelett und Panzer genügend Kalzium benötigen, kann Kalziummangel zu Mangelerscheinungen führen.

Regen- und Tauwürmer sind als Futter bestens geeignet. Man kann sie fast jederzeit in Anglerbedarfsgeschäften kaufen oder beim Umgraben des Erdbodens sammeln. Sie sind nicht nur nahrhaft (Eiweiße, Fette), sondern enthalten in ihrem Verdauungstrakt auch viele Vitamine und Mineralien. Man gibt die Würmer einfach in das Wasser, möglichst in das Blickfeld der Schildkröte. Durch die Bewegungen der Würmer werden die Schildkröten animiert, nach ihnen zu schnappen. Dadurch werden die Sinne (Geruchs-, Geschmacks- und Gesichtssinn) der Schildkröte gereizt.

Im Wechsel mit dem Wurmfutter kann man den Schildkröten auch Rindfleischstückchen anbieten. Diese sollten jedoch vorher großzügig mit einem **Vitamin- und Mineralstoffpräparat** (beispielsweise Korvimin ZVT, Vitakalk®, Calcamineral, Reptisan-G®) bestäubt und dadurch aufgewertet werden. Keineswegs darf man rohes Geflügelfleisch verfüttern, da es möglicherweise mit Salmonellen belastet ist.

Fleischstückchen werden am besten mit einer langen Pinzette den Schildkröten vor die Schnauze gehalten, damit man einen Überblick hat, ob alle Tiere gleichmäßig Futter aufnehmen. Bei bissigen Schildkröten spießt man die Fleischbrocken auf die Spitze eines langen Stockes und reicht sie so den Schildkröten aus sicherer Entfernung. Fleisch sollte man am besten gleich in Tagesportionen einfrieren, muss es aber vor dem Verfüttern unbedingt wieder vollständig auftauen lassen.

Auch **Süßwasserfisch** wird von Wasserschildkröten gern gefressen. Aber Vorsicht! Fisch darf nicht zu oft verfüttert werden, da er das Enzym Thiaminase enthält. Dieses Enzym verhindert die Aufnahme von Vitamin B, was schließlich zu einem Vitamin-B-Mangel führen kann. Außerdem kann die Verfütterung ölreicher Fischsorten zu einer Fettleber führen!

Besonders leicht ist das Verfüttern von **Futtersticks**, die man oft in Gartencentern erhält und die eigentlich für Teichfische vorgesehen sind. Diese Sticks schwimmen lange auf der Wasseroberfläche und werden für gewöhnlich sehr gern von den Schildkröten gefressen. Die gleichen Futtersticks werden oft auch in anderen Verpackungen als „Schildkrötenfutter" verkauft, wie ein Vergleich der Inhaltstoffe belegt. Sie sind dann aber wesentlich teurer. Aber natürlich sollte man seine Wasserschildkröten nicht nur mit diesen Sticks füttern!

Wenn im Wasserteil des Aqua-Terrariums und im Teich des Freilandterrariums einige **Wasserpflanzen** treiben, wird man bald feststellen, ob einige davon auch den Schildkröten schmecken. Versuchsweise kann man den Tieren auch einmal Salat-, Kohl- und Löwenzahnblätter anbieten. Viele amerikanische Schmuckschildkröten-Arten vertilgen im Alter beachtliche Mengen davon! Verfüttern Sie jedoch nur ungespritzte Pflanzenteile und pflücken Sie Wildkräuter nie auf gedüngten Weiden oder in der Nähe stark befahrener Straßen.

Universell einsetzbar: Geleefutter!

Vor allem die Profis unter den Schildkrötenhaltern stellen für ihre Pfleglinge oft ein besonderes eigenes Futter her. Das hat den Vorteil, dass man über die Zusammensetzung und Zutaten selbst entscheiden kann. Dieses Geleefutter ist auch als **Schildkrötenpudding** bekannt und besonders hilfreich in der Urlaubszeit, wenn eine Vertretung den Pfleger ersetzt. Nicht jedem ist zuzumuten, den Wasserschildkröten Regenwümer, Schnecken oder Ähnliches anzubieten.

Die Wahl der Zutaten richtet sich danach, ob es sich bei den Pfleglingen um vorwiegend Carnivore (Fleischfresser) oder Omnivore (Allesfresser, Gemischtköstler) handelt. Das folgende Rezept ist

Zutaten für 3–4 l Schildkröten-Geleefutter

- ½ l Milch (1,5 % Fettgehalt)
- 2 Eier
- ½ kg Obst und Gemüse
- ½ kg Rindfleisch
- ½ kg Süßwasserfisch, Fischmehl oder Garnelenschrot
- 10 Tropfen Vitamin-Präparat (etwa Multibionta, Multimulsin)
- 2 Esslöffel Mineralstoffe (zum Beispiel Vitakalk®, ZVT-Korvimin®)
- 250 g Speisegelatine in Aspikqualität (50–60 g/l)
- ¾–1 l Wasser

Die Waldbachschildkröte, *Glyptemys insculpta*, nimmt den Geruch von Fleisch wahr und läuft zielstrebig auf seine Quelle zu.

daher nur als Grundrezept zu verstehen, denn die Zutaten können je nach Bedarf (mehr animalisch, mehr vegetarisch) auch variiert werden.

Das Geleefutter bereitet man folgendermaßen zu: Etwa ein bis zwei Stunden vor der eigentlichen Arbeit legt man die Gelatine in etwa ¼ l kühles Wasser und lässt sie aufquellen. Nun zerkleinert man alle festen Zutaten mit etwas Milch im Mixer zu einem Brei. Anschließend rührt man die Eier unter den Brei und fügt unter Rühren die restliche Milch und ¼–½ l Wasser zu, bis der Brei Ähnlichkeit mit einer dickflüssigen Suppe hat. Nun erwärmt man mit einem weiteren ½ l Wasser die Gelatinelösung auf etwa 70–80 °C und rührt den Futterbrei hinein.

Anschließend lässt man das Gelatinefutter bis auf etwa 30 °C abkühlen und fügt nun die Mineralstoffe und Vitamine hinzu. Die jetzt entstandene dickflüssige Masse füllt man in flache Kunststoffschalen und lässt sie an einer erschütterungsfreien Stelle langsam abkühlen.

Am folgenden Tag stellt man die Schalen für drei bis vier Stunden in einen Kühlschrank. Danach schneidet man das erstarrte Gelatinefutter in die gewünschten Wochenportionen, füllt sie in Kunststoffbeutel und bewahrt sie im Tiefkühlfach auf. Vor dem Verfüttern müssen die Futterportionen jedoch wieder vollständig aufgetaut sein. Die Reste kann man im Kühlschrank aufbewahren.

Wie viel und wie oft sollte man füttern?

Durch Futtermangel werden für gewöhnlich weniger Erkrankungen verursacht als durch Überfütterung! Man sollte also nicht nur genau auf die Qualität, sondern auch auf die Quantität des Futters achten. Und füttern Sie unbedingt abwechslungsreich!

Natürlich bietet man den Schildkröten das Futter innerhalb ihrer **Aktivitätszeiten** an. Erwachsenen Exemplaren gibt man nur alle 2–3 Tage etwas zu fressen. Und quellen ihre Weichteile bereits aus den Panzeröffnungen hervor, dann sollten sie so lange nur noch alle 4–5 Tage gefüttert werden, bis diese Fettpolster wieder verschwunden sind.

Jungtiere sollten zwar täglich Futter erhalten, jedoch ist auch bei ihnen darauf zu achten, dass sie nicht im Futter schwimmen. Das Verfüttern lebender Nahrung zwingt die entsprechenden Schildkröten, sich zu bewegen und fördert ihren Beutetrieb. Eine Fastenzeit von 1–2 Wochen schadet erwachsenen Schildkröten übrigens auch nicht!

Verfüttern Sie immer nur so viel, wie die Tiere innerhalb einer halben Stunde vertilgen können. Futterreste belasten das Wasser unnötig und sollten nach der Fütterung mit einem Kescher entfernt werden.

Nährstoffe

Proteine oder **Eiweiße** sind besonders große Moleküle. Sie gehören zu den Grundbausteinen aller Zellen und sind Ketten von Aminosäuren, von denen 23 verschiedene als Bausteine von Proteinen auftreten können.

Wichtig bei der Ernährung sind vor allem essenzielle Aminosäuren, die der Körper nicht selbst herstellen kann. Während der Verdauung werden die Proteine in die Aminosäuren zerlegt und können erst dann über die Darmwand vom Blut aufgenommen und durch den Körper zu den Zellen transportiert werden.

Die vorwiegend Pflanzen fressenden Landschildkröten nehmen weniger Proteine als die Fleischfresser zu sich und sollten auch nicht zu viele erhalten (Gichtgefahr). Sie werden durch ihre Darmflora und -fauna mit Aminosäuren versorgt.

Proteine, Kohlenhydrate, Fette

- Proteine sind am Aufbau und der Erhaltung von Muskeln, Sehnen, Knorpel, Bindegewebe und Haut ebenso beteiligt wie von allen anderen Körperteilen!
- Für Landschildkröten sind in erster Linie die Kohlenhydrate Energielieferanten!
- Nahrungsfette sind unter anderem am Aufbau der Körperzellen und des Blutplasmas beteiligt und spielen damit eine wichtige Rolle für das Wachstum sowie das Funktionieren des Organismus einschließlich der Blutgefäße und Nerven. Manche Nahrungsfette dienen auch als Träger fettlöslicher Vitamine (A, D, E und K)!

Kohlenhydrate sind der wichtigste Bestandteil fast aller pflanzlichen Stoffe. Sie sind entweder einfache Zucker oder Verbindungen solcher Zucker. Einfachzucker (Monosaccharide) befinden sich beispielsweise in Früchten (Traubenzucker, Fruchtzucker) und sind wasserlöslich. Auch Doppelzucker (Disaccharide) sind wasserlöslich (Rohrzucker, Malzzucker, Milchzucker). Nur wasserlösliche Kohlenhydrate können (beispielsweise als Glukose) in der Darmwand vom Blut aufgenommen und zu den einzelnen Körperzellen transportiert werden.

Nicht wasserlöslich sind dagegen Mehrfach- oder Vielfachzucker (Polysaccharide). Sie befinden sich beispielsweise in Pflanzenstärke (Amylose und Amylopektin) und Zellstoff (Zellulose). Für Landschildkröten ist Zellulose sehr wichtig, da sie von ihrer Darmflora bis zum Einfachzucker abgebaut werden kann. Sogar aus relativ geringwertigen Pflanzenfasern und Zellwänden können Landschildkröten daher einen erheblichen Teil der benötigten Energie gewinnen. Einige Landschildkrötenarten sind im Extremfall sogar in der Lage, sich nur von Stroh oder Heu zu ernähren.

Fette bestehen aus Molekülen, in denen jeweils drei Fettsäuren über Sauerstoffbrücken mit einem Molekül Glycerin verbunden sind. Fettsäuren mit 12, 14, 16 und 18 Kohlenstoffatomen machen über 95 % des gesamten Fettsäureanteils der Nahrungsfette aus. Für den Abbau der Fette in die einzelnen Bestandteile (Fettsäuren, Glycerin) sorgen der Gallensaft und Sekrete der Bauchspeicheldrüse, die dem Nahrungsbrei im Dünndarm zugeführt werden. Später bildet der Körper aus den einzelnen Bestandteilen wieder körpereigene Fette.

Fettsäuren sind wichtige Bausteine der Zellmembranen. Nicht alle können vom Organismus produziert werden. Sie müssen dann unbedingt in der Nahrung (wie etwa die Linolsäure) enthalten sein! Dabei spricht man von unbedingt notwendigen, so genannten **essenziellen Fettsäuren**!

Der Körper kann aus Kohlenhydraten ebenfalls Fette herstellen, um auf kleinerem Raum einen höheren Brennwert zu speichern.

Als organische Substanzen kommen **Vitamine** in pflanzlichen und tierischen Lebewesen vor, da sie von ihnen aufgenommen oder sogar produziert werden. Man unterscheidet über 12 Vitamine, deren Vorkommen und Bedeutung hinreichend bekannt sind. Auch kennt man genügend Mangelsymptome und **Mangelerkrankungen**, um zu wissen, dass eine ausreichende Vitaminversorgung auch bei Schildkröten stets gewährleistet sein muss. Denn Vitamine steuern unter anderem die Oxidation, die Zellbildung, die Verdauung, den Stoffwechsel und damit auch das Wachstum und die Fortpflanzung. Es gibt wasser- und fettlösliche Vitamine. Im Rahmen dieses Buchs kann allerdings nur auf einige Vitamine und ihre Wirkungen eingegangen werden. Innerhalb ihres Lebensraums finden Schildkröten für gewöhnlich die für sie richtige Nahrung. Mit dem Verzehr führen sie ihrem Körper die notwendigen Nährstoffe zu, aber auch bestimmte Vitamine.

Als Beta-Karotin kommt das **Vitamin A** (Axerophthol: fettlöslich) in verschiedenen Pflanzen vor und muss im Darm der Schildkröte zum fettlöslichen Vitamin A umgebaut werden. Es wirkt an der Bildung und Reparatur von Gewebe (auch beim Wachstum) mit und an der Stärkung des Immunsystems. Außerdem beeinflusst es die Sehkraft, aber auch die Knochen- und Hautbildung, um nur einige Beispiele zu nennen. Die Vorstufen zu Vitamin A befinden sich vor allem in gelben, rötlichen, aber auch in grünen Pflanzenteilen, sodass Landschildkröten für gewöhnlich regelmäßig damit ausreichend versorgt werden (Wasserschildkröten erhalten es oft durch den Magen- und Darminhalt ihrer Beutetiere).

Die Vitamine des **Vitamin-B-Komplexes** sind wasserlöslich und wirken bei der Verwertung

Zufuhr von Vitaminen und Mineralien

Obwohl Schildkröten durch eine abwechslungsreiche Fütterung für gewöhnlich alle erforderlichen Vitamine erhalten, kann es durch klimatisch ungünstige Bedingungen (vor allem in den Übergangszeiten) und vor allem bei Jungtieren zu einer möglichen Unterversorgung kommen. Deshalb bestreuen viele Halter das Futter mit künstlichen Vitamin- und Mineralstoffpräparaten, die im Handel erhältlich sind. Nur bei Tierärzten ist das häufig verwendete Korvimin ZVT erhältlich, das sich gut bewährt hat. Im Zoohandel werden auch weitere Präparate angeboten. Welche Vitamine und Mineralien darin enthalten sind, muss unbedingt von der Packung abzulesen sein!

von Proteinen und Fetten mit sowie der Umwandlung von Kohlenhydraten in Glykose (Zucker). Zudem sorgen sie für eine normale Hautbildung, das Funktionieren des Nervensystems und den Muskelaufbau. Für den Aufbau der Erbsubstanz (DNA) ist insbesondere das **Vitamin B_{12}** (Cyanocobalamin) erforderlich. Fehlt es, kommt es auch zu Verdauungsstörungen. Mangelt es an **Vitamin B_1** (Aneurin), kommt es zu Lähmungen und Muskelschwund, fehlt **Vitamin B_2** (Lactoflavin), kommt es zu Wachstumsstörungen und Hauterkrankungen, und bei einem Mangel an **Vitamin B_6 (Pyridoxin)** kommt es zu Krämpfen.

Als weitere Beispiele sind noch die Vitamine C und D zu nennen. **Vitamin C** (Ascorbinsäure) ist wasserlöslich und wirkt bei der Regelung des Wasserhaushalts der Zwischenzellsubstanz mit. Ein Fehlen führt zu Appetitlosigkeit und die Schildkröten werden anfälliger gegenüber Infektionen.

Das **Vitamin D** (Calciferol) ist fettlöslich und spielt eine erhebliche Rolle beim Kalzium-Phosphor-Haushalt. Das **Vitamin D_3** fördert den aktiven Transport von Kalzium (Ca) und Phosphor (P) durch die Darmwand und ist beim Einbau dieser Stoffe in das Skelett beteiligt. Die mit der Nahrung aufgenommenen Vitaminvorstufen in der Haut werden unter der Einwirkung von UV-Strahlen in Vitamin D_3 umgewandelt. Durch die unbedingt erforderliche Freilandhaltung europäischer Land- und Sumpfschildkröten wird ihnen unter anderem auch die natürliche Vitamin-D-Synthese ermöglicht. Ein Fehlen von Vitamin D_3 führt bei diesen Tieren zwangsläufig zu einer Panzererweichung (Rachitis).

Mineralien und Spurenelemente

Einige wichtige Mineralstoffe (Kalzium und Phosphor) und ihre Bedeutung wurden bereits erwähnt. Es gibt natürlich auch noch weitere wichtige Mineralien, aber auch Spurenelemente (Eisen, Kupfer, Kobalt, Magnesium, Mangan, Silizium und Zink sowie die Nichtmetalle Jod und Fluor). Von Spurenelementen sind zur Gesunderhaltung – wie bereits die Bezeichnung vermuten lässt – nur geringe Mengen erforderlich.

Hygiene und Quarantäne

Durch die **Ausscheidungen** der Schildkröten oder Futterreste wird ein Zimmerterrarium wesentlich stärker als ein Freilandterrarium verschmutzt. Deshalb ist stets darauf zu achten, dass diese Verunreinigungen täglich beseitigt werden. Auch müssen verschmutzte Einrichtungsgegenstände regelmäßig gereinigt werden. Spätestens nach einem halben Jahr muss auch der **Bodengrund** ausgetauscht werden, da es sonst zu einer Vermehrung von Krankheitserregern kommt, die die Gesundheit der Schildkröten gefährden können.

> **Quarantäne**
> Selbst nach einem Jahr Quarantänehaltung gibt es noch keine Garantie, eine gesunde Schildkröte zu haben. Denn es besteht auch nach dieser langen Zeit noch die Möglichkeit, dass sie Erreger ausscheidet, ohne selbst Krankheitssymptome zu zeigen!

Neue Schildkröten hält man vorerst einmal allein in Quarantäne. Auf Bodengrund ist dabei zu verzichten. Stattdessen legt man bei Landschildkröten Zeitungs- oder anderes saugfähiges Papier aus, das leicht gegen neues ausgetauscht werden kann. Besonders wichtig ist auch das tägliche Reinigen und Wiederauffüllen des Wasserteils oder des Wassernapfs mit frischem Wasser.

Überwinterung, aber richtig!

Für die Schildkröten der gemäßigten Zonen ist die Überwinterung zur Erhaltung ihrer Gesundheit unbedingt notwendig. Oft ist es ohne Überwinterung auch kaum möglich, die Tiere zur Fortpflanzung zu bringen.

Landschildkröten

In den Lebensräumen der europäischen Landschildkröten wird es im Verlauf des klimatischen Jahresrhythmus zum Ende des Jahres immer kühler und bleibt auch einige Monate so. Daher gehört es auch zur artgerechten Haltung dieser Landschildkröten, sie während der kalten Jahreszeit zu „überwintern“. Denn diese Überwinterung hat einen Einfluss auf den Hormonhaushalt und damit auf die **biologische Uhr** der Tiere.

Bei wechselwarmen Reptilien wie den Schildkröten nehmen die Aktivitäten mit dem Sinken der Außentemperaturen immer weiter ab und sie nehmen für längere Zeit keine Nahrung mehr auf, da sie bei niedrigeren Temperaturen nicht mehr verdaut werden kann. Bald ziehen sich die Tiere in der Natur an frostsichere Stellen zurück, um dort in eine **Winterstarre** zu verfallen. Meist handelt es sich um natürliche kleine, trockene Höhlen,

> **Winterquartier im Lichtschacht**
> Meine ausgewachsenen Landschildkröten überwintern in den Lichtschächten des Kellers unseres Hauses, die mit Buchenlaub gefüllt und danach gut abgedeckt werden. Vom Keller aus kann ich jederzeit eins der Fenster öffnen und die Temperaturen und die Tiere kontrollieren.

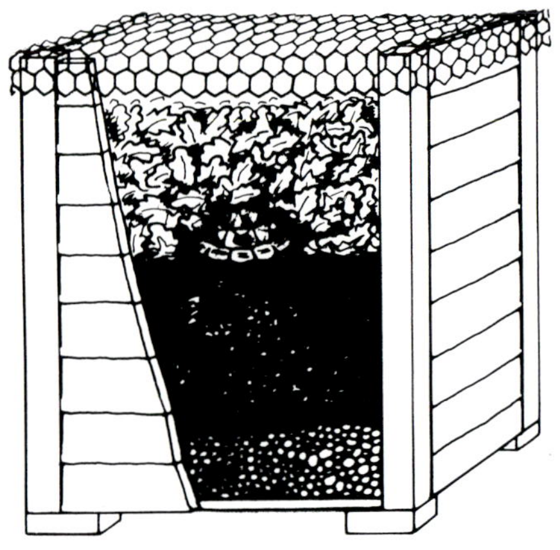

Überwinterungsbox für Landschildkröten. Unten befindet sich eine Schicht Kies oder Blähton, in der Mitte Wald- oder Gartenerde und oben eine Schicht Torfmoos und Laub.

gewöhnlich in leichter Hanglage, in die auch bei länger andauernden Niederschlägen kein Wasser eindringen kann. Während der Winterstarre arbeiten das Kreislaufsystem und damit auch der Stoffwechsel mit stark verminderter Leistung, sodass die Reptilien ohne Nahrungsaufnahme monatelang ruhen können.

Als **Überwinterungsquartiere** sind kühle Keller oder ähnliche Orte, aber auch Kühlschränke geeignet, die dann natürlich nicht gleichzeitig für andere Zwecke verwendet werden dürfen! Gleichzeitig kann man im Kühlschrank eine Flasche Wasser bereithalten, um bei Bedarf zu trocken gewordenes Substrat wieder ganz leicht anzufeuchten!

Vorbereitung auf die Überwinterung

Da Futter- und Ausscheidungsreste im Darm der Schildkröten während der Überwinterung zu Fäulnisprozessen und zum Tod der Tiere führen können, müssen sie bereits 2–3 Wochen vor der geplanten Überwinterung fasten. Man gibt ihnen kein Futter, und zur Kontrolle der Ausscheidungen auf eventuelle Parasiten bekommen meine Schildkröten auch noch ein bis zwei **Bäder** in handwarmem Wasser. Dabei trinken sie häufig und leeren anschließend ihren Darm.

Sind keine Würmer oder andere Parasiten im Kot vorhanden, setze ich die Schildkröten in ihr unbeheiztes Gewächshaus, in dem sie sich bei sinkenden Temperaturen fast nur noch in ihren Höhlen aufhalten oder sogar in den lockeren **Bodengrund** oder eingebrachten **Laubhaufen** (Buchenlaub) eingraben. Dort beginnen sie bald auch zu ruhen, sodass sie nun problemlos in Überwinterungskisten (mit dem oben genannten Buchenlaub) gesetzt werden können. Bald darauf haben sie sich auch dort vergraben und können nun in das **Überwinterungsquartier** gebracht werden. In Abständen kontrolliert man das Substrat, ob es zu trocken geworden ist – und die Schildkröten, ob sie ruhen.

Künstliche Überwinterung

Auch in Menschenobhut muss das Überwinterungsquartier einigen Anforderungen entsprechen.

- Das Überwinterungsquartier muss relativ trocken oder nur leicht feucht sein und darf an den Decken oder Wänden kein Kondenswasser aufweisen!
- Das Substrat, in dem sich die Schildkröten verkriechen können, muss locker und grabfähig sein und noch genügend Sauerstoff bieten, auch wenn die Atmung reduziert ist. Deshalb eignet sich ein Gemisch aus Buchenlaub und Torfmoos (kein Torf!) besonders gut. Manche Halter legen das genannte Substrat bei ihren europäischen Landschildkröten über eine 20 cm hohe Kiesschicht (Drainage), sodass es sich beim Eingraben der Tiere mit dem Kies vermischt!
- Die Überwinterungsstelle muss völlig dunkel sein und darf keinen Störungen ausgesetzt sein!
- Während der Überwinterung sollten die Temperaturen sich immer im Bereich von 3–5 °C ligen! Ein zeitweises Ansteigen auf etwa 8 °C schadet allerdings nicht und beendet auch nicht die Ruhephase.

Wie lange soll die Überwinterung mediterraner Landschildkröten dauern (nach WILMS et al. 2006)?

Agrionemys horsfieldii	etwa 4–5 Monate
Testudo hermanni hermanni	
Südfrankreich	4 Monate
NO-Spanien	4 Monate (November bis Februar)
Testudo hermanni boettgeri	etwa 4,5–5,5 Monate
Testudo graeca graeca	
Südspanien	2 Monate
Sousse-Tal, Marokko	keine Ruhephase
Nordafrika	1 Monat
Testudo graeca terrestris	1 Monat
Testudo graeca ibera	5–6 Monate
Testudo graeca nikolskii	September/Oktober–März/April
Testudo marginata	etwa 5 Monate
Testudo kleinmanni	keine Ruhephase

„Wasser-“ und Sumpfschildkröten

Bestimmte „Wasserschildkröten“, aber auch einige Sumpfschildkröten sind aus den gleichen Gründen (Hormonhaushalt, biologische Uhr) wie die genannten Landschildkröten aus gemäßigten Gebieten ebenfalls kühl zu überwintern. Während die Arten der gemäßigten Klimazonen (beispielsweise *Emys* sp., *Mauremys* sp.) an einer völlig dunklen, etwa 4–5 °C kalten Stelle (Keller, Kühlschrank) in einem Wasserbecken überwintern können, gibt es auch Arten, die man durchaus auch etwas wärmer über den Winter bringen kann. PALOWSKI (2004) nennt hierzu folgende Arten, die bei etwa 12 bis 15 °C überwintern können: *Chinemys reevesii*, *Emys orbicularis*, *Mauremys c. caspica*, *M. mutica*, *M. rivulata*, *Sternotherus odoratus*, *Trachemys scripta elegans*. Diese Arten überwinterten bei ihm in Leitungswasser, dem 0,2% Kochsalz sowie je ein Beutel Schwarztee zugesetzt worden war. Bemerkenswert ist, dass selbst nach einer Dauer von bis zu 7 Monaten die Gewichtsverluste der überwinterten Tiere gering waren (0,22 ± 0,5 sowie 2,4 ± 2,58%). PALOWSKI schließt daraus, dass aquatische Schildkröten somit auch bei Wassertemperaturen von über 10 °C überwintern können.

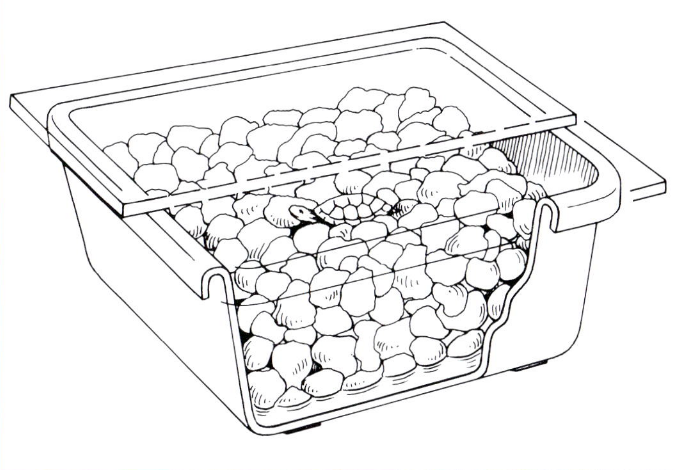

Sumpf- und Wasserschildkröten können in dieser Box bei niedrigem Wasserstand in einer Schaumstoffwürfelschicht überwintern.

Urlaubsvertretung

Nicht nur, wenn man seinen wohlverdienten Urlaub nimmt und verreist, ist man auf einen Ersatzpfleger für seine Schildkröten angewiesen. Es können auch ein plötzlich notwendiger Krankenhausaufenthalt, der Besuch bei entfernt lebenden Verwandten, eine kurzfristig angeordnete Dienstreise oder ähnliche Dinge eintreten, bei denen plötzlich ein Ersatzpfleger für die Tiere benötigt wird.

Zwar können Land- und Wasserschildkröten in einer Freilandanlage auch mal einige Tage ohne „Intensivpflege" auskommen, jedoch ist es immer besser, wenn sich jemand um sie kümmert und regelmäßig ihr Wohlbefinden kontrolliert. In einer schildkrötenbegeisterten Familie kann die weitere Pflege ohne Probleme von einem anderen Familienmitglied übernommen werden. Fährt jedoch die gesamte Familie in Urlaub, muss unbedingt ein anderer die notwendigen Aufgaben übernehmen.

Aufgaben der Urlaubsvertretung

- Die Tiere müssen regelmäßig beobachtet und kontrolliert werden.
- Das Futter muss den Schildkröten gereicht und Futterreste müssen entfernt werden.
- Der Wassernapf ist zu reinigen und mit Frischwasser aufzufüllen.
- Die Schutzhütte oder der Gewächshauseingang müssen eventuell täglich geöffnet und verschlossen werden.
- Jungtiere müssen besonders sorgfältig überwacht und versorgt werden.
- Abdeckgitter müssen auf Dichtigkeit geprüft werden.
- Filteranlagen müssen auf ihre störungsfreie Funktion überprüft werden.
- Gelege müssen kontrolliert werden.
- Kranke Tiere müssen medikamentös versorgt werden.

Manchmal hilft auch ein interessierter Nachbar, der schon immer einmal gern über den Zaun die Schildkröten beobachtet hat. Oder ein in der Nähe wohnender anderer Schildkrötenhalter springt bei Bedarf ein – und wird bei seinem eigenen Urlaub oder im Bedarfsfall ebenfalls sachkundig vertreten. Nach einer kurzen Einarbeitung kann man vielleicht auch – gegen einen entsprechenden Obulus – vertrauenswürdige Jugendliche aus der Nachbarschaft als Ersatzpfleger gewinnen, wenn nicht besonders aufwändige Pflegemaßnahmen (beispielsweise Medikamentengabe) erforderlich sind.

Keineswegs aber darf man seine Schildkröten jedoch zu einem anderen Pfleger in dessen Bestand setzen. Denn dann besteht immer die Gefahr einer Infektion mit Krankheitserregern, im schlimmsten Fall sogar mit *Herpes*!

DGHT-Mitgliedschaft

Schildkrötenhalter sollten unbedingt Mitglied der Deutschen Gesellschaft für Herpetologie und Terrarienkunde e.V. (DGHT) sein. Dort findet man über den Arbeitskreis Schildkröten garantiert Gleichgesinnte – und mit etwas Glück einen Sachkundigen, der ganz in der Nähe wohnt und den man bei Bedarf ebenfalls im Urlaub vertreten kann!

Außerdem erhält man als DGHT-Mitglied nicht nur turnusgemäß mehrere Fachzeitschriften, darunter auch – wenn man möchte – die Schildkröten-Zeitschriften Radiata und Minor, sondern auch ein Anzeigen-Journal, in dem andere Mitglieder auch immer wieder Schildkröten anbieten oder suchen.

Vermehrung und Aufzucht

Rechts: Jungtiere der Buchstaben-Schmuckschildkröte, *Trachemys emolli.*

Gut eingewöhnte Schildkröten, die artgerecht gehalten werden, werden sich auch meist in Menschenobhut vermehren. Natürlich gilt das nicht für alle. Daher findet man in den Nachzucht-Statistiken der verschiedenen Schildkröten-Vereinigungen meist immer die gleichen Arten. Durch zahlreiche Publikationen und den Austausch von Informationen gelingt es aber auch immer öfter, seltenere und empfindlichere Arten erfolgreich zu pflegen und zu vermehren. Eine grundsätzlich getrennte Haltung der Arten oder Unterarten empfiehlt sich aufgrund der Tatsache, dass viele mit anderen, selbst mit Arten aus anderen Gattungen, **Hybriden** bilden können. Das ist besonders von den Mitgliedern der Familie Geoemydidae bekannt. Viele asiatische Schildkröten, die man gemeinsam in großen Händlerteichen gehalten hatte, produzierten Hybriden oder diese wurden ganz gezielt gezüchtet, um höhere Marktpreise erzielen zu können.

Partnersuche und Balz

Oft wird es durch klimatische Veränderungen ausgelöst, dass die Männchen besonders aktiv werden und sich auf die Suche nach einer Partnerin begeben. Bei Arten aus den gemäßigten Klimabereichen schließt sich die Hauptfortpflanzungszeit an die **Winterruhe** an. Bei subtropischen und tropischen Arten ist das oft mit Temperaturveränderungen verbundene Einsetzen der **Regenzeit** der Auslöser. Das ist auch bei der Haltung in Menschenobhut zu berücksichtigen. Deshalb pflegen viele Halter ihre Schildkröten nach Geschlechtern getrennt und setzen sie nur zeitweise zusammen, damit sich die Tiere gezielt fortpflanzen und die Weibchen nicht über einen längeren Zeitraum hinweg ständig belästigt werden.

Treffen Männchen auf ein Weibchen, beschnuppern sie es erst einmal ausgiebig, um festzustellen, ob es sich um eine mögliche Partnerin handelt. Dabei umrundet das Männchen das Weibchen hektisch. Lässt das Weibchen diese Prüfung nicht zu und will fliehen, rammen Landschildkröten-Männchen es von der Seite und versuchen, in seine Vorderbeine zu beißen. Zu seinem Schutz zieht das Weibchen Kopf und Gliedmaßen in den Panzer und ist dem Männchen nun wehrlos ausgeliefert. Jetzt kann das Männchen mit dem Geruchssinn prüfen, ob es sich um ein fortpflanzungsfähiges Weibchen handelt.

Bei etlichen Wasserschildkröten hilft ein ausgeprägtes **Balzverhalten**, das Weibchen zu stimulie-

Gelenkschildkröten (*Kinyxis belliana*) bei der Paarung.

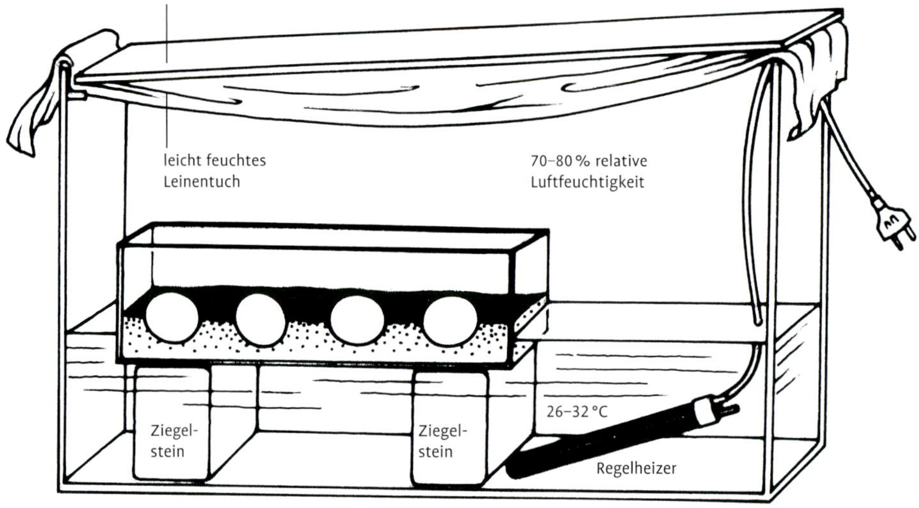

Einfach zu bauender Brutapparat. Mithilfe eines Regelheizers wird die Wassertemperatur zwischen 26 und 32 °C eingestellt. Das Leinentuch unterhalb der Abdeckscheibe fängt Kondenswassertropfen auf.

ren und die Paarung vorzubereiten. Andererseits gibt es auch etliche Arten, bei denen die Männchen sich im Wasser einfach auf ein Weibchen stürzen, aufzureiten und die Paarung zu vollziehen versuchen.

Paarung

Paarungsbereite Weibchen verlangsamen oft ihre Bewegungen oder bleiben nach kurzer Flucht stehen, wodurch sie die geruchliche Prüfung durch das Männchen zulassen. Männchen der **Landschildkröten** reiten vor der Paarung auf und stützen sich mit den Vorderbeinen auf dem hinteren Rückenpanzer des Weibchens ab. Anschließend schieben sie den Schwanz unter den des Weibchens und ertasten mit der Schwanzspitze seine Kloakenöffnung. Bald gleitet der sonst in der Kloake gelagerte Penis in die Kloake des Weibchens und das Männchen stößt mit geöffnetem Maul fauchende Laute aus.

Spaltenschildkröte bei der Eiablage.

Bei **Wasserschildkröten** erfolgt die Paarung für gewöhnlich im Wasser. Deswegen versuchen paarungsunwillige Weibchen oft auch, auf der Flucht das Gewässer zu verlassen. Die Männchen klammern sich mit den Krallen meist am Panzerrand der Partnerin fest und bemühen sich, die Kopulation durchzuführen. Oft zwingen sie das Weibchen durch Bisse in den Kopf- oder Nackenbereich, den Kopf einzuziehen und den Kloakenbereich dadurch freizugeben. Vor allem Dosenschildkröten-Männchen lassen bei der Kopulation dann den Panzer los und sich selbst nach hinten fallen, fest in der weiblichen Kloake verankert.

Während der Paarung gelangen die Samenzellen in die weiblichen Geschlechtsgänge, wo sie längere Zeit – bis zur Befruchtung der Eizellen – gelagert werden können. Zumindest von diversen Landschildkröten-Weibchen ist bekannt, dass sie in der Lage sind, Spermien nicht nur Monate, sondern sogar einige Jahre zu speichern **(Amphigonia retardata)**. Paarung und Befruchtung erfolgen also nicht zeitgleich. Es ist sogar bekannt, dass Weibchen noch vier Jahre nach der letzten Paarung befruchtete Eier abgelegt haben. Zumindest reicht eine erfolgreiche Paarung für mehrere Gelege.

Eiablage

Je nach Schildkröten-Art sind die Eier kugelrund bis länglich eiförmig und von weichen bis harten Schalen umgeben. Obwohl es einige Unterschiede

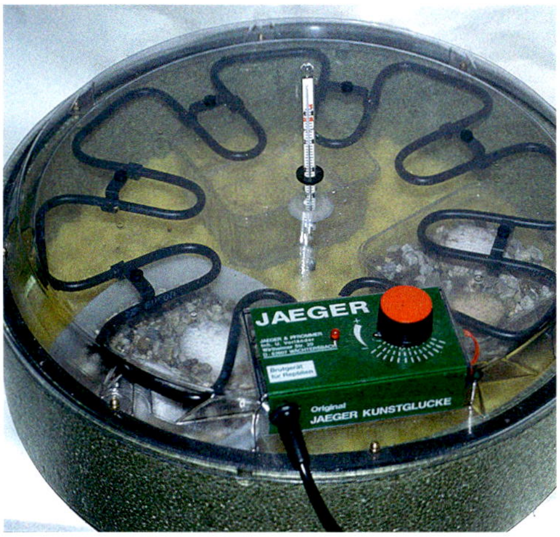

Oben links: Brutapparat (Kunstglucke).

Oben rechts: Die Gelege werden vorsichtig freigelegt und die Eier in der gleichen Position in den Brutbehälter überführt.

Ganz links: Junge Gelenkschildkröte (*Kinyxis belliana*) beim Schlupf. Noch ist der Bauchpanzer in der Mitte gefaltet.

Links: Frisch geschlüpfte Spaltenschildkröte.

gibt, ähnelt sich die Eiablage in wesentlichen Punkten. Rechtzeitig suchen Weibchen in ihrem Umfeld nach einem geeigneten **Eiablageplatz**. Besonders gern werden hierzu Hanglagen aufgesucht, da bei Niederschlägen das Wasser ablaufen kann, ohne bis in das Gelege vorzudringen. Der Untergrund muss sich außerdem zum Graben eignen und eine gewissen Bodenfeuchtigkeit aufweisen. Deshalb prüft das Weibchen die infrage kommenden Stellen sehr sorgfältig und führt auch einige Probegrabungen durch.

Mit den Hinterbeinen hebt es eine Grube aus und lagert sorgfältig den Aushub seitlich an der zukünftigen **Nestgrube**. Ist der Boden sehr hart, entlässt das Weibchen Flüssigkeit aus der Blase oder den Analblasen, um ihn aufzuweichen. Die Tiefe der Nestgrube richtet sich offensichtlich nach der Anzahl der Eier, die das Weibchen scheinbar abschätzen kann. Ist die Nistkammer fertig ausgehoben, ruht sich das erschöpfte Tier erst einmal aus.

Bald setzen aber die Wehen ein und das erste Ei verlässt die Kloake. Mit einem Hinterbein wird es aufgefangen und an eine Stelle innerhalb des Nests befördert. Auch bei den folgenden Eiablagen werden die Eier mit einem Hinterbein an eine vorgesehene Stelle dirigiert, ohne dass das Weibchen dies beobachten kann.

Nach der Ablage aller Eier schiebt das Weibchen mit den Hinterbeinen den Aushub locker über die Eier. Später glättet es mit Hinterbeinen und Bauchpanzer den Eiablageplatz und verwischt so verräterische Spuren. Bei Arten mit besonders großen Eiern, beispielsweise den Spaltenschildkröten (*Malacochersus tornieri*), legen die Weibchen für gewöhnlich immer nur ein einzelnes Ei. Aber auch diese Schildkröten können, wie die meisten

Legenot

Steht trächtigen Weibchen kein geeigneter Eiablageplatz zur Verfügung, tragen sie die Eier oft zu lang und es kann im Ernstfall zu einer Legenot kommen, die für das Weibchen immer lebensbedrohlich ist!

anderen, im Verlauf einer Saison mehrere Gelege produzieren.

Bei vielen Schildkröten, insbesondere bei den Wasserbewohnern, sind die Eischalen nicht durch Kalkeinlagerungen stabilisiert, sondern ihre Eihüllen haben eine pergamentartige Konsistenz. Sie können dadurch wesentlich schneller Feuchtigkeit aufnehmen und dabei an Umfang zunehmen.

Eientwicklung

Nach der Eiablage bildet sich im oberen Bereich des Eies eine zunächst kleine **Luftblase**, die von außen als heller Fleck oder als helles Band zu erkennen ist. Neben den klimatischen Bedingungen (Temperatur, Luftfeuchtigkeit) bestimmen auch die genetischen Vorgaben die Entwicklungsdauer der in den Eiern befindlichen Embryonen.

Die befruchtete Eizelle und der spätere Embryo liegen während dieser Zeit auf dem großen Dottersack und haben über sich eine Luftkammer. Bereits kurz nach der Eiablage liegen diese **Positionen** fest. Das Ei darf nun nicht mehr in seiner Position verändert werden, da sonst der Embryo unter den Dottermassen ersticken würde. Blutgefäße, die am Innern der Eischale entlang verlaufen, versorgen den Embryo mit Sauerstoff, und andere mit Nährstoffen aus dem Dottersack.

Bei einigen Arten verlangsamt sich das Wachstum der Embryonen plötzlich und normalisiert sich nach einiger Zeit (**Diapause** von Wochen bis Monaten) wieder. Mit zunehmendem Wachstum der jungen Schildkröte wird der Dottersack immer kleiner und die Eihüllen werden für das inzwischen in der Bauchmitte gefaltete Jungtier immer enger.

Schlupf

Die Entwicklung ist nun mehr oder weniger abgeschlossen – und der Schlupf aus dem Ei steht bevor. In der Natur zersetzen Mikroorganismen und auch die Bodensäure die Schalen im Verlauf der Entwicklung immer mehr, sodass sie zur Schlupfzeit wesentlich dünner und damit leichter zu durchbrechen ist. An der Schnauzenspitze der

Künstliches Bebrüten der Eier

Haben die Schildkröten im Terrarium oder in der Freilandanlage ihre Gelege abgesetzt (und man konnte das auch beobachten), sollte man die Eier auf alle Fälle künstlich bebrüten. Denn in unseren Breiten genügen die Temperaturen für eine natürliche Bebrütung nur selten. Als besonders bemerkenswert gilt daher das Jahr 2003. Durch anhaltend hohe Temperaturen schlüpften in vielen Freilandanlagen plötzlich junge Land- und Sumpfschildkröten aus übersehenen Gelegen.

1. Vor dem vorsichtigen Freilegen der Eier sollte bereits der Brutapparat eingeschaltet sein. Besonders gut bewährt hat sich dabei die sogenannte Kunstglucke (Jaeger & Pfrommer), bei der ein Thermostat die gewünschte Temperatur gewährleistet. Da sich bei einer Bebrütung unter bestimmten Temperaturen eher männliche Nachkommen entwickeln, bei meist höheren Temperaturen weibliche, sollte man die Bruttemperatur dementsprechend einstellen. Bei einigen Arten ist der Temperatureinfluss bekannt und wird in den Steckbriefen (Artenteil des Buchs) erwähnt.
2. Nun scharrt man mit einem Teelöffel vorsichtig die Nistkammer frei, entnimmt die Eier einzeln und legt sie in einen vorbereiteten Behälter. Das kann beispielsweise ein Kunststoffbehälter sein, der jedoch mindestens doppelt so hoch wie die Eier sein muss. Er wird zur Hälfte mit Sand oder einem ähnlich luftdurchlässigen Substrat (feiner Kies, Vermiculit) gefüllt. Man legt die Eier nun – ohne ihre Lage und Position zu verändern – in vorbereitete kleine Mulden. Damit man die richtige Position der Eier auch weiterhin erkennt, kann man mit einem weichen Bleistift an der obersten Stelle ein Kreuz zeichnen oder das Datum der Eiablage notieren. Als Brutbehälter eignen sich auch recht gut Grillen- und Heimchendosen.
3. Nun deckt man den Brutbehälter mit einem leicht feuchten Tuch ab, verschließt ihn mit einem Deckel und stellt ihn in den Brutapparat. Während der Brutzeit müssen viele Gelege auch einer höheren Luftfeuchtigkeit ausgesetzt sein. Das feuchte Tuch darf aber nicht das Gelege berühren. Es verhindert auch, dass Wassertropfen auf die Eier fallen!
4. In etwa wöchentlichen Abständen kontrolliert man das Gelege, in den ersten Tagen etwas öfter. Häufig bildet sich bereits in den auf die Eiablage folgenden Tagen ein typischer heller Fleck (Luftblase), der sich mit der Zeit noch ausdehnen kann. Aber sobald sich ein Ei gelblich verfärbt oder eine feuchte Oberfläche und eventuell Schimmelspuren aufweist, hat es sich als unbefruchtet erwiesen und muss unverzüglich entfernt werden! Nach der Kontrolle wird wieder das leicht angefeuchtete Tuch über den Brutbehälter gespannt. Anfallendes Kondenswasser an den Seiten des Brutbehälters muss man ebenfalls mit Fließpapier entfernen!
5. Nach Ablauf der möglichen Inkubationszeit sollte man das Tuch etwas mehr anfeuchten beziehungsweise die Luftfeuchtigkeit im Brutbehälter erhöhen. Dadurch wird oft der Schlupf der Jungtiere ausgelöst.

Ganz links: Fertig entwickelte Gelenkschildkröte (*Kinyxis belliana*).

Links: Schlüpfling von *Pseudemys concinna concinna*.

jungen Schildkröten verschiedener Arten bildet sich zum Ende der Entwicklung eine **Hornschwiele**, mit deren Hilfe sie vor dem Schlupf die Eihüllen aufreißen und dann mit einem Bein das entstandene Loch erweitern können. Nun streckt die junge Schildkröte oft erst einmal den Kopf heraus und macht mit weit aufgerissenem Maul ihren ersten Atemzug.

Da der Schlüpfling zu diesem Zeitpunkt für gewöhnlich immer noch einen kleinen **Dottersackrest** an der Außenseite des Bauchpanzers trägt, verharrt er noch weiterhin so lange im Ei, bis dieser Rest weitgehend verbraucht und größtenteils in den Bauchraum eingezogen ist. Dann erweitert das Jungtier mit beiden Vorderbeinen das Loch in der Eischale, zerreißt die Schale immer mehr und kann bald darauf das Ei verlassen.

Der **Schlupfvorgang** kann durchaus einige Stunden oder sogar Tage dauern. Bemerkenswert ist, dass es Arten gibt, die in ihrer Nistgrube auf einer Sandbank so lange in ihren Eischalen verharren, bis eine Überschwemmung (Hochwasser) den Schlupf – unter der Wasseroberfläche – auslöst. Das gilt zum Beispiel für die Papua-Weichschildkröte (*Carettochelys insculpta*). Erst durch Beobachtungen in Menschenobhut konnte ein großer Teil dieser Geheimnisse gelöst werden.

Probleme beim Schlupf

Bei der künstlichen Bebrütung kann es dazu kommen, dass die fertig entwickelten Jungtiere die noch zu dickwandigen Kalkschalen des Eies nicht durchbrechen können. Vielleicht sollte man bei der künstlichen Bebrütung besonders starker Kalkschalen einmal neue Methoden ausprobieren, etwa eine Inkubation in Humuserde. Denn die Mikroorganismen und die Bodensäure können die äußere Kalkschale im Verlauf der Inkubation etwas reduzieren.

Viele Schlüpflinge liegen in der Bauchmitte gefaltet im Ei. Außerhalb der Eihüllen streckt sich die kleine Schildkröte und der weiche Panzer bekommt nach einiger Zeit seine typische Form. Die Falte in der Bauchmitte glättet sich immer mehr und der Dotter ist nun endgültig im Bauchraum verschwunden. Zurück bleibt ein deutlicher „Nabel".

Mittlerweile sind die Gelegegeschwister ebenfalls geschlüpft oder noch damit beschäftigt. Manchmal schlüpfen einige Jungtiere auch erst mit einigem Zeitabstand, nicht selten auch erheblich später. In der Natur müssen Schlüpflinge manchmal noch so lange in der Nistkammer verharren, bis einsetzende Niederschläge den Boden über ihnen aufweichen und sie an die Erdoberfläche klettern können.

Aufzucht

Die Aufzucht der Jungtiere muss in eigenen Terrarien und oft – aufgrund zu beobachtender Aggressionen oder zur besseren Kontrolle – einzeln erfolgen. Im Wesentlichen sind den Jungen ähnliche Bedingungen zu bieten wie den Erwachsenen, wobei ihnen immer genügend **Versteckmöglichkeiten** zur Verfügung gestellt werden müssen.

Während manche Sumpf- und oder „Wasserschildkröten" sich als Halbwüchsige oder Erwachsene omnivor ernähren, verzehren ihre Jungtiere oft ausschließlich tierische Kost – und die sollte abwechslungsreich sein.

Natürlich benötigen auch junge Landschildkröten bei der Aufzucht eine abwechslungsreiche Kost. Und zur Unterstützung des Mineralhaushalts sowie zur Vorbeugung gegen Mangelerscheinungen gibt man ihnen in regelmäßigen Abständen Mineralstoff- und Vitaminpräparate in das Futter.

Krankheiten und ihre Behandlung

Alle Lebewesen können einmal krank werden – natürlich auch Schildkröten. Den folgenden Zeilen und der Tabelle sind zumindest einige Krankheiten und ihre Symptome zu entnehmen, um sie möglichst rechtzeitig erkennen zu können. Alle kranken Schildkröten gehören unverzüglich in ein eigenes Quarantäne-Terrarium und in die Behandlung eines erfahrenen Tierarztes.

Erste Hilfe

Panzer- und Knochenbrüche. Bei Bedarf müssen offene Wunden vorsichtig mit abgekochtem (und natürlich abgekühltem) Wasser gereinigt werden. Anschließend deckt man Wunden mit keimfreiem Verbandmaterial ab, das man mit Heftpflaster fixiert. Danach stellt man die Schildkröte dem Tierarzt vor. Er kann mittels Röntgenaufnahme eventuelle Frakturen erkennen.

Bissverletzungen. Wird trotz sorgfältiger Umfriedung der Freilandanlage eine Schildkröte dennoch von einem größeren Tier gebissen, wobei für gewöhnlich lediglich die Weichteile oder der Panzerrand betroffen sein werden, muss mit den Wunden ebenso wie zuvor verfahren werden. Der Tierarzt versorgt die Wunden eventuell chirurgisch und verordnet Antibiotika.

Kloakenvorfall. Sehr selten kann es durch Fremdkörper oder Entzündungen zu Schwellungen im Enddarmbereich kommen. Dadurch kann ein Tier einen Teil des Mastdarms beziehungsweise der Kloake herausdrücken. Ein längeres Bad in lauwarmem Wasser hilft häufig schon. Bleibt der Kloakenvorfall länger bestehen, deckt man die Stelle locker mit keimfreiem Verbandmaterial ab und fixiert es mit Heftpflaster. Der Tierarzt wird versuchen, den Kloakenvorfall manipulativ und in schweren Fällen auch chirurgisch zu korrigieren.

Penisvorfall. Sehr selten haben Männchen das Problem, nach der Paarung den Penis nicht wieder in den Schwanz zurückziehen zu können. Hierbei ist wie beim Kloakenvorfall zu verfahren.

Geeigneter Tierarzt

Obwohl gesunde Schildkröten bei artgerechter Unterbringung und Haltung recht selten erkranken, ist es im Ernstfall oft äußerst schwierig, zu ihrer Behandlung einen geeigneten Tierarzt zu finden. Er muss sich nämlich mit Reptilien – vor allem mit Schildkröten – auskennen, ihre Erkrankung richtig diagnostizieren und behandeln können. Vor allem Wildfänge können oft mit Parasiten befallen sein, die nur ein fachkundiger Tierarzt erkennen kann.

Als Mitglied der Deutschen Gesellschaft für Herpetologie und Terrarienkunde e. V. (DGHT) erhält man nicht nur aktuelle Informationen über Reptilien im Allgemeinen. In der AG Schildkröten wird man speziell über diese Tiere (Zeitschriften Radiata und Minor) informiert. Außerdem hat sich in diesem Verein bereits vor längerer Zeit eine Arbeitsgruppe von Tierärzten gebildet, die sich intensiv mit der Erkrankung von Reptilien beschäftigen. Sie tauschen nicht nur auf Tagungen untereinander Erfahrungen aus, sondern stehen häufig auch sonst in Kontakt, um Kollegen bei Problemen zu helfen. Informationen hierzu finden Sie im Serviceteil dieses Buchs.

Was tun bei Krallen- und Schnabelverlängerung?

Manchmal wachsen bei Landschildkröten die Krallen mangels genügender Abnutzung über das normale Maß hinaus und sind nun unverhältnismäßig lang. Das Gleiche gilt auch für den Hornschnabel, der sich bei falscher Ernährung nicht richtig abnutzen kann. Da sich vor allem in den Krallen auch Blutgefäße befinden, kommt es bei einer zu großzügigen Entfernung der Hornschichten mit einer Nagelfeile oft zu heftigen Blutungen. Deshalb lässt man diese Behandlung am besten durch einen Tierarzt durchführen, der eventuelle Blutungen mit einem Thermokauter oder anderen Mitteln stillen kann.

Parasiten

Leider werden fast alle Landschildkröten irgendwann einmal von Parasiten befallen. Parasiten leben in oder auf ihrem Wirt und ernähren sich von seinem Blut, seinem Gewebe und dem Darminhalt. Dabei unterscheidet man zwischen Innen- und Außenparasiten. Einige häufige Schildkröten-Parasiten werden hier kurz vorgestellt.

Während des Sonnenbades werden die Hinterfüße als Sonnensegel ausgestreckt. Der Körper wird völlig trocken und Mikroorganismen (beispielsweise Pilze, Bakterien), die sich in den Fugen ansiedeln könnten, sterben – auch durch die UV-Strahlung der Sonne – ab. Daher ist das Sonnenbaden auch eine Hygiene-Maßnahme!

Innenparasiten

Auch in der Natur nehmen Schildkröten mit der Nahrung oder mit dem Wasser Parasiten auf. Besonders häufig werden sie von **Hexamiten** (beispielsweise *Hexamita parva*) befallen. Hexamiten nisten sich in Organen ein, die in Verbindung mit dem Verdauungssystem (Leber, Nieren, Darm) stehen. Durch diese Belastung magern betroffene Schildkröten rapide ab und scheiden oft trüben Harn aus. Mit der Zeit werden sie immer apathischer und manchmal schon nach Wochen, aber auch nach Monaten sterben sie, wenn nicht ein Tierarzt rechtzeitig einschreitet. Betroffene Schildkröten müssen sofort von den übrigen getrennt, von einem Tierarzt untersucht (Kot- und eventuell Blutproben) und mit entsprechenden Medikamenten behandelt werden.

Amöbenruhr oder **Enteritis** wird meist durch *Entamoeba invadens* hervorgerufen. Diese schwere Erkrankung kann sich vor allem in Terrarien schnell ausbreiten. Mit den Erregern befallene Schildkröten können – ohne Krankheitssymptome zu zeigen – diese sehr lange ausscheiden und Artgenossen sowie andere Reptilien damit infizieren. Häufig kann erst nach dem Tod der Schildkröte der Befall mit *Entamoeba* festgestellt werden. Der Tierarzt kann diese Amöben jedoch in frischem Kot nachweisen und die Therapie einleiten. Das Terrarium muss beim Nachweis von Parasiten immer völlig ausgeräumt, gesäubert und desinfiziert werden.

Salmonellen gehören zu den Bakterien und lassen sich mit einer Gramfärbung nachweisen. In den meisten Fällen handelt es sich bei den Erregern um *Salmonella enteritidis* oder *S. typhimurium*, die dann eine Salmonellose oder Salmonellen-Enteritis – sowohl bei Tieren als auch beim Menschen (!) – hervorrufen können. Betroffene Schildkröten werden immer apathischer und haben häufig starke Durchfälle. Ihre Behandlung gehört sofort in die Hände eines erfahrenen Tierarztes.

Mykoplasmen befallen insbesondere Landschildkröten. Sie besitzen keine feste Gestalt. In ihrer „Form“ liegen sie etwa zwischen Bakterien und Viren. Einige unter ihnen sind Krankheitserreger. Ein häufiges Anzeichen einer Mykoplasmeninfektion ist ein zähflüssiger, trüber Nasenfluss. Hin und wieder gehen die Symptome durch eine „Schnupfenbehandlung“ mit Antibiotika zurück, jedoch sind viele Mykoplasmen gegenüber Antibiotika bereits resistent. Sie sind auch nicht gut anzufärben, da sie keine Zellwand besitzen, sodass ihr Nachweis schwierig bleibt. Gegenüber Detergenzien reagieren Mykoplasmen empfindlich!

Viele **Würmer** können bei einer Kotuntersuchung genau bestimmt und durch eine Entwurmung mit den darauf abgestimmten Medikamenten gezielt vernichtet werden. Das ist insofern wichtig, als

Eine Okinawa-Zacken-Erdschildkröte, *Geoemyda japonica*, im Quarantänebecken.

dass ein starker Wurmbefall innerhalb des Wirts zu mechanischen Problemen (Stauungen in den Organen und im Darm) führen kann. Besonders häufig werden Schildkröten von mehrzelligen Eingeweidewürmern (Helminthen) befallen. Zu ihnen gehören Maden- (Oxyuren) und Spulwürmer (Askariden).

Außenparasiten

Bei Außenparasiten hat man den Vorteil, sie mit bloßem Auge oder einer Lupe genauer erkennen zu können.

Milben sind meist ein Zeichen dafür, dass die Terrarienhygiene vernachlässigt worden ist. Milben können gelegentlich in der Kloakenregion von Landschildkröten unter der Schleimhaut lästig werden. Man sollte mit dem befallenen Tier unbedingt den Tierarzt aufsuchen, der ein entsprechendes Mittel verordnen kann. Das Zimmerterrarium, in dem die betroffenen Tiere gepflegt worden sind, ist ebenfalls völlig auszuräumen und zu desinfizieren!

Zecken krabbeln im Sommer auf Pflanzen und von dort aus gern auf die Weichteile von Landschildkröten. Dort suchen sie sich vor allem in den

Haltungsbedingte Erkrankungen

Krankheiten	Symptome/Ursachen	Behandlung
Erkältungskrankheiten	Schleimabsonderungen aus der Nase, unregelmäßiges schweres Atmen und zunehmende Apathie mit Futterverweigerung. Zu kühle Haltung, vor allem bei Zugluft.	Durch verbesserte Haltungsbedingungen kann ein leichter Schnupfen wieder von allein zurückgehen. Erkältete Schildkröten sind sofort in ein Quarantäneterrarium zu überführen. Bei einer hartnäckigen Erkältungen oder gar Lungenentzündung kommt der Tierarzt nicht an einer Antibiotikabehandlung vorbei.
Legenot	Trächtiges Weibchen läuft unruhig im Freilandterrarium umher und sucht einen geeigneten Eiablageplatz. Fehlt eine geeignete Stelle, kann es die Eier zu lang tragen und daran sterben.	Eine Trächtigkeit kann nur durch eine Röntgenaufnahme exakt ermittelt werden. Mit einem Wärmestrahler (zum Beispiel Rotlicht) bringt der Tierarzt das betroffene Weibchen auf Vorzugstemperatur und injiziert ihm dann Kalzium oder ein Wehen förderndes Hormon (etwa Oxytocin). Hilft das nicht, müssen die Eier operativ entfernt werden.

Ernährungsbedingte Erkrankungen		
Krankheit	**Symptome/Ursachen**	**Behandlung**
Osteomalazie (Knochenerweichung)	Die Knochenhärte und -festigkeit nimmt ab, bedingt durch mangelnde Kalziumzufuhr und fehlende UV-B-Bestrahlung.	Rechtzeitig für Kalziumgaben und Aufenthalt in der Sonne sorgen! Künstliche Bestrahlung mit UV-Licht.
Osteoporose	Knochen- und Panzererweichung des bisher festen Knochengewebes durch eine Unterversorgung mit Kalzium.	Die Kalziumaufnahme kann durch fehlendes UV-Licht, aber auch durch eine ungenügende Kalziumzufuhr bedingt sein. Dafür verantwortlich können auch Darmparasiten, Nierenerkrankungen oder Entzündungen von Blind- und Dickdarm sein.
Rachitis	Wirbelsäulenverkrümmung und Knochenerweichung durch eine mangelhafte Mineralisierung (Verkalkung) der Knochen.	Rechtzeitige Mineralstoffgaben (Kalzium) und UV-Bestrahlungen (beispielsweise Sonne) ermöglichen.
Durchfall	Breiiger Kot. Kann durch falsches Futter (zu viel Tomaten, Gurken, Obst), aber auch Infektionen und Vergiftungen hervorgerufen werden.	Kot auf Parasiten untersuchen lassen. Sind keine Erreger nachzuweisen, Futter auf faserreiche Kost umstellen!
Gicht	Bewegungsunlust, Apathie. Zu proteinreiche Kost kann zu einer Erhöhung der Harnsäurekonzentration im Blutplasma führen. Stickstoff-Abfallprodukte lagern sich in den Nierenkanälchen, dem Herzbeutel, der Leber und anderen Organen ab.	Rechtzeitige Umstellung der Ernährung kann noch helfen. Landschildkröten häufig baden und trinken lassen!
Hypovitaminose (Vitamin-Mangel-erscheinungen)	Schleimhauterkrankungen, Durchfall, Nasenfluss, Nickhautentzündung: Vitamin-A-Mangel. Nervenstörungen: Vitamin-B-Mangel. Immunschwäche: Vitamin-C-Mangel. Knochenerweichung: Vitamin-D-Mangel (siehe auch „Vitamine", Seite 40/41)	Rechtzeitige Vitamingaben stoppen die Mangelerscheinungen. Manchmal ist die Darmflora jedoch geschädigt, sodass auch beispielsweise Vitamin A nicht aus dem Provitamin Beta-Karotin hergestellt werden kann.
Hypervitaminosen (Vitamin-Überschuss)	Zum Beispiel Parakeratose (Hautablösungen und Wunden im Hals- und Kloakenbereich) durch eine Überdosierung von Vitamin A. Bewegungsarmut durch eine Vitamin-D-Überdosierung. Dabei lagert sich Kalk in bestimmten Organen ab.	Bei Freilandhaltung und abwechslungsreicher Ernährung kommt es wohl kaum zu diesen Erkrankungen.

Panzeröffnungen der Hintergliedmaßen in der weichen Haut eine Stelle, an der sie sich festbeißen und Blut saugen können. Man entfernt Zecken am besten mit einer Zeckenzange! Da sie mit dem Kopf oft in der dicken Haut der Schildkröten stecken bleiben und der Kopf abgetrennt wird, kann es zu Entzündungen kommen, sodass auch in diesem Fall der Tierarzt einschreiten muss.

Blutegel können hin und wieder Wasserschildkröten befallen. Sie saugen sich an der Haut fest, durchbohren sie mit den Mundwerkzeugen und ernähren sich vom Blut der Schildkröten. Können sich Wasserschildkröten ausgiebig der Sonne oder einer anderen Wärmequelle aussetzen, fallen die Egel häufig von allein ab. Ansonsten hält man die befallene Wasserschildkröte einige Zeit völlig trocken und entfernt den Egel mit einer Pinzette.

Pilzerkrankungen

Pilze können die Haut und den Panzer, aber auch innere Organe befallen. Haut- und Panzermykosen kann der Tierarzt mit diversen Medikamenten gut in den Griff bekommen, nachdem er mithilfe eines Geschabsels Pilze angezüchtet und nachgewiesen hat (Labor). Bei einem Befall innerer Organe stehen die Chancen schlechter, da man ihn in einigen Fällen lediglich mittels Endoskopie nachweisen kann (Kölle 2002).

Schildkröten-Arten

Rechts: Die Pflege von Schnappschildkröten, *Chelydra serpentina*, ist nur noch gestattet, wenn die Tiere aus Altbeständen stammen.

Um mir und den Lesern platzraubende Diskussionen um den richtigen taxonomischen Stellenwert oder die richtige Bezeichnung der einzelnen Schildkrötenformen zu ersparen, halte ich mich an VETTER (2002, 2004, 2005, 2006). Damit will ich auch weitere Verwirrungen vermeiden, denn das vorliegende Buch richtet sich an Schildkrötenhalter. Zwar ist auch bei VETTER die systematische Zuordnung der einzelnen Formen nicht immer schlüssig, da sie zwischen dem Biologischen System (MAYR 1967) und der Phylogenetischen Systematik (HENNIG 1966) schwankt. VETTERS Terralog-Werke gehören jedoch heute oft zum Bestand einer guten Schildkröten-Bibliothek.

Die Beschreibungen der **Gattungen** enthalten nur einige ausgewählte Informationen. Es schließt sich die Liste der einzelnen Arten und Unterarten mit ihren jeweiligen Verbreitungsgebieten an. Die folgenden **Steckbriefe** ausgewählter Arten stellen überwiegend Schildkröten vor, die bei uns häufig in Menschenobhut gehalten und vermehrt worden sind. Ein Anhaltspunkt dafür sind die verschiedenen Nachzuchtstatistiken bekannter Schildkrötenvereinigungen (DGHT, SIGS und andere).

Die Steckbriefe bestehen aus den Punkten **Verbreitung**, **Beschreibung** und **Lebensweise** mit einigen Informationen aus dem Leben in der Natur sowie aus **Pflege** und **Vermehrung**. Dabei werden ebenfalls nur einige wichtig erscheinende Informationen aufgeführt. Bei der Pflege wird zur schnelleren Übersicht auf die jeweilige Tabelle verwiesen. Hier werden die Punkte Terrarientyp, Strahlungswärme, Nahrung sowie Vergesellschaftung aufgeführt. Hinzu kommen noch Terrariengröße, Wasserstand und ob eine Überwinterung erforderlich oder zu erwägen ist. Im Anschluss erfolgen Hinweise auf Autoren, deren Beiträgen die Informationen zur betreffenden Schildkröten-Art entnommen worden sind. Darunter befinden sich auch einige eigene bisher unpublizierte Erfahrungen.

Bei einem Teil der Tabellen-Spalten wird man Ähnlichkeiten mit denen im **Gutachten über Mindestanforderungen an die Haltung von Reptilien** (vom 10. Januar 1997) feststellen. Das ist auch so beabsichtigt. Die Schildkröten-Arten sind zu Gruppen mit gleichen Ansprüchen zusammengefasst. Im Kapitel „Terrarien für Schildkröten“ (siehe S. 20) werden die Eigenschaften dieser Gruppen näher erläutert. Um nun ein Gesamtbild über die einzelnen Schildkröten-Arten und -Unterarten zu erhalten, muss man die Informationen aus den einzelnen Steckbriefen mit den Informationen in der betreffenden Tabelle zusammenfügen.

Beispiel zur Interpretation der Tabellen

***Clemmys guttata* Schneider 1792 – Tropfenschildkröte**

Die Punkte **Verbreitung, Beschreibung, Lebensweise** und **Vermehrung** sind dem Steckbrief auf S. 60 zu entnehmen, der Punkt **Pflege** der Tabelle auf S. 58. Dabei sind die Informationen in der Tabelle so zu deuten:

Pflege: Gruppe D. Die Tropfenschildkröte gehört also zu den Schildkröten der Gruppe D, die eine Panzerlänge von etwa 25 cm erreichen können (sie bleibt kleiner) und sich sowohl oft im als auch häufig außerhalb des Wassers aufhalten (Sonnenbaden, Trocknen). Für diese an unser Klima angepasste Art (siehe Verbreitungsgebiet) ist eine dauernde oder zeitweise (Sommer) Freilandhaltung möglich und zu empfehlen. Die Schildkröten benötigen in einem Zimmerterrarium nur lokal unter einem Strahler Temperaturen um 35 °C und verzehren als Omnivore sowohl pflanzliche als auch tierische Kost, wobei sie die tierische bevorzugen. Außerdem sollten Tropfenschildkröten am besten einzeln gehalten werden.

Terrariengröße: Die Länge des Terrariums sollte mindestens das Vierfache der Panzerlänge betragen und die Terrarientiefe die Hälfte der Terrarienlänge. Da die Schildkröten keine guten Schwimmer sind, sollte der Wasserstand nicht zu hoch sein, also maximal etwa die zwei- bis dreifache Panzerbreite aufweisen. Die Tiere müssen auch stets das Wasser leicht verlassen können.

Überwinterung: Die Überwinterung sollte bei Exemplaren aus dem Norden 6–8 Wochen bei 4–8 °C, bei Tieren aus dem Süden bei 10–14 °C erfolgen.

Autoren: Die Autoren, aus deren Werken die Daten in Steckbrief und Tabelle stammen.

Möglicher Kritikpunkt: Aber da steht ja gar nicht, wie man das Terrarium einrichten sollte!

Antwort: Das kann man dem Punkt „Lebensweise“ entnehmen und dann die eigene Fantasie einsetzen! Außerdem sind einige Beispiele den Beschreibungen und Zeichnungen der Terrarientypen zu entnehmen.

Unterordnung Cryptodira Halsbergerschildkröten

Zur Unterordnung Cryptodira COPE, 1868 gehören die Familien, deren Arten den Kopf gerade in den Panzer einziehen können und ihn nicht wie die Halswender seitlich unter den Panzerrand legen.

Familie Chelydridae Alligatorschildkröten

Die Familie Chelydridae SWAINSON, 1839 umfasst die Gattungen *Chelydra* und *Macrochelys*. Für sie besteht seit dem 14. 10. 1999 nach der Bundesartenschutzverordnung (BArtSchV) ein Haltungs- und Besitzverbot. Tiere, die legal vor Inkrafttreten des Gesetzes erworben wurden, müssen der zuständigen Behörde gemeldet werden. Zusätzlich muss der Nachweis erbracht werden, dass man die Tiere vor Inkrafttreten des Gesetzes erworben hat. Nach § 3 Abs. 2 Nr. 2 der neuen Bundesartenschutzverordnung (BartSchV) vom 25. 02. 2005 gilt für die Gattung *Chelydra* jetzt auch ein Zuchtverbot.

Chelydra SCHWEIGGER, 1812

Amerikanische Schnappschildkröten

Arten: *Chelydra serpentina* (LINNAEUS, 1758), Abb. auf S. 55. Die bisherigen Unterarten werden jetzt als Arten (PHILLIPS et al. 1996) betrachtet.
Chelydra acutirostris PETERS, 1862: Osten von Honduras bis Ecuador.
Chelydra osceola STEJNEGER, 1918: USA (Halbinsel Florida).
Chelydra rossignonii (BOCOURT, 1868): Mexiko (Veracruz) bis Westen von Honduras.

Für die Schnappschildkröte, *Chelydra serpentina*, gilt jetzt auch ein Zuchtverbot.

■ *Chelydra serpentina* (LINNAEUS, 1758)
Nordamerikanische Schnappschildkröte

Verbreitung: *Chelydra serpentina* (LINNAEUS, 1758): Kanada und USA (bis ins südliche Texas, fehlt auf der Halbinsel Florida).
Beschreibung: Carapaxlänge 24 bis fast 50 cm, Rückenpanzer bräunlich bis schwarz, Hinterrand grob gesägt, im Jugendstadium mit drei Längskielen. Bauchpanzer klein, kreuzförmig, gelblich bis weißlich. Weichteile quellen unter dem Panzer hervor. Kopf groß, massig, Oberkiefer hakenförmig. Hals lang, mit stachelartigen Tuberkeln, vor allem bei Jungtieren. Bei *C. osceola* auch in der Nackenregion Tuberkel. Kinnbarteln sind ein Bestimmungsmerkmal: bei *C. serpentina* spitz, bei *C. acutirostris* klein und rundlich, bei *C. rossignonii* konisch spitz. Schwanz so lang wie der Rückenpanzer, auf der Oberseite grob gezähnte Hornzacken. Weichteile bräunlich, oliv oder schwärzlich. Männchen deutlich größer als Weibchen und Abstand zwischen Bauchpanzer und Kloake größer.
Lebensweise: Schlammige Seen, Teiche, Tümpel und langsam fließende Gewässer sowie Brackwasserbereiche, vor allem mit dichtem Pflanzenwuchs und weichem Bodengrund. Bissig und aggressiv. Tagsüber und in der Dämmerung aktiv. Versteckt sich im Schlamm oder zwischen Pflanzen und streckt zum Luftholen oft lediglich den Hals hervor. Sonnt sich meist im Flachwasserbereich. Am Potomac konnte ich Schnappschildkröten oft im Flachwasserbereich, hin und wieder auch an der Oberfläche treibend beobachten. Weibchen wandern zur Eiablage oft weite Strecken. Je nach Verbreitungsgebiet Paarungen in der Zeit von April bis November. Eiablagen etwa 2–3 Monate später.
Pflege: Siehe Tabelle S. 57.
Vermehrung: Meist 10–30 (max. 50) Eier (23–33 mm, 7–15 g). Bei 20–25 °C und relativer Luftfeuchtigkeit von fast 100 % Schlupf nach 80–89 Tagen, bei 28–30 °C nach 54–69 Tagen. Bei 24–26 °C schlüpften männliche, bei 20 °C und 29–31 °C weibliche Nachkommen.

Macrochelys GRAY, 1856

Geierschildkröten
Monotypische Gattung, zu der nur die einzige Art *Macrochelys temminckii* gehört.

■ *Macrochelys temminckii* (HARLAN, 1835)
Geierschildkröte (Abbildung auf S. 18)

Verbreitung: USA (In den Golf von Mexiko mündende Flüsse vom nordöstlichen Florida bis zum mittleren Texas, nordwärts bis zum südlichen Illinois).

Beschreibung: Die Carapaxlänge beträgt 34–66 cm. Der Rückenpanzer ist braun, grau oder schwarz, mit drei kräftigen Kielen. Hinterrand grob gezähnt. Zwischen den Marginal- und Seitenschilden befindet sich eine Reihe kleiner Zusatzschilde. Der Bauchpanzer ist grau bis gelblich braun und kreuzförmig. Tiere besitzen massigen Kopf mit langem, hakenförmigem Oberkiefer. Kopf und Hals mit höckrigen und stacheligen Tuberkeln. Schwanz sehr lang, Oberseite mit Höckerkielen. Weichteile bräunlich oder grau, Oberseite dunkler als Unterseite. Die Tiere können ein Gewicht von bis zu 80 kg erreichen! Männchen mit längerem Schwanz.
Lebensweise: Der Lebensraum sind ruhige größere Gewässer mit weichem Bodengrund, auch im Brackwasser. Stark an das Wasser gebunden, dämmerungsaktiv und sehr bissig. Geierschildkröten lauern in Unterwasserverstecken auf Beute. Im geöffneten Rachen locken bewegliche, wurmähnliche Zungenfortsätze Fische an. Interessiert sich ein Fisch für die „Beute“, wird er durch Saugschnappen selbst gefangen. Zur Nahrung gehören außerdem Frösche, Schlangen, kleine Schildkröten, Schnecken, Würmer und andere Tiere. Paarungen finden in der Zeit von Februar bis April statt, Eiablagen von April bis Juni. Die 10–52 Eier (35–45 mm) benötigen bis zum Schlupf 100–108 Tage. Die Carapaxlänge der Schlüpflinge beträgt etwa 44 mm.
Pflege: Siehe Tabelle unten.
Vermehrung: 9–61 Eier (35–45 mm groß). Bei 21–27 °C Schlupf nach 84–92 Tagen, bei 25–29 °C nach 82–114 Tagen. Bei 25–27 °C (relative Luftfeuchtigkeit 70 %) schlüpfen nur männliche, bei 22,5 °C und 30–31 °C nur weibliche Nachkommen.

Familie Platysternidae Großkopfschildkröten

Die Familie Platysternidae GRAY, 1869 umfasst nur die Gattung *Platysternon* mit der einzigen Art *Platysternon megacephalum.* Zuchtbuchkoordinator ist G. Schobert, Karl-Hagl-Str. 24/4/1/4, A-3910 Zwettl.

Platysternon megacephalum GRAY, 1831 Großkopfschildkröte (3 Unterarten)

Verbreitung: *Platysternon m. megacephalum* GRAY, 1831: Süden Chinas.
Platysternon megacephalum peguense GRAY, 1870: Süden Chinas (Provinz Yunnan und Insel Hainan über Nord- und Zentralvietnam, Laos und Norden und den Westen Thailands bis in den Osten und Süden Myanmars.
Platysternon megacephalum shiui ERNST & MCCORD, 1987: Süden Chinas (Provinzen Guangxi und Yunnan) bis in den Norden Vietnams.
Beschreibung: Carapaxlänge bis zu 20 cm. Rückenpanzer braun, schwacher Mittelkiel. Bauchpanzer deutlich heller. Bauchschilde und Rückenschilde durch eine Reihe Inframarginalschilde getrennt. Panzer auffällig flach und starr. Kopf massig, auf kurzem, dünnen Hals, kann nicht unter den Panzer gezogen werden. Kiefer hakenförmig. Kopf und Weichteile braun mit mehr oder weniger dunklen bis orangefarbenen Sprenkeln. Kräftige Füße mit spitzen Krallen. Schwanz ähnlich lang wie der Rückenpanzer. Afterregion von stachelartigen Hauttuberkeln umgeben. Männchen mit dickerer Schwanzwurzel und leicht konkavem Bauchpanzer.

Pflege der Vertreter der Schildkrötenfamilien Chelydridae und Platysternidae

	Terrarientyp	Strahlungswärme	Nahrung	Vergesellschaftung	Terrariengröße	Wasserstand	Wassertemperatur	Überwinterung	Literatur
Chelydra serpentina Nordamerikanische Schnappschildkröte	B	–	A	einzeln	3	2	22–25 °C	2–3 Monate 4–6 °C	YNTEMA (1976) WILHOFT et al. (1983) JUNGNICKEL (1987) KÖHLER (1997)
Macrochelys temminckii Geierschildkröte	B	–	A	einzeln	3	2	22–25 °C	ca. 2 Monate ca. 15 °C	KÖHLER (1997)
Platysternon megacephalum Großkopfschildkröte	A	–	A	einzeln	4*	2	Wasser nie über 24 °C!	–	BUDDE (1991) KÖHLER (1997)

Terrarientyp: siehe S. 20
Nahrung: A = animalisch
Terrarienlänge = Panzerlänge × angegebener Faktor; Terrarienbreite = halbe Terrarienlänge
Wasserstand = Panzerbreite × angegebener Faktor
* Felsspalten als Versteckmöglichkeit

Pflege der Arten der Schildkrötenfamilie Emydidae, Teil 1

	Terrarientyp	Strahlungswärme	Nahrung	Vergesellschaftung	Terrariengröße	Wasserstand und -temperatur	Überwinterung	Literatur
Actinemys marmorata Pazifische Sumpfschildkröte	D	35 °C	O (va)	Gruppe/ einzeln	4	2–3 22–25 °C	4–8 °C	LAMBERTZ (1993) KÖHLER (1997)
Chrysemys dorsalis Südliche Zierschildkröte	D	35 °C	O (va)	Gruppe	6	4–5 22–25 °C	4–8 °C	KÖHLER (1997)
Chrysemys picta Nördliche Zierschildkröte	D	35 °C	O (va)	Gruppe	6	4–5 22–25 °C	4–8 °C	DÜLLO (1994) KÖHLER (1997)
Clemmys guttata Tropfenschildkröte	D	35 °C	O (va)	einzeln	4	2–3 22–25 °C	nördliche Tiere etwa 6–8 Wochen bei 4–8 °C, südliche etwa 6 Wochen bei 10–14 °C	PETERS (1982) SCHAEFER (1994) KÖHLER (1997) LAMBERTZ et al. (2002) BECKER (2006) (homepage)
Deirochelys reticularia Langhals-Schmuckschildkröte	D	35 °C	O (va)	Gruppe 1 ♂, 2 ♀	5	4–5 22–25 °C	4–8 °C	KÖHLER (1997)
Emydoidea blandingii Amerikanische Sumpfschildkröte	D	35 °C	O (va)	einzeln	5	4–5 22–25 °C	2–3 Monate 4–6 °C	KÖHLER (1997)
Emys orbicularis Europäische Sumpfschildkröte	D	35 °C	O (va)	Gruppe	5	4–5 20–25 °C	4–5 Mon. 4–6 °C	KÖHLER (1997) MÄHN (2003)
Glyptemys insculpta Waldbachschildkröte	D	35 °C	O (va)	Gruppe/ einzeln	8	1 20–25 °C	ca. 3 Monate 4–6 °C	TRUTNAU (1983) ARTNER et al. (1995) KÖHLER (1997) BECKER (2002)
Glyptemys muhlenbergii Moorschildkröte	D	35 °C	O (va)	einzeln	6	1 20–25 °C	Nov.–Jan. 4–6 °C	ZOVICKIAN (1971) SACHSSE (1974) KÖHLER (1997) LAMBERTZ et al. (2003)
Graptemys barbouri Barbours Höckerschildkröte	D	35 °C	O (va)	einzeln	6	4 22–25 °C	nur etwas kühler	KÖHLER (1997)
Graptemys flavimaculata Gelbtupfen-Höckerschildkröte	D	35 °C	O (va)	Gruppe	6	4 22–25 °C	nur etwas kühler	ENGERT (1986) KÖHLER (1997)
Graptemys pseudogeographica Falsche Landkarten-Höckerschildkröte	D	35 °C	O (va)	Gruppe	6	4–5 22–25 °C	4–8 °C	RUDLOFF (1990) VOGT (1980) KÖHLER (1997)
Malaclemys terrapin Diamantschildkröte	D	35 °C	O (va)	Gruppe/ einzeln	6	4–5 22–25 °C	4–8 °C	NÖLLERT (1993) KÖHLER (1997) SZYMANSKI (2005)
Pseudemys (Pseudemys) concinna Gewöhnliche Schmuckschildkröte	D/E	35 °C	O (va)	Gruppe	6	4–5 22–25 °C	4–8 °C	KÖHLER (1997)
Pseudemys (Pseudemys) peninsularis Halbinsel-Schmuckschildkröte	D/E	35 °C	O (va)	Gruppe	6	4–5 22–25 °C	nur etwas kühler	HENNIG (2003)
Pseudemys (Ptychemys) rubriventris, Nördliche Rotbauch-Schmuckschildkröte	D/E	35 °C	O (va)	Gruppe	6	4–5 22–25 °C	–	KÖHLER (1997)

Terrarientyp: siehe S. 20
Nahrung: O (va) = omnivor, vorwiegend animalisch
Terrarienlänge = Panzerlänge × angegebener Faktor; Terrarienbreite = halbe Terrarienlänge
Wasserstand = Panzerbreite × angegebener Faktor

Lebensweise: Flache, oft schnell fließende Gebirgsbäche in Waldregionen (bis 2000 m ü. NN). In der Dämmerung und nachts aktiv. Lebt meist verborgen zwischen Steinspalten. Schlechter Schwimmer, kann aber hervorragend klettern und läuft am Grund der Gewässer entlang. Mit den Gliedmaßen und dem kräftigen Hakenschnabel können sich die Tiere an Steinen festklammern. Weibchen legen im Juni/Juli Eier.
Pflege: Siehe Tabelle S. 57.
Vermehrung: 1–4, max. 6 Eier (33–37,5 mm × 20–25,5 mm).

Familie Emydidae
Neuwelt-Sumpfschildkröten

Die Familie Emydidae SCHMID, 1819 enthält viele Gattungen beliebter „Wasserschildkröten" der Neuen Welt. Mit der Europäischen Sumpfschildkröte, *Emys orbicularis*, gehört jedoch auch eine Art der Alten Welt zu dieser Familie.

Actinemys AGASSIZ, 1857

Pazifische Sumpfschildkröten

Es gibt hin und wieder Versuche, die Art *Actinemys marmorata* gemeinsam mit *Emydoidea blandingii* und *Emys orbicularis* in die Gattung *Emys* zu stellen (FELDMAN & PARHAM 2002). In Baja California (Mexiko) soll es eine Variante der Art geben, die von den beiden bekannten Formen abweicht.

■ *Actinemys marmorata* (BAIRD & GIRARD, 1852)
Pazifische Sumpfschildkröte

Verbreitung: *Actinemys m. marmorata* (BAIRD & GIRARD, 1852): Kanada (British Columbia) bis mittleres Kalifornien (USA).
Actinemys m. pallida (SEELIGER, 1945): USA (mittlerer Westen und Südwesten Kaliforniens).
Beschreibung: Carapaxlänge bis zu 20 cm. Rückenpanzer oliv, dunkelbraun, oft fast schwarz, meist mit einem Netzwerk aus braunen oder schwarzen Flecken und Linien. Auf der Brücke, unter den Randschilden und auf dem gelben Bauchpanzer entlang der Nähte unregelmäßige dunkle Flecke und Linien. Hervorstehende Schuppen auf den schwarz linierten oder gefleckten Beinen. Kopf gefleckt oder mit schwarzem Netzmuster, Oberkiefer glatt oder wellenförmig. Panzer bei den Männchen flacher und weniger stark gezeichnet.
Lebensweise: Schlammige, vegetationsreiche Seen und Teiche. In Küstennähe (Brackwasser) ebenso wie in schnell fließenden Bächen und Flüssen bis 2000 m ü. NN. Sehr stark an Gewässer gebunden.

Die Großkopfschildkröte, *Platysternon megacephalum*, ist ein schlechter Schwimmer.

Im Norden von Frühjahr bis Mitte November aktiv, im Süden ganzjährig. Allesfresser, vorwiegend animalische Kost. Eine besonders ausführliche Studie hat BUSKIRK (2002) verfasst. Sehr aquatil, vergleichbar mit *Emys orbicularis*. Die Tiere sollen im Norden meist im Juni/Juli Eier legen, im Süden zeitiger. Im Süden auch zwei Gelege pro Jahr. Im Verlauf eines Tages konnten im Nest innerhalb von 24 Stunden Temperaturen zwischen 19 und 30 °C gemessen werden. Paarungszeit von Mai bis August, vor allem Juni bis Mitte Juli. Weibchen verlassen Gewässer fast nur zur Eiablage. Schlüpflinge braun bis oliv mit gelben Randmarkierungen, Carapaxlänge etwa 50 mm. Schilde mit kleinen Tuberkeln. Bauchpanzer gelb, mit unregelmäßigen großen zentralen schwarzen Mustern. Kopf, Beine und Schwanz blassgelb gezeichnet.
Pflege: Siehe Tabelle S. 58.
Vermehrung: 1–13 Eier (30,0–42,6 × 18,5–22,6 mm). Bei 29–30 °C tagsüber und 24 °C nachts Schlupf nach etwa 70 Tagen, bei 30 °C nach 73–80 Tagen.

Chrysemys GRAY, 1844

Zierschildkröten

STARKEY et al. (2003) gehen davon aus, dass es sich bei den ehemaligen Unterarten *Chrysemys picta dorsalis* und *C. picta picta* um zwei eigenständige Arten handelt und sich bei *C. picta* drei Unterarten unterscheiden lassen.
Arten: *Chrysemys dorsalis* AGASSIZ, 1857: USA (Louisiana, Arkansas und Osten Texas bis Alabama und bis Südosten Missouri).
Chrysemys picta (3 Unterarten, siehe unten).

■ *Chrysemys picta* SCHNEIDER, 1783
Nördliche Zierschildkröte

Verbreitung: *Chrysemys p. picta* (SCHNEIDER, 1783): USA (Nord-Georgia bis Kanada, Nova Scotia).

Nördliche Zierschildkröte, *Chrysemys dorsalis*.

Chrysemys p. bellii (GRAY, 1831): USA (Washington und nördliches Oregon bis Missouri und Wisconsin, isolierte Populationen in New Mexico, im Osten Arizonas, Süden Utahs, Südwesten Colorados) und Mexiko (Nord-Chihuahua).
Chrysemys p. marginata AGASSIZ, 1857: USA (Tennessee bis Illinois, New York und New Hampshire) bis zum südlichen Kanada.
Der Unterarten-Status von *C. p. bellii* und *C. p. marginata* wird teilweise angezweifelt.
Beschreibung: Carapaxlänge je nach Unterart 10–25 cm. Rückenpanzer glatt, bis auf die Randschilde dunkelbraun. Randschilde oben und unten rotgefleckt, Rippen- und Wirbelschilde in regelmäßigen Querreihen, am Vorderrand helle Streifen. Männchen mit verlängerten Vorderkrallen und dickerer Schwanzwurzel. Am Kopf gelbe Streifen, am Hals teils rote. An den Beinen gelbe und rötliche Streifen. Bei *Chrysemys p. picta* Bauchpanzer gelb und flach. Mittelstreifen schmal, kaum entwickelt oder fehlt. *Chrysemys p. bellii* zeigt im Jugendstadium ein gelbliches bis rötliches, strahlenförmiges Netzmuster auf leuchtend olivgrünem Grund. Bauchpanzer rotgelb bis gelb. Entlang der Mittelnaht befindet sich eine dunkle, symmetrisch angeordnete Zeichnung. Bei *Chrysemys p. marginata* Zeichnung entlang der Bauchpanzerschilde. Am Kopf gelbe Streifen, am Hals meist alle Streifen rot.
Lebensweise: Langsam fließende Gewässer, vegetationsreiche Teiche und Tümpel, auch in Brack- und Abwasser. Aus dem Wasser ragende Gegenstände (Baumstämme, Steine) an geschützten Stellen werden bevorzugt für Sonnenbäder genutzt. Fortpflanzungszeit von März bis Mitte Juni. Eiablagen von Ende Mai bis Mitte Juli. Im nördlichen Verbreitungsbereich sind ein bis zwei, im südlichen zwei bis vier Eiablagen möglich. Gelege je nach Unterart und Größe des Weibchens, 2–20 weichschalige Eier (etwa 32 × 19 mm). Carapaxlänge der Schlüpflinge etwa 25–30 mm.
Pflege: Siehe Tabelle S. 58.
Vermehrung: 2–20 Eier zwischen 25 und 30 °C Schlupf nach etwa 60 Tagen, bei 24–29 °C nach 65–80 Tagen, bei 25–31 °C nach 54–57 Tagen. Bei 22–27,5 °C schlüpfen männliche, bei 29–32 °C weibliche Nachkommen.
Chrysemis dorsalis: Für gewöhnlich 4–6 Eier pro Gelege. Schlupf bei 25–30 °C nach 41–67 Tagen.

Clemmys RITGEN, 1828

Tropfenschildkröten

Monotypische Gattung mit der einzigen Art *Clemmys guttata*, der Tropfenschildkröte.

■ *Clemmys guttata* SCHNEIDER, 1792
Tropfenschildkröte (Abb. siehe S. 24)

Verbreitung: Südosten Kanadas, USA (von Michigan und dem Nordosten von Illinois bis Süd-Maine, weiter südwärts bis Mitte Floridas.
Beschreibung: Carapaxlänge 12–13 cm. Rückenpanzer schwarz mit gelben, kreisrunden Punkten und Flecken. Jungtiere zum Teil völlig schwarz, ältere Tiere oft stark gesprenkelt mit bis zu 100 Sprenkeln. Es gibt auch gering oder nicht gesprenkelte Exemplare, jedoch mit gelben oder orangefarbene Flecken an Kopf und Hals. Bauchpanzer gelblich, äußere Schildanteile mit großen schwarzen Flecken. Hinter dem Auge beginnt ein gelber Streifen, der sich – oft unterbrochen – bis zum Hals zieht. Männchen bräunliches Kinn, bei Weibchen gelb. Männchen braune Augen, Weibchen rötliche bis orangefarbene. Hornige Kiefer stark dunkel pigmentiert, bei Weibchen gelblich. Männchen längerer, dickerer Schwanz.
Lebensweise: Bevorzugen kleine, weichgrundige, sehr vegetationsreiche Gewässer. Stark an Gewässer gebunden, verlassen es nur selten. Schwimmen unbeholfen, wandern im Flachwasserbereich am Grund der Gewässer entlang. Männchen unverträglich. Paarungszeit zwischen März und Mai, bei Wassertemperaturen, die oft nur 9–15 °C betragen. Paarungsunwillige Weibchen fliehen, paarungswillige strecken den Kopf weit vor, Männchen reitet dann auf. Eiablagen Ende Mai bis Juni. Schlüpflinge erscheinen im August und September. Können auch im Nest überwintern und im folgenden Frühling schlüpfen.
Pflege: Siehe Tabelle S. 58.
Vermehrung: 1–3 (max. 8) Eier (28–37mm × 14–19 mm, 6–9 g). In feuchtem Vermiculit bei 27–

29 °C Schlupf nach 46–64 Tagen, bei 27–30 °C nach 50–90 Tagen, bei 28–30 °C (relative Luftfeuchtigkeit 90–95 %) nach etwa 50 Tagen (Weibchen), bei 23–27 °C nach 80 Tagen (Männchen).

Deirochelys AGASSIZ, 1857

Langhals-Schmuckschildkröten

Monotypische Gattung (umfasst nur die einzige Art *Deirochelys reticularia*).

■ *Deirochelys reticularia* LATREILLE, 1801
Langhals-Schmuckschildkröte

Verbreitung: *Deirochelys r. reticularia* (LATREILLE, 1801): Mississippi und Südosten Louisianas bis Nord-Florida sowie Südost-Virginia.
Deirochelys r. chrysea SCHWARTZ, 1956: Halbinsel Florida.
Deirochelys r. miaria SCHWARTZ, 1956: Osten von Texas und Südosten Oklahomas bis zum Südosten Missouris und Louisianas.
Beschreibung: Carapaxlänge 15–18 cm, maximal 25,4 cm, Rückenpanzer für gewöhnlich olivfarben bis braun mit linienartigen Furchen und einem Netz gelbgrüner Linien. Die Zeichnung verschwindet im Alter zugunsten einer dunkeloliven bis fast schwarzen Färbung. Randschilder und Bauchpanzer gelb, Weichteile und Kopf graugrün. Am Hals orangegelber Streifen, der unterhalb des Auges beginnt. Weitere, dünnere, orangegelbe Längsstreifen am Kopf, Hals und den Gliedmaßen. Spitze, scharfe Krallen. Auf der Brücke häufig längliche dunkle Balken oder Flecke. Hals erreicht etwa 80 % der Carapaxlänge! Männchen mit längerem und dickerem Schwanz.
Deirochelys r. reticularia: Das netzartige Muster ist grünlich oder bräunlich und wesentlich schmaler als bei den anderen Unterarten. Erwachsene Exemplare sind weniger farbenprächtig.
Deirochelys r. chrysea: Das netzartige Muster ist orangefarben oder gelb, auffällig breit bei Jungtieren. Der Rückenpanzerrand ist orange eingefasst. Bauchpanzer orange oder leuchtend gelb, ohne Muster.
Deirochelys r. miaria trägt entlang der Schildnähte schwarze Zeichnungselemente. Linien der Netzzeichnung sind breiter als bei der Nominatform und etwas heller als die Grundfarbe. Dunkle Markierungen entlang der Bauchpanzerschildnähte. Die Kehlen erwachsener Tiere tragen keine Zeichnung und sind einfarbig gelblichweiß.
Lebensweise: Kleinere Teiche und Seen, Zypressensümpfe und Tümpel. Seltener in Fließgewässern. Unternehmen ausgiebige Wanderungen und entfernen sich manchmal recht weit vom Gewässer. Neben der üblichen tierischen Nahrung verzehren sie auch erhebliche Mengen pflanzlicher Kost. Fortpflanzungszeit beginnt in Süd-Carolina im März. In Florida paaren sich die Tiere fast ganzjährig. Carapaxlänge der Schlüpflinge etwa 28 mm, mit schwach entwickeltem Rückenkiel.
Pflege: Siehe Tabelle S. 58.
Vermehrung: 5–15 Eier (durchschnittlich etwa 37 × 21 mm). Bei 25–30 °C Schlupf nach etwa 60–70 Tagen.

Emydoidea GRAY, 1870

Amerikanische Sumpfschildkröten

Monotypische Gattung mit der einzigen Art *Emydoidea blandingii*.

■ *Emydoidea blandingii* HOLBROOK, 1838
Amerikanische Sumpfschildkröte

Verbreitung: USA, Kanada (Region um die Großen Seen in Kanada und den USA, westwärts bis Nebraska, einzelne Populationen vom Südosten New Yorks (USA) bis zum Süden Nova Scotias (Kanada).
Beschreibung: Carapaxlänge 12,5–26,8 cm. Der Rückenpanzer ist flach, blauschwarz mit gelblichen Flecken und Punkten, vor allem an den Randschilden. Oft Balken oder Streifen aus hellen Flecken. Bauchpanzer gelblich mit großen schwarzen, symmetrischen Flecken, die die gelbe Färbung fast völlig unterdrücken können. Bauchpanzergelenk vorhanden. Hals lang, Kinnregion und Halsunterseite hellgelb, die übrigen grauen Weichteile gelblich gesprenkelt. Männchen mit leicht konkav geformtem Bauchpanzer, Analöffnung weiter vom Bauchpanzerrand entfernt.
Lebensweise: Flache, dicht bewachsene Gewässer mit weichem Bodengrund. Tiere wandern oft auf an Land. Verzehren gern Kleinkrebse, aber auch Würmer, Insektenlarven und Ähnliches! Paarungen von März bis November. Hauptfortpflanzungszeit April/Mai. Für gewöhnlich bis zu zwei Gelege im Juni/Juli, Schlupf im August/September (Carapaxlänge der Schlüpflinge 29–35 mm). Der Rückenpanzer der Jungen ist gekielt.
Pflege: Siehe Tabelle S. 58.
Vermehrung: 3–18 Eier (36–38 mm × 22–26 mm. Bei 26–27 °C Schlupf nach 62–80 Tagen, bei 31 °C nach 49 Tagen.

Emys DUMÉRIL, 1806

Europäische Sumpfschildkröten

Inzwischen unterscheidet man 2 Arten sowie von *Emys orbicularis* 16 Unterarten, für die es bis heute keinen Bestimmungsschlüssel gibt. Die Einteilung in Unterartgruppen erfolgt nach FRITZ (2003). Die einzelnen Formen sind ohne Fundortangaben kaum zu eindeutig zu bestimmen. Außerdem sind im Verlauf hunderter von Jahren immer wieder Exemplare in andere Regionen verschleppt worden, sodass letztendlich nur genetische Untersuchungen Aufschluss über die jeweilige Form geben können (siehe ROGNER 2007).

Arten: *Emys orbicularis* LINNAEUS, 1758.
Emys trinacris FRITZ, FATTIZTO, GUCKING, TRIPEPI, PENNISI, LENK, JOGER & WINK (2005).

■ *Emys orbicularis* LINNAEUS, 1758
Europäische Sumpfschildkröte

Verbreitung: Siehe unten (Unterarten).

Beschreibung: Carapaxlänge beträgt 11–20 cm. Zur Beschreibung der Länge wird bei den Unterarten die Stockmaß-Carapaxlänge (SCL) angegeben, also die gerade Linie zwischen den Enden des Nackenschilds (Cervicalschild) und des Oberschwanzschilds (Supracaudalschild). Rückenpanzer relativ flach, schwarz bis schwarzbläulich und mehr oder weniger gelblich gefleckt, gestrichelt oder gepunktet. Exemplare aus nördlichen Populationen sind dunkel gefärbt und haben einen fast schwarzen Carapax (auch dunkles Plastron), die südlichen Vertreter besitzen meist einen helleren, bräunlichen-gelben Rückenpanzer und auch helleren Bauchpanzer. Bei der dunkleren Variante spricht man von der „Orbicularis-Morphe", bei der helleren Grundfarbe von der „Maculosa-Morphe". Dies gilt jedoch nicht für Kleinasien! Bauchpanzer einfarbig gelblich oder mit unregelmäßigen braunen oder schwarzen verwaschenen Flecken und Tupfen. Später bildet sich ein Scharnier. Weichteile und Kopf schwarz und ebenfalls gelb getupft. Männchen haben eine dickere Schwanzwurzel und ihr Bauchpanzer ist konkav geformt.

Lebensweise: Vegetationsreiche Kleingewässer, Gräben, langsam fließende Bäche, Teiche, Seen und viele andere Lebensräume. Tiere sonnen sich auf Baumstümpfen oder Steinen, die aus dem Wasser ragen. Anschließend suchen sie nach Nahrung. Nach der Winterruhe paaren sie sich im April/Mai, außerdem im September/Oktober. Weibchen legen im Juni/Juli 3–15 (max. 18) etwa 30 × 20 mm große Eier. Jungtiere schlüpfen August/September (Carapaxlänge 25–30 mm). Jungtiere können auch im Ei oder in der Nistgrube überwintern und schlüpfen erst im folgenden Frühjahr.

Pflege: Siehe Tabelle S. 58. Freiland.

Vermehrung: 3–16, max. 18 Eier (etwa 38 × 18 mm. Bei 23 °C Schlupf nach 90–111 Tagen, bei 26–29 °C nach 51–88 Tagen, bei 30 °C oder 24–28 °C (relative Luftfeuchtigkeit 80–90 %) nach 52–80 Tagen. Bei 25–28 °C schlüpfen männliche, bei 29,5–30 °C weibliche Nachkommen.

Unterartengruppe *Emys orbicularis occidentalis*
Die Vertreter dieser Unterartengruppe sind mittelgroß. Sie besitzen eine sehr lange Naht zwischen den beiden Kehlschilden (Intergularnaht) und auf schwarzem oder dunklem Grund eine geschnörkelte, vermiforme (würmchenartige) gelbe Kopfzeichnung. An den Vorderbeinen findet man meist zwei gelbe Streifen. Beide Geschlechter sind etwa gleich groß. Die Männchen besitzen jedoch eine gelbe, weiße oder hin und wieder auch eine braune Iris.

■ *Emys orbicularis occidentalis* FRITZ, 1993
Nordafrikanische Sumpfschildkröte

Diagnose: SCL maximal etwa 150 mm. Eine generell sehr dunkel gefärbte Unterart. Bei jüngeren Exemplaren ist der Bauchpanzer meist überwiegend schwarz und kann im Alter ausbleichen. Der vorderste Randschild des Rückenpanzers (Nuchalschild) ist trapezförmig oder rechteckig. Schlüpflinge besitzen auf dem Bauchpanzer eine mäßig große dunkle Zeichnung.

Verbreitung: Nordafrika (nördliche Teile von Marokko, Algerien und Tunesien). Exemplare aus dem Mittleren Atlas unterscheiden sich insbesondere in der Färbung und Zeichnung von nordafrikanischen Tieflandformen. Aus der Umgebung von Algier sind zwei Exemplare bekannt, die nicht zu dieser Gruppe gehören und möglicherweise einer eigenständigen Unterart angehören.

■ *Emys orbicularis hispanica* FRITZ, KELLER & BUDDE, 1996 – Spanische Sumpfschildkröte

Diagnose: SCL maximal etwa 170 mm. Die Tiere ähneln der nordafrikanischen Unterart, sind aber heller gefärbt. Man findet auf dem gelben Bauchpanzer gewöhnlich klar abgegrenzte, große schwarze Distalflecke. Die Naht zwischen den Armschilden (Interhumeralnaht) ist kürzer, der vorderste Randschild des Rückenpanzers (Nuchale) ist rechteckig und deutlich größer als bei *Emys o. occidentalis*. Bei Schlüpflingen findet man auf dem Bauchpanzer nur eine kleine dunkle Zeichnung.

Verbreitung: Die Originalbeschreibung bezieht sich nur auf die Tiere der im Südwesten liegenden Doñana. Es wird vermutet, dass aber auch die meisten anderen Sumpfschildkröten, die auf der Iberischen Halbinsel in zum Atlantik entwässernden Flusssystemen leben, zu dieser Unterart gehören. Im Einzugsbereich des Miño lebt möglicherweise eine weitere bisher unbekannte Unterart, da diese galizischen Vorkommen zwar Merkmale der *E.-occidentalis*-Gruppe besitzen, sich jedoch aber dennoch von den beiden anderen *Emys-occidentalis*-Unterarten unterscheiden.

Emys-orbicularis-Jungtier in der Freiland-Aufzuchtanlage.

■ *Emys orbicularis fritzjuergenobsti* FRITZ, 1993
Obsts Sumpfschildkröte

Diagnose: SCL maximal etwa 150 mm. Die Tiere ähneln *Emys o. hispanica,* sind jedoch heller gefärbt und besitzen einen auffällig schmalen Rückenpanzer. Der Bauchpanzer ist oft einfarbig gelb. Die Naht zwischen den Schenkelschilden (Interfemoralnaht) ist länger als bei *E. o. hispanica*. Bei Schlüpflingen findet man auf dem Bauchpanzer nur eine kleine dunkle Zeichnung.
Verbreitung: Spanische Mittelmeerküste. Im Norden gibt es Mischformen mit *E. o. galloitalica*, aber auch mit „*Emys o. orbicularis II*"

Unterartengruppe *Emys orbicularis galloitalica*
Die Vertreter dieser Unterartengruppe sind klein bis mittelgroß. Der vorderste Randschild (Nuchale) ist schmal und rechteckig. An den Vorderbeinen findet man gewöhnlich nur einen gelben Streifen. Die Männchen sind kleiner als die Weibchen und haben eine weiße oder gelbliche Iris. Bei Schlüpflingen befindet sich auf dem Bauchpanzer eine kleine bis mäßig große dunkle Zeichnung.

■ *Emys orbicularis galloitalica* FRITZ, 1995
Französische Sumpfschildkröte

Diagnose: SCL maximal 165 mm, meist aber unter 150 mm. Diese Unterart zeichnet sich bei der Rückenpanzerfärbung durch einen ausgeprägten Polymorphismus aus, da die Maculosa- und Orbicularis-Morphen häufig auftreten. Der Bauchpanzer ist meist gelb gefärbt. Eventuelle dunkle Färbungselemente bilden für gewöhnlich Distalflecke. Auf dem Schwanz kann eine helle Mediallinie vorhanden sein. Die Unterart soll neben Stillgewässern auch schnell fließende Bäche und kleinere Flüsse besiedeln – hin und wieder mit vegetationsfreiem sandig-kiesigem Grund.
Verbreitung: An der katalonischen Mittelmeerküste (Reliktvorkommen), in Südfrankreich, der westlichen Apenninen-Halbinsel bis zum Golf von Sant'Eufemia in Süditalien. Mischformen gibt es in Katalonien mit *E. o. fritzjuergenobsti* und „*E. o. orbicularis II*". In West- und Südfrankreich gibt es ebenfalls Mischformen mit „*E. o. orbicularis II*".

■ *Emys orbicularis lanzai* FRITZ, 1995
Lanzas Sumpfschildkröte

Diagnose: SCL maximal bis 150 mm, eventuell etwas länger. Die Tiere sind für gewöhnlich etwas größer und großköpfiger als *Emys o. galloitalica* und *E. o. capolongoi*. Insgesamt sind sie recht dunkel gefärbt. Auf dem Bauchpanzer befindet sich meist eine deutliche dunkle Zeichnung (Distalflecke). Es kommen aber auch Exemplare mit überwiegend schwarzem Bauchpanzer vor. Auf dem Schwanz befindet sich keine helle Mediallinie! Die Tiere sollen nur in Stillgewässern leben.
Verbreitung: Korsika.

■ *Emys orbicularis capolongoi* Fritz, 1995
Sardische Sumpfschildkröte

Diagnose: SCL maximal bis 145 mm. Die Tiere sind für gewöhnlich hell gefärbt und oft mit der Maculosa-Färbung ausgestattet. Auf dem gelben Bauchpanzer können schwarze Distalflecken vorhanden sein, müssen aber nicht. Auf dem Schwanz befindet sich eine helle Mediallinie. In Bezug auf den Lebensraum ähnlich wie die Festlandsform (*E. o. galloitalica*) eingenischt.
Verbreitung: Sardinien mit den vorgelagerten Inseln Maddalena, Tavolara und Molara.

Süditalienisch-sizilianische Unterartengruppe
Bisher wird nur „*Emys orbicularis* cf. *hellenica*" zur süditalienisch-sizilianischen Unterartengruppe gezählt.

■ „*Emys orbicularis* cf. *hellenica*"
Süditalienische Sumpfschildkröte

Diagnose: SCL maximal bis 150 mm, häufig deutlich darunter. Männchen mit weißer oder gelblicher Iris. Sie bleiben außerdem kleiner als Weibchen. Diese Form ähnelt *E. o. hellenica*, jedoch ist der vordere äußere Randschild (Nuchale) nicht trapezförmig, sondern rechteckig. Bei dieser Form ist auch die Maculosa-Färbung deutlich häufiger zu finden.
Verbreitung: Süditalien südlich des Golfs von Sant'Eufema (Stiefelspitze) sowie ionische Küste Kalabriens, Sizilien. Mögliche Vorkommen dieser Form in der Basilicata und in Apulien müssen noch geklärt werden.

Unterartengruppe *Emys orbicularis orbicularis*
Die Vertreter der Unterartengruppe *Emys orbicularis orbicularis* sind vorwiegend mittelgroß bis groß und sehr dunkel gefärbt. Der Bauchpanzer ist zumindest bei Männchen größtenteils schwarz. Das vordere Randschild (Nuchale) ist grundsätzlich trapezförmig. An den Vorderbeinen findet man meist nur einen schmalen gelben Streifen. Männchen haben eine rote Iris. Sie bleiben auch kleiner als die Weibchen. Der Bauchpanzer der Männchen hat manchmal auf dunklem Grund eine charakteristische helle Sprenkelung. Schlüpflinge haben auf dem Bauchpanzer eine sehr große dunkle Figur.

■ „*Emys orbicularis orbicularis* I"

Diagnose: SCL maximal bis etwa 230 mm. Der Bauchpanzer ist bei beiden Geschlechtern häufig vorwiegend bis vollständig schwarz. Altersflavistische (im Alter gelb werdende) Exemplare haben hin und wieder, aber selten, einen gelben Bauchpanzer. Die Kehle ist dunkel und mit nur wenigen gelben Flecken ausgestattet oder einfarbig schwarz. Bei der Kopffärbung ist kein klarer Sexualdimorphismus erkennbar.
Verbreitung: Von Polen nördlich der Sudeten und Karpaten bis weit nach Osten (Aralsee). In Ostdeutschland und dem angrenzendem Polen könnte eine Kontaktzone mit „*E. o. orbicularis* II" bestehen. Am Schwarzen Meer und im Kaukasusvorland gibt es Vermischungszonen mit anderen Unterarten, möglicherweise auch im nördlichen Kaspisgebiet.

■ „*Emys orbicularis orbicularis* II"

Diagnose: SCL bis maximal 190–200 mm. Bei Weibchen ist der Bauchpanzer häufig größtenteils bis einfarbig gelb. Vor allem bei den Weibchen ist die Kehlfärbung heller als bei „*E. o. orbicularis I*". Männchen besitzen auf der Kopfoberseite meist eine Netzzeichnung, Weibchen gelbe Flecke.
Verbreitung: Mittelfrankreich, Einzugsgebiet der Donau, eventuell auch in Ostdeutschland und in Polen. Im Rheingebiet ist die Form erloschen. Kontakt- und Intergradationszonen mit anderen Unterarten bestehen in Katalonien, West- und Südfrankreich sowie in der Po-Ebene und auf dem südöstlichen Balkan. Ob die ostdeutschen (und die angrenzenden westpolnischen) Tiere zu „*E. o. orbicularis II*" gehören oder ob hier eine Kontaktzone mit „*E. o. orbicularis* I" liegt, ist bisher unklar.

■ *Emys orbicularis colchica* Fritz, 1994
sensu lato

Diagnose: SCL maximal bis 165 mm, jedoch meist unter 150 mm. Möglicherweise gehören zu dieser Unterart mehrere Formen, da sie bisher sehr unbefriedend definiert ist. Die Tiere bleiben kleiner und sind heller gefärbt als „*E. o. orbicularis* I" (und „*E. o. orbicularis* II")
Verbreitung: Südostbalkan, türkisches Schwarzmeergebiet, Teile West- und vermutlich Zentralanatoliens, Kolchis. Auf dem Südostbalkan und in Kleinasien vermischt sich die Form mit anderen. Auch die kleinwüchsigen Sumpfschildkröten aus dem Krimgebiet gehören dazu, vermutlich auch die kleinwüchsigen Tiere aus anderen Gebieten der Südukraine (Asow'sches Meer). Die Tiere weisen eine von „*Emys o. orbicularis* I" abweichende Fortpflanzungsbiologie auf.

■ *Emys orbicularis eiselti* Fritz, Baran & Amthauer, 1998

Diagnose: SCL maximal bis etwa 130 mm. Die Tiere sind nahezu einfarbig schwarz gefärbt. Ihre

Am äußeren Erscheinungsbild sind die Unterarten von *Emys orbicularis* nicht bestimmbar!

Kehlschilde (Gularia) sind deutlich kleiner als bei allen anderen Unterarten
Verbreitung: Umgebung von Gaziantep, Südostanatolien (kommt ausschließlich hier vor).

Unterartengruppe *Emys orbicularis hellenica*
Die Gruppe besteht nur aus einer Unterart.

- *Emys orbicularis hellenica* (VALENCIENNES in BIBRON & BORY DE SAINT-VICENT, 1832)
  Hellenische Sumpfschildkröte

Diagnose: SCL meist 120–150 mm, maximal jedoch bis 170 mm, und im Einzugsbereich der Neretva (Dalmatien) sogar bis maximal 190 mm. Verzwergte Lokalpopulationen erreichen nur 100–120 mm SCL. Der Kopf ist oft breit und manchmal ausgesprochen massig. Der vordere Randschild (Nuchale) ist grundsätzlich trapezförmig. Der Rückenpanzer ist dunkel gefärbt, der Bauchpanzer überwiegend gelb, vor allem bei älteren Exemplaren auch ab und zu mit einer verwaschenen dunklen Färbung auf dem Hinterlappen ausgestattet. Männchen tragen eine schwarzbraune Netzzeichnung auf dem Kopf. Bei Weibchen findet man am Kopf gelbe Punkte auf dunklem Grund. Die Kehle ist einfarbig gelb. An den Vorderbeinen zwei gelbe Streifen, die bei Männchen häufig unregelmäßig gemustert sind. Männchen bleiben auch kleiner und haben eine weiße oder gelbe Iris. Die Schlüpflinge haben auf dem Bauchpanzer eine ausladende, große dunkle Figur.

Verbreitet ist die Unterart von der Küstenregion der Po-Ebene über Istrien und Dalmatien bis zum Peloponnes und Böotien (Griechenland). Sie vermischt sich weiter östlich und in der Po-Ebene mit Unterarten aus der *E.-o.-orbicularis*-Gruppe. In Italien kommt *E. o. hellenica* außerdem vermutlich längs der Adriaküste zumindest bis ins nördliche Apulien vor. Manche Populationen aus dem westlichen Kleinasien werden provisorisch ebenfalls zu dieser Unterart gestellt. Die auf der südlichen Krim-Halbinsel (Ukraine) vorkommenden Sumpfschildkröten gehören zur *E.-o.-orbicularis*-Unterartgruppe und sind nicht näher *mit E. o. hellenica* verwandt!

Unterartengruppe *Emys orbicularis iberica*
Die Vertreter dieser Unterartengruppe sind klein bis mittelgroß und haben eine gelbe Kehle. Das vorderste Randschild (Nuchale) ist grundsätzlich trapezförmig. Männchen haben eine schwarzbraune Netzzeichnung auf dem Kopf. Bei den Weibchen findet man auf dunklem Grund gelbe Punkte. Die Männchen bleiben kleiner als Weibchen. Die Iris der Männchen ist rötlich. Schlüpflinge besitzen auf dem Bauchpanzer eine ausladende große, dunkle Figur.

- *Emys orbicularis iberica* EICHWALD, 1831
  Georgische Sumpfschildkröte

Diagnose: SCL maximal bis 180 mm. Die meisten bleiben jedoch unter 160 mm SCL. Der Bauchpanzer ist gelb. Jüngere Exemplare sind dunkler und bleichen mit zunehmendem Alter immer mehr aus. Bei alten Exemplaren findet man meist die Maculosa-Färbung. Männchen haben eine rote Iris. Im unteren Bereich der Vorderbeinen findet sich ein sehr breites gelbes Band.

Verbreitung: Südliches Dagestan (Südrussland), Einzugsgebiet der Kura und Kutra-Araksinsker-Niederung in Georgien und Aserbaidschan. In Armenien im Bereich des Flusses Agstew. Eine Kontaktzone mit „*E. o. orbicularis* I" liegt im östlichen Kaukasusvorland. Bis in das nördliche Kaspisgebiet ist ein genetischer Einfluss von *E. o. iberica* auf „*E. o. orbicularis* I" nachgewiesen worden. In der iranischen Provinz Ost-Aserbaidschan und in der Gegend des Talyš-Gebirges vermischt sich *E. o. iberica* mit *E. o. persica*.

■ *Emys orbicularis persica* EICHWALD, 1831
Iranische Sumpfschildkröte

Diagnose: SCL maximal bis 180 mm. Die meisten Exemplare erreichen jedoch nur zwischen 100 und 150 mm. Die Form ähnelt *E. o. iberica*, jedoch ist bei älteren Exemplaren die Maculosa-Morphe selten. Der dunkle Rückenpanzer ist häufig mit ganz feinen gelben Pünktchen bedeckt, auch bei alten Weibchen. Der Bauchpanzer ist hin und wieder dunkel. Die Gularschilde sind klein. Die Zeichnung an den Vorderbeinen erinnert an die von *E. o. hellenica*, besteht jedoch meist aus breiteren gelben Streifen. Die Irisfarbe der Männchen ist noch fraglich.
Verbreitung: Nordiran (Provinzen Gilan, Mazanderan, eventuell auch Ost-Aserbadschan (Azarbayjan-e Sharqi), angrenzendes Turkmenien und Uzboj-Gebiet (Turkmenien). In der iranischen Provinz Ost-Aserbaidschan beziehungsweise in der Gegend des Tayš-Gebirges vermischt sich die Unterart vermutlich mit *E. o. iberica*.

Unterartengruppe *Emys orbicularis luteofusca*
Die Typusserie von *Emys orbicularis luteofusca* (5 Exemplare) weicht vom Habitus her von allen anderen bekannten Sumpfschildkröten extrem ab. Die Tiere sind sehr kleinköpfig, einfarbig gelbbraun und zeigen auf dem Panzer und den Weichteilen fast keine Spuren von schwarzem Pigment. Bei drei Exemplaren ist die Oberfläche der Wirbel- und Rippenschilde fast plan, wodurch diese Schilde – im Gegensatz zu den Schilden aller anderen *Emys-orbicularis*-Formen – kantig gegeneinander abgesetzt erscheinen. Diese morphologische Besonderheit war die Veranlassung, für diese Unterart eine eigene Gruppe zu bilden.

FRITZ (2003) weist auf den Umstand hin, dass die untersuchten Exemplare aus dem Tierhandel stammen und möglicherweise der angegebene Fundort nicht stimmt. Auch könnte es sich bei den drei besonderen Untersuchungsexemplaren um Sumpfschildkröten handeln, die aus einer größeren Stückzahl gezielt herausgesucht und in den Tierhandel gegeben wurden. Derzeit werden an der Ege-Universität (Izmir, Türkei) zur Klärung des Problems von D. AYAZ Untersuchungen zur Variabilität anatolischer *Emys orbicularis* durchgeführt.

■ *Emys orbicularis luteofusca* FRITZ, 1989
Gelbliche Europäische Sumpfschildkröte

Diagnose: SCL bis über 200 mm. Unter ungünstigen oder schlechten Umweltbedingungen bleiben die Tiere jedoch wesentlich kleiner. Rückenpanzer und Weichteile sind mehr oder weniger einfarbig gelbbraun. Der vorderste Randschild (Nuchale) ist trapezförmig. Männchen bleiben kleiner als Weibchen und besitzen eine rötliche Iris.
Verbreitung: Südliche zentralanatolische Hochebene.

Emys orbicularis bei der Paarung. Das Männchen hält sich am Panzerrand des Weibchens fest.

Glyptemys AGASSIZ, 1857

Amerikanische Wasserschildkröten
HARDING & DAVIS (1999) berichten von Hybriden zwischen *Glyptemys (= Clemmys) insculpta* und *Emydoidea blandingii*, FRITZ (2001) von Hybriden zwischen *Glyptemys (= Clemmys) insculpta* und *Clemmys marmorata*. Die Zersplitterung der Lebensräume (Torfmoosmoore, Feuchtwiesen und Sumpfgebiete) von *G. muhlenbergii* in der Piedmont- und Appalachen-Region (Osten USA) sowie ihr Fang für den Schwarzmarkt führte zur IUCN-Einstufung „gefährdet".
Arten: *Glyptemys insculpta* LE CONTE, 1830: Südosten Kanadas bis USA (Osten Minnesotas und Nordosten Iowas bis Norden Virginias und Maine).
Glyptemys muhlenbergii SCHOEPFF, 1801: USA (Westen von Massachusetts, West-New-York und Westen Pennsylvanias bis Südwest-North-Carolina, West-South-Carolina und Nord-Georgia).

Die Moorschildkröte, *Glyptemys muhlenbergii*, verbringt etwa die Hälfte ihrer Aktivitätszeit an Land.

■ *Glyptemys insculpta* LE CONTE, 1830
Waldbachschildkröte (Abb. siehe S. 39)

Verbreitung: Südosten Kanadas bis USA (Osten Minnesotas und Nordosten Iowas bis Norden Virginias und Maine).
Beschreibung: Carapaxlänge 13–23 cm. Rückenpanzer dunkelbraun, hinten gesägt, höckerförmiger Längskiel. Rückenschilde besitzen von ihrem Mittelpunkt ausgehende konzentrisch verlaufende Ringe und gleichzeitig strahlenförmige Furchen. Bauchpanzer gelblich, hinten stumpfwinklig eingeschnitten. Auf jedem Schild findet man auf der äußeren, hinteren Ecke einen dunklen Fleck. Gliedmaßen oben dunkelbraun bis oliv gefärbt, Kopfunterseite orangefarben. Selten sind Exemplare mit Rotzeichnung an Kopf und Beinen. Füße mit Krallen und lediglich angedeuteten Schwimmhäuten. Der Bauchpanzer ist bei Weibchen konvex. Männchen besitzen an den Vorderbeinen größere und gröbere Schuppen und stärker entwickelte Krallen.
Lebensräume: Kleingewässer in Laub- und Mischwäldern, aber auch Seen, Teiche, Bäche, Flüsse, Sümpfe und Feuchtwiesen. Die Tiere halten sich oft an Land auf und unternehmen ausgedehnte Wanderungen. Allesfresser (Pflanzen und Früchte, Regenwürmer, Gehäuse- und Nacktschnecken, Insekten, Kaulquappen und Aas). Überwinterung in Ansammlungen verrottender Pflanzen, Erdlöchern, Höhlen unter Uferböschungen oder im Bodenschlamm eines Gewässers. Weibchen legen zwischen Mai und Juni meist 4–12 (maximal 18) elliptisch geformte Eier. Schlupf im September/Oktober. Im Norden des Verbreitungsgebiets überwintern die Jungen oft in den Eiern oder den Nistgruben.
Pflege: ARTNER et al. (1995) und BECKER (2002) empfehlen eine ganzjährige Freilandhaltung (Eiablagen von Mitte Mai bis Mitte Juni). Ansonsten siehe Tabelle S. 58.
Vermehrung: 4–12 (max. 18) Eier (27–45 × 20–25 mm, 10,95–12,40 g). Bei 25 und 28 °C und hoher relativer Luftfeuchtigkeit (?) Schlupf nach 53–54 Tagen, bei 25–29 °C nach 42–71 Tagen, bei 26–28 °C nach 46–55 Tagen. Bei Verwendung von 70 g Vermiculit auf 230 g Wasser und 28 ± 1 °C Schlupf nach 42–57 Tagen. Bei 23–27 °C schlüpfen männliche, bei 30 °C weibliche Tiere.

■ *Glyptemys muhlenbergii* SCHOEPFF, 1801
Moorschildkröte

Verbreitung: USA (Westen von Massachusetts, Westen von New York und Westen von Pennsylvania bis Südwesten von North Carolina, Westen von South Carolina und Norden von Georgia).
Beschreibung: Carapaxlänge 7,6–8,9 cm (max. 11,5 cm). Rückenpanzer braun bis mahagonifarben, Hinterrand nicht gesägt. Rückenschilde können gelbliche oder rötliche Zentren aufweisen. Bauchpanzer dunkelbraun bis schwarz, Mittelteil aufgehellt. Charakteristischer gelber, orangefarbener oder rötlicher großer Fleck hinter dem Auge. Weichteile braun, oben rot gesprenkelt, unten rötlich. Männchen mit dickerem Schwanz und konkav geformtem Bauchpanzer.
Lebensweise: Flache Tümpel, Seen, Teiche, Sumpfbereiche und mit Torfmoos bewachsene Moore, insbesondere in Mittelgebirgslagen. Außerdem

klare, langsam fließende Wiesenbäche mit weichem Untergrund. Einzelgänger im Grenzbereich zwischen Wasser und Land. Vor allem im Frühjahr nach Regenfällen sehr aktiv. Die Tiere graben regelrechte Gänge durch die krautige, vermooste Vegetation und suchen dort Würmer, Insekten, Schnecken und andere Tiere, aber auch pflanzliche Kost. Etwa die Hälfte ihrer Aktivitätszeit verbringen sie an Land, die übrige im Wasser. Geschlechtsreife nach etwa 5–7 Jahren. Die Schildkröten paaren sich in den ersten warmen Frühlingstagen. Weibchen legen im Juni Eier. Schlupf im August/September. Im Norden des Verbreitungsgebiets überwintern Schlüpflinge oft in der Nistgrube.

Pflege: Siehe Tabelle S. 58.

Vermehrung: 1–4 (max. 6) Eier (etwa 28–36 × 13–15 mm). In feuchtem *Sphagnum* bei 25–26 °C Schlupf nach 52–56 Tagen, bei 25–29 °C nach 42–60 Tagen, bei 27–29 °C nach etwa 60 Tagen.

Graptemys AGASSIZ, 1857

Höckerschildkröten

Viele Arten der Höckerschildkröten sollen in der Natur überwiegend Schnecken und Muscheln fressen, aber auch Insekten, Krebse und Algenaufwuchs. Eine Freilandhaltung ist grundsätzlich abzulehnen (HERTWIG 2001). SCHULZ (2001) und HERTWIG (2001) berichten über die Verbreitung, Haltung, Ernährung und Vermehrung einiger Arten. Beide empfehlen, die Geschlechter nur in der Paarungszeit (Frühjahr, Herbst) für kurze Zeit (Wassertemperatur etwa 20 °C) zusammenzuführen. Manchmal lassen Weibchen nur eine Paarung im Jahr zu. Bei Temperaturen von über 30 °C schlüpfen nur Weibchen! Männchen können zum Teil bereits nach 1,5 Jahren geschlechtsreif sein. Auch Jungtiere können recht aggressiv sein und müssen dann getrennt aufgezogen werden. Es sind Hybriden von *Graptemys n. delticola* × *G. barbouri* und *G. flavimaculata* × *G. n. delticola* bekannt (HERTWIG 2001). *Graptemys flavimaculata* ist inzwischen durch menschliche Einflüsse (Wasserverschmutzungen, Uferveränderungen aufgrund landwirtschaftlicher Maßnahmen, „Sportschützen“ und andere Probleme) im natürlichen Bestand (Pascagoula-Flusssystem) in die IUCN-Kategorie „gefährdet“ eingestuft worden!

Graptemys pseudogeographica kohnii, eine Unterart der Falschen Landkarten-Höckerschildkröte, trägt eine gelbe Zeichnung hinter dem Auge.

Arten: *Graptemys barbouri* CARR & MARCHAND, 1942: USA (Flusssysteme des Apalachicola und des Chipola im Südosten Alabamas, Südwesten Georgias und Westen Floridas).
Graptemys caglei HAYNES & MCKOWN, 1974: USA (Flusssysteme des Guadalupe und San Antonio im südlichen Zentral-Texas).
Graptemys ernsti LOVICH & MCCOY, 1992: USA (Flüsse Yellow River, Escambia, Conecuh und Shoal im Südosten Alabamas und Nordwesten Floridas).
Graptemys flavimaculata CAGLE, 1954: USA (Pascagoula-Flussssystem in Mississippi).
Graptemys gibbonsi LOVICH & MCCOY, 1992: USA (Flusssystem des Pascagoula in Mississippi).
Graptemys nigrinoda CAGLE, 1954, 2 Unterarten. *Graptemys n. nigrinoda* CAGLE, 1954: USA (Norden Alabamas und nordöstliches Mississippi). *Graptemys n. delticola* FOLKERTS & MOUNT, 1969: USA (südliches Alabama).
Graptemys oculifera BAUR, 1890: USA (Pearl-Flusssystem, Mississippi, Louisiana).
Graptemys ouachitensis CAGLE, 1953: USA (Minnesota bis zum Westen Virginias, bis Louisiana und zum mittleren Oklahoma).
Graptemys pulchra BAUR, 1893: USA (Flusssysteme von Alabama wie der Yellow River, Cahaba, Tombigbee, Coosa, Black Warrior und Tallapoosa in Alabama, Georgia und eventuell in Mississippi).
Graptemys sabinensis CAGLE, 1953: USA (Sabine-Flusssystem im östlichen Texas und westlichen Louisiana).
Graptemys versa STEJNEGER, 1925: USA (Colorado-Flusssystem im mittleren Texas).

■ *Graptemys pseudogeographica* GRAY, 1831
Falsche Landkarten-Höckerschildkröte

Verbreitung: *Graptemys p. pseudogeographica* (GRAY, 1831): USA (Flusssysteme des Missouri und des oberen Mississippi, nordwärts bis zum südichen North Dakota und Nordwest-Ohio).
Graptemys p. kohnii (BAUR, 1890): Vom Osten von Texas bis zum Südosten von Kansas, dem westli-

chen Mississippi, dem Süden von Illinois und dem unteren Missouri River in Missouri).

Beschreibung: Carapaxlänge der Männchen bis zu 14,6 cm, der Weibchen bis zu 27,3 cm. Rückenpanzer oliv bis braun gefärbt, auf den Rippenschilden netzförmige Zeichnung. Marginalschilde mit hellen Linien. Mittelkiel kräftig, endet auf dem zweiten und dritten Wirbelschild mit dunklerem Sporn, der bei Jungtieren deutlicher ausgeprägt ist. Panzerhinterrand gesägt. Bauchpanzer hellgelblich. Zwei dunkle Linien bilden eine symmetrische Zeichnung, die mit fortschreitendem Alter immer blasser wird. Dunkle Linien befinden sich auch auf der Brücke und der Unterseite der Randschilde. Weichteile grau bis oliv gefärbt, gelbe Streifen an Hals und Gliedmaßen. Gelbe hintere Augenlinie schmal. Kiefer ohne vergrößerte Flecke, Beine mit wenigen Streifen. Charakteristischer kleiner gelber Hinteraugenfleck, endet in Augenhöhe. Auge mit dunkler horizontaler Linie. Männchen mit längerem und dickerem Schwanz, lange Krallen an den Vorderbeinen. Kopf wirkt kleiner als bei Weibchen. *Graptemys p. kohnii* unterscheidet sich von der Nominatform im Wesentlichen durch die sichelförmige, gelbe Zeichnung hinter dem Auge und dem Fehlen der dunklen Augenlinie.

Lebensweise: Stehende und langsam fließende Gewässer mit meist dichter Vegetation. Die Tiere fressen vorwiegend Algen, Wasserpflanzen und anderen pflanzliche Materialien, aber auch Insekten, Schnecken, Muscheln und Fisch. Die Fortpflanzungszeit beginnt im Herbst, doch der Schwerpunkt liegt im Frühjahr. Eiablagen in der Zeit von Mai bis Juli (ein- bis dreimal), elliptisch geformte Eier mit derber, elastischer Schale. Schlupf nach etwa 60–75 Tagen. Carapaxlänge 25–33 mm. Der schwarze Kiel ist auf den ersten drei Wirbelschilden besonders gut entwickelt.

Pflege: Siehe Tabelle S. 58.

Vermehrung: 4–15 Eier (*G. p. pseudogeographica*) 2–7 Eier (*G. p. kohnii*). Bei 28–32 °C Schlupf nach etwa 90 Tagen, bei konstant 28 °C nach 57–63 Tagen, bei 27 °C nach 72 Tagen. Bei 22,5–28 °C schlüpfen Männchen, bei 30–33 °C Weibchen. *Graptemys barbouri*: 8–9 Eier. Bei 25–30 °C Schlupf nach etwa 60–75 Tagen. Bei 25 °C schlüpfen männliche, bei 30 °C weibliche Nachkommen. *Graptemys flavimaculata*: 3–6 Eier (34–37,5 × 22–24,5 mm). Bei 24–26 °C Schlupf nach etwa 60 Tagen.

Malaclemys Gray, 1844

Diamantschildkröten

Monotypische Gattung. Nur eine Art mit verschiedenen Unterarten. Obwohl nach dem International Code of Zoological Nomenclature (ICZN 1999) die

Barbours Höckerschildkröte, *Graptemys barbouri*. Die Art kann mit *Graptemys flavimaculata* Hybriden produzieren.

ältere Bezeichnung für die Unterart *Malaclemys terrapin rhizophorarum* Fowler, 1906 (= *Malaclemys tuberculifera* Gray, 1844) eigentlich Vorrang hätte, benutzt man in der Regel den bereits lange gebräuchlichen Namen.

Malaclemys terrapin Schoepff, 1793
Diamantschildkröte

Verbreitung: *Malaclemys t. terrapin* (Schoepff, 1793): Entlang der Küste von Massachusetts bis zum Kap Hatteras, North Carolina.
Malaclemys t. centrata (Latreille, 1802): Entlang der Küste von Hatteras, North Carolina, bis Nordost-Florida.
Malaclemys t. macrospilota (Hay, 1904) entlang der Westküste Floridas.
Malaclemys t. pileata (Wied, 1865): Entlang der Küste von Nordwest-Florida bis zur Grenze zwischen Louisiana und Texas.
Malaclemys t. rhizophorarum Fowler, 1906. Von der Südspitze Floridas über die Keys.
Malaclemys t. tequesta Schwartz, 1955: Entlang der Ostküste Floridas.

Beschreibung: Carapaxlänge 14–24 cm. Rückenpanzer schwarz, braun bis grau mit konzentrischen Wachstumsringen, wobei eine bemerkenswerte Oberfläche entsteht. Mittelkiel stark reduziert, Hinterrand des Rückenpanzers leicht gekerbt. Bauchpanzer gelblich, orange bis grünlich grau, oft mit dunklen Flecken unterschiedlicher Größe. Färbung der Weichteile je nach Unterart unterschiedlich; variiert zwischen Grau und Schwarz. Nominatform mit schwarzer Kopfoberseite. Von der Nasenspitze zum Mundwinkel zieht sich ein

Malaclemys terrapin rhizophorarum, eine der Unterarten der Diamantschildkröte.

markanter, leicht geschwungener Streifen. Auf dem Kiefer helle, konstrastreiche Färbung. Männchen kleiner als Weibchen, die 15–23 cm lang werden und zur Großköpfigkeit (Makrozephalie) neigen. Männchen mit längerem Schwanz und weiter vom Rückenpanzerrand entfernt liegender Kloake. Junge Tiere heller gemustert als erwachsene, Carapaxlänge der Schlüpflinge 27–32 mm.

Lebensweise: Brackwasserbereiche wie Lagunen, Buchten und Tümpel der Gezeitenzone. Die Nahrung besteht überwiegend aus Krebsen, Meeresschnecken, Würmern, hin und wieder auch Pflanzenteilen. In Menschenobhut verzehrt zum Beispiel *M. t. macrospilota* bei hoher Wassertemperatur auch Salat, Wasserlinsen und Löwenzahnblätter (Szymanski 2005). In der Natur beginnt nach der kühleren Jahreszeit die Fortpflanzungsperiode. Sie kann je nach Unterart variieren. Weibchen legen in der Zeit von April bis Juli, manchmal mehrfach Eier. Im August/September Schlupf der Jungtiere. Weibchen nach 6–7 Jahren geschlechtsreif, Männchen nach 4–6 Jahren. Größte Eiproduktion mit etwa 25 Jahren. Amphigonia retardata nachgewiesen, da ein Weibchen befruchtete Eier ablegte, obwohl es bereits vier Jahre lang von Männchen isoliert war.

Pflege: Siehe Tabelle S. 58.

Vermehrung: 4–12 (max. 18) Eier (etwa 32–39 × 21–23 mm). Bei 25–29 °C Schlupf nach 55–100 Tagen. Bei 28 °C Männchen (oft mit Schildanomalien), bei 30–32 °C 75 % Weibchen (Schlupf nach 54–59 Tagen). Bei 24–27 °C schlüpfen männliche, bei 30–34 °C weibliche Nachkommen.

Pseudemys (Pseudemys) concinna, die Gewöhnliche Schmuckschildkröte, ist eine der am häufigsten gehandelten Schmuckschildkröten.

Pseudemys Gray, 1856

Echte Schmuckschildkröten

Man teilt die Gattung *Pseudemys* in die Untergattungen *Pseudemys* (Echte Schmuckschildkröten) und *Ptychemys* (Rotbauch-Schmuckschildkröten) auf.

Arten: *Pseudemys (Pseudemys) gorzugi* Ward, 1984: USA/Mexiko (Flusssysteme des Rio Grande in Texas und Mexiko sowie im Pecos-Flusssystem im Südosten New Mexico und Texas).
Pseudemys (Pseudemys) peninsularis Carr, 1938: USA (Halbinsel Florida).
Pseudemys (Pseudemys) texana Baur, 1893: USA (Zentral-Texas: Flusssysteme des Brazos, Colorado, Guadalupe und San Antonio).
Pseudemys (Ptychemys) alabamensis Baur, 1893, Alabama-Rotbauch-Schmuckschildkröte: USA (Alabama: Bucht von Mobile).
Pseudemys (Ptychemys) nelsoni Carr, 1938, Florida-Rotbauch-Schmuckschildkröte: USA (Florida und Südosten Georgias).
Pseudemys (Ptychemys) rubriventris Leconte, 1830: USA (Ost-Massachusetts und mittleres New Jersey bis zum nordöstlichen North Carolina).

■ *Pseudemys (Pseudemys) concinna* Le Conte, 1830 – Gewöhnliche Schmuckschildkröte (3 Unterarten)

Verbreitung: *Pseudemys c. concinna* (Le Conte, 1830): Östliches Texas bis südliches Illinois, östliches Virginia bis Alabama.
Pseudemys c. floridana (Le Conte, 1830): Küstenebene von Virginia bis Alabama.
Pseudemys c. suwanniensis Carr, 1937: Westküste der Halbinsel Florida.

Beschreibung: Carapaxlänge 24–40 cm. Rückenpanzer flach und breit, am Hinterrand etwas gesägt. Mittelkiel vorhanden, auch bei großen Exemplaren. Zweiter Rippenschild mit c-förmiger Markierung. Jungtiere grünlich bis bräunlich, darauf ein Muster aus gelben Ringen und Linien. Färbung wird später immer dunkler. Bauchpanzer gelblich bis orange mit zentraler Zeichnung, die entlang des Saums ausläuft. Dunkle Markierungen an der Brücke umfassen den Inguinalschild. Kreise auf den Inframarginalia überlappen den Intermarginalsaum. Hals und Gliedmaßen olivgrün bis braun mit gelben Längsstreifen. Besonders markanter gelber Streifen zieht vom Unterkiefer bis zum Hals und verbindet sich etwa im Bereich des Mundwinkels mit einem vom Augenunterrand kommenden, sodass ein Y entsteht. Oberkiefer nur schwach gekerbt. Männchen meist deutlich kleiner mit gerade verlängerten Vorderkrallen sowie längerem und an der Basis dickerem Schwanz. Außerdem neigen sie zu Melanismus.

Lebensweise: Vor allem Flüsse mit stellenweise dichter Vegetation, aber auch in anderen Gewässern, sogar Brackwasserbereichen. Weibchen mit Panzerlängen von 14 cm und nur etwas größere Männchen können bereits geschlechtsreif sein. Im Süden Paarungen schon im Januar. Ablage der Eier von Mai bis Juli. Jungtiere schlüpfen im August/September; Carapaxlänge etwa 35 mm. Leben in größeren Gemeinschaften und sonnen sich meist zu mehreren auf einem aus dem Wasser ragenden Baumstamm, Steinen oder am geschützten Ufer.

Pflege: Siehe Tabelle S. 58.

Vermehrung: 6–17 (max. 19) Eier (32–43 × 24–30 mm). Bei 23–30 °C Schlupf nach 66–114 Tagen. Bei 22,5–25 °C schlüpfen männliche, bei 30 °C weibliche Nachkommen.

Pseudemys (Pseudemys) peninsularis: 6–14 Eier (29,0–38,5 × 22,5–24,0 mm, 6,6–11 g). Bei etwa 30 °C und relativer Luftfeuchtigkeit von 95 % Schlupf nach 61–65 Tagen, bei 25 °C nach 71–78 Tagen.

Pseudemys (Ptychemis) rubriventris: 10–17 Eier. Bei 25 °C Schlupf nach etwa 75 Tagen.

Terrapene MERREM, 1820

Dosenschildkröten

Nordamerikaner, deren Verbreitung über den Osten und die Mitte der USA bis in den Südwesten reicht. Kommen auch in vielen Bereichen Mexikos vor. Ziehen bei Gefahr Bauchpanzerlappen (Scharnier) hoch, sodass der gesamte Panzer völlig geschlossen ist. Sind an ein Landleben angepasst, obwohl sie enger mit den „Wasserschildkröten" verwandt sind. Bei Schlüpflingen funktioniert das Scharnier noch nicht. Junge Tiere haben einen Kiel, der auch bei den Erwachsenen meist erhalten bleibt. Oberkiefer endet schnabelförmig. Empfohlene Literatur über *T. nelsoni* STEJNEGER, 1925 bei BUSKIRK (2002), über *T. coahuila* bei BAUR et al. (2004). Empfohlene Internetadresse: www.bauri.de (JASSER-HÄGER).

Die Gewöhnliche Dosenschildkröte, *Terrapene carolina*, kann wie ihre Verwandten ihren Panzer verschließen.

Arten

Terrapene coahuila SCHMIDT & OWENS, 1944: Mexiko (Cuatro Ciénegas-Becken in Coahuila).

Terrapene mexicana (GRAY, 1849): Norden Mexikos, von Tamaulipas und dem äußersten Südosten von San Luis Potosi südwärts bis Veracruz.

Terrapene nelsoni STEJNEGER, 1925 mit zwei Unterarten. *Terrapene n. nelsoni* STEJNEGER, 1925: Westen Mexikos (nördliches Nayarit und eventuell auch im äußersten Süden von Sinaloa). *Terrapene n. klauberi* BOGERT, 1943: Nordwesten Mexikos (südliches Sonora und Sinaloa).

Terrapene ornata (AGASSIZ 1857) mit zwei Unterarten. *Terrapene o. ornata* (AGASSIZ, 1857): USA (Texas und östliches New Mexiko bis zum äußersten Südosten Wyomoings, bis zum südlichen South Dakota, südwestlichen Wisconsin, westlichen Indiana und südwestlichen Louisiana). *Terrapene o. luteola* SMITH & RAMSEY, 1952: USA (südöstliches Arizona, südliches New Mexiko und westliches Texas; Mexiko (nordöstliches Sonora und nördliches Chihuahua).

■ *Terrapene carolina* LINNAEUS, 1758
Gewöhnliche Dosenschildkröte (4 Unterarten)

Verbreitung: *Terrapene c. carolina* (LINNAEUS, 1758): USA (Georgia und äußerster Norden Floridas bis Illinois, bis zum Süden Michigans, nach

Pflege der Arten der Schildkrötenfamilie Emydidae, Teil 2

	Terrarientyp	Strahlungswärme	Nahrung	Vergesellschaftung	Terrariengröße	Wasserstand und -temperatur	Überwinterung	Literatur
Terrapene carolina Gewöhnliche Dosenschildkröte (4 Unterarten)	F	35 °C	O (va)	einzeln	6	große flache Wasserschale	je nach Herkunft bei 4–8 °C	RUDLOFF (1990) www.bauri.de JOST (1998) KÖHLER (1997)
Terrapene c. bauri Florida-Dosenschildkröte	F	35 °C	O (va)	einzeln	6	flache Wasserschale	nur etwas kühler	www.bauri.de KÖHLER (1997)
Terrapene carolina major Golfküsten-Dosenschildkröte	F	35 °C	O (va)	einzeln	6	flache Wasserschale	nur etwas kühler	JASSER-HÄGER et al. (2002) www.bauri.de
Terrapene carolina triunguis Dreizehen-Dosenschildkröte	F	35 °C	O (va)	einzeln	6	flache Wasserschale	4–8 °C	www.bauri.de PHILIPPEN et al. (2002) LÖHR (2003)
Terrapene coahuila Coahuila-Dosenschildkröte	F	35 °C	O (va)	einzeln	6	große flache Wasserschale	nur etwas kühler	www.bauri.de MURPHY et al. (1984) KÖHLER (1997)
Terrapene ornata ornata Schmuck-Dosenschildkröte	F	45 °C	O (va)	einzeln	6	große flache Wasserschale	4–8 °C	www.bauri.de KÖHLER (1997)
Trachemys callirostris callirostris Kolumbianische Schmuckschildkröte	D/E	35 °C	O (va)	Gruppe	6	4–5 22–25 °C	–	KÖHLER (1997) HENNIG et al. (2006)
Trachemys callirostris chichiriviche Venezuela-Schmuckschildkröte	D/E	35 °C	O (va)	Gruppe	6	4–5 22–25 °C	–	NATHS & HENNIG (2005)
Trachemys decorata Hispaniola-Schmuckschildkröte	D/E	35 °C	O (va)	Gruppe/ einzeln	6	4–5 22–25 °C	–	KÖHLER (1997)
Trachemys emolli Nicaragua-Schmuckschildkröte	D/E	35 °C	O (va)	Gruppe	6	4–5 22–25 °C	–	GIEBNER (2003)
Trachemys scripta Nordamerikanische Buchstaben-Schmuckschildkröte (18 UA)	D/E	35 °C	O (va)	Gruppe	6	4–5 22–25 °C	nur bei nordamerikanischen Formen empfehlenswert	MÜLLER (1994) KÖHLER (1997)
Trachemys scripta elegans Rotwangen-Schmuckschildkröte	D/E	35 °C	O (va)	Gruppe	6	4–5 22–25 °C	4–8 °C	KÖHLER (1997)
Trachemys stejnegeri Antillen-Schmuckschildkröte	D/E	35 °C	O (va)	Gruppe/ einzeln	6	4–5 22–25 °C	–	KÖHLER (1997) MERK (pers. Mitt.)
Trachemys terrapen Jamaika-Schmuckschildkröte	D/E	35 °C	O (va)	Gruppe/ einzeln	6	4–5 22–25 °C	–	KÖHLER (1997)

Terrarientyp: siehe S. 20
Nahrung: O (va) = omnivor, vorwiegend animalisch
Terrarienlänge = Panzerlänge × angegebener Faktor; Terrarienbreite = halbe Terrarienlänge
Wasserstand = Panzerbreite × angegebener Faktor

Massachusetts und zum äußersten Süden von Maine).
Terrapene c. bauri TAYLOR, 1894: USA (Halbinsel Florida und äußerster Südosten Georgias).
Terrapene c. major (AGASSIZ, 1857): USA (Süden Louisianas, Süden Mississippis und Süden Alabamas bis zum Nordwesten Floridas sowie dem Südwesten Georgias).
Terrapene c. triunguis (AGASSIZ, 1857): USA (Ost-Texas bis zum Südosten von Kansas, Norden Missouris, Süden von Illionois, Süden Alabamas, Südwesten Georgias und Nordwesten Floridas).
Beschreibung: Carapaxlänge je nach Unterart 10–20 cm. Rückenpanzer gelblich bis braun, hoch aufgewölbt und gekielt. Auf jedem Schild ein sehr variables, gelbliches bis orangefarbenes Flecken- und Streifenmuster. Bauchpanzer einfarbig bräunlich oder dunkel gezeichnet. Weichteile bräunlich bis rötlichbraun, mit roten oder gelben Strichen/Tupfen. Kopf gelb gefleckt/gestrichelt. Männchen rote Iris, Weibchen gelblich braune. Männchen kurze, stämmige Hinterbeine, Weibchen längere und dünnere. Die Hinterfußklauen der Männchen sind kurz, gestaucht und etwas gebogen, die der Weibchen länger, schlanker und gerader.
Lebensweise: Waldränder und offene Wälder, Feuchtwiesen, Wiesen sowie entlang von Gräben und langsam fließenden Bächen. Ungeschickte Schwimmer. Vor allem vormittags und abends aktiv. Ökologische Ansprüche individuell recht unterschiedlich. Es gibt Exemplare, die kaum das Wasser aufsuchen. Andere sind sehr häufig im Flachwasserbereich von Gewässern zu finden. Besonders aktiv nach warmen Regenfällen, da die Beutetiere dann ebenfalls aktiv sind. Paarungen von Frühjahr bis Herbst. Weibchen legen die Eier in der Zeit von Mai bis Juli. Bis zu vier Eiablagen im Jahr möglich. Je nach Standort schlüpfen die 26–30 mm langen (Rückenpanzer) Jungtiere in einem Zeitraum von 2–4,5 Monaten. Jungtiere fressen Würmer, Insekten und deren Larven, Schnecken und Kaulquappen. Erwachsene erbeuten außerdem auch schon einmal einen Frosch oder sogar kleine Schlangen.
Pflege: Siehe Tabelle S. 72 (Sommermonate in Freilandanlage mit flachem Tümpel).
Vermehrung: Bei 26–30 °C und relativer Luftfeuchtigkeit von 80–90 % Schlupf nach 52–60 Tagen. Bei 28 °C Schlupf nach etwa 65–70 Tagen bei anfangs hoher relative Luftfeuchtigkeit.
Terrapene c. carolina: 2–7 Eier (etwa 29–42 × 19–23 mm). Bei 28 °C Schlupf nach etwa 58 Tagen. Bei 21,5–25 °C schlüpfen männliche, bei 30–31 °C weibliche Nachkommen.
Terrapene c. bauri: 2–6 Eier. Bei 30–32 °C und anfangs hoher relativer Luftfeuchtigkeit Schlupf nach 48–65 Tagen, bei 28–32 °C nach 46-60 Tagen.

Zwei Unterarten der Gewöhnlichen Dosenschildkröte: *Terrapene carolina triunguis* (oben) und *Terrapene carolina bauri* (unten).

Terrapene c. major: 2–6 Eier. Bei etwa 30–32 °C und hoher relativer Luftfeuchtigkeit Schlupf nach 50–60 Tagen.
Terrapene c. triunguis: 2–6, max. 8 Eier (etwa 24–40 mm, 8–13 g). Bei etwa 30–32 °C und hoher relativer Luftfeuchtigkeit Schlupf nach 50–60 Tagen, bei 28 oder 30 °C ± 0,1 °C nach etwa 60–80 Tagen.

Terrapene coahuila SCHMIDT & OWENS, 1944 Wasser-Dosenschildkröte

Verbreitung: Mexiko (Becken von Cuatro Cienegas, Zentral-Coahuila).
Beschreibung: Carapaxlänge bis zu 17 cm. Rückenpanzer horn- oder strohfarben, schmal und läng-

lich. Bauchpanzer gelb, gut entwickeltes Quergelenk zwischen den Brust- und Bauchschilden. Kopf klein, schmal und hell bis graubraun, Haut gelblich, jede Schuppe dunkel umrandet. An jedem Fuß vier Zehen. Schwimmhäute nur mäßig entwickelt. Rückenpanzer der Jungtiere weist feine, gelbe, wurmförmige Zeichnungen auf. An den Kopfseiten verläuft je ein gelber Streifen vom hinteren Augenrand zum Trommelfell. Männchen mit konkav geformtem Bauchpanzer, bei Weibchen ist er konvex oder abgeflacht.

Lebensweise: Auf ein Sumpfgebiet beschränkt, das kaum größer als 800 km² ist. Paarungen konnte man in den verschiedensten Jahreszeiten beobachten: von September bis November, im Dezember, aber auch im Frühling. Während der Balz verfolgen die Männchen die Weibchen mit hervorgestrecktem Kopf und stoßen sie auch oft mit ihrem Rückenpanzer an. Die Kopulation kann im Wasser und auf dem Land stattfinden. Das Männchen hält das Weibchen zuvor fest und beißt es in den Kopf- und Nackenbereich. Die Eiablagen erfolgen in der Zeit von Mai bis September, wobei mehrere Gelege möglich sind. Die Carapaxlänge der Schlüpflinge beträgt etwa 33 mm. Sie sind viel leuchtender gefärbt und besitzen gelbe oder schwarze Strahlen oder Flecke auf ihrem Rückenpanzer. Die Tiere können auf dem Land und im Wasser fressen und ernähren sich von Insekten, Krebsen, Schnecken und anderen Tieren, aber auch von Früchten und weiteren Pflanzenteilen. In kühleren Zeiten legen die Schildkröten eine Ruhephase ein. Sie können im Gegensatz zu anderen *Terrapene*-Arten recht gut tauchen.

Pflege: Siehe Tabelle S. 72.

Vermehrung: 3–7 (max. 8) Eier (ungefähr 29 × 18,7 mm, 5,9 g). Bei 29 °C und hoher relativer Luftfeuchtigkeit Schlupf nach 56 Tagen, bei 30–32 °C und anfänglich hoher Luftfeuchtigkeit nach 48–55 Tagen, bei 29–31 °C nach 48–56 Tagen. *Terrapene ornata ornata*: 2–8 Eier. Bei 28 °C Schlupf nach 61–70 Tagen, bei 30–32 °C und hoher relativer Luftfeuchtigkeit nach 48–65 Tagen. Bei 21,5–25 °C schlüpfen männliche, bei 29 °C weibliche Nachkommen.

Hispaniola-Schmuckschildkröte, *Trachemys decorata*. Bei der Werbung (Balz) um ein Weibchen schwimmt das Männchen vor seinen Kopf, streckt die Vorderbeine mit den langen Krallen vor und berührt mit zitternden Bewegungen seine Kopfseiten.

Trachemys AGASSIZ, 1857

Buchstaben-Schmuckschildkröten

Die Vertreter der Gattung *Trachemys* besiedeln ein sehr großes Verbreitungsgebiet, das von den Großen Seen in Nordamerika bis nach Uruguay reicht. Man findet sie auch auf zahlreichen Inseln der Bahamas und Antillen. Formen aus dem Norden des Verbreitungsgebietes kann man im Sommer in einer Freilandanlage (Teich) halten. Bei der Haltung sollte man neben der animalischen Kost immer wieder auch Pflanzenfutter (etwa Wasserlinsen, Salat, Löwenzahnblätter) anbieten.

Balzverhalten

Man kann das Werbeverhalten von *Trachemys callirostris* und anderer Arten in vier Verhaltensabschnitte untergliedern (FRITZ 1990):

1. Auftakt: Männchen erblickt Weibchen, Weibchen schwimmt oder läuft unter Wasser in das Gesichtsfeld des Männchens und/oder schwimmt das Männchen frontal an.

2. Kontaktaufnahme: Männchen verfolgt Weibchen, häufig mit weit ausgestrecktem Hals, orientiert seine Schnauze dabei oft zum Schwanz des Weibchens und macht langsame Kaubewegungen. Alternativ: Männchen schwimmt rückwärts vor dem Weibchen. Durch das Rückwärtsschwimmen hält das Männchen seine Position vor dem sich vorwärts bewegenden Weibchen. Dreht das Weibchen ab, wird es vom Männchen verfolgt.

3. Balz: Männchen bewegt sich in Balzposition. Es schwimmt neben, über, unter oder vor dem Weibchen her und umkreist es manchmal schwimmend. Der Kopf ist dabei immer in Richtung des weiblichen Kopfes orientiert und folgt den Kopfbewegungen des Weibchens. Der Zungenbeinapparat des Männchens pulsiert abwechselnd mit Kaubewegungen. „Steht" das Männchen dem Weibchen direkt gegenüber, nimmt es eine Schnauze-zu-Schnauze-Haltung an. Das Männchen nähert sich frontal, ausnahmsweise auch über, neben oder unter ihm schwimmend, so weit vor, dass die Nasenspitzen sich fast berühren. Bleibt das Weibchen für etwa zwei Sekunden in der Schnauze-zu-Schnauze-Haltung, nickt das Männchen mit dem Kopf. Dabei bleiben die Tiere in dieser Position. Zusätzlich steigert sich das Wasserkauen und Pumpen des Zungenbeinapparats, und das Männchen stößt aus den Nasenlöchern während des Nickens Wasser aus. Jüngere, kleinere Männchen kann man offenbar seltener beim Kopfnicken beobachten. Ihnen gelingt es auch häufig nicht, das Weibchen in der Schnauze-zu-Schnauze-Haltung zu halten.

4. Kopulation: Ein nach dem Kopfnicken bewegungslos bleibendes Weibchen umschwimmt das Männchen nun und reitet auf. Durch Körperbewegungen und mit der Schwanzspitze sucht das Männchen die weibliche Kloake.

Im Wesentlichen ist das Balzverhalten bei den anderen Arten ähnlich, weicht jedoch bei den Männchen mit verlängerten Krallen an den Vorderbeinen etwas ab. Dazu gehören die Rotwangen- (*Trachemys scripta elegans*) oder die Hispaniola-Schmuckschildkröte (*T. decorata*). Während der Balz „steht“ das Männchen schwimmend dem Weibchen mit ausgestreckten Vorderbeinen frontal gegenüber. Die längeren Krallen weisen dabei auf das Weibchen und es werden zitternde Bewegungen vor dem Kopf des Weibchens ausgeführt. Das Balzverhalten von *Trachemys taylori* weist nach Fritz (1990) kein ritualisiertes Element auf, sondern das Männchen verfolgt das Weibchen und versucht, es durch heftige Bisse ruhig zu stellen. Ist das Weibchen paarungsbereit, kommt es wenige Sekunden später zur Kopulation. Paarungsunwillige Weibchen vertreiben oft das Männchen durch Bisse. In der Natur findet man nicht selten Weibchen, die an verschiedenen Stellen Bissspuren aufweisen. Das Balzverhalten von *Trachemys ornata* gleicht dem von *Trachemys callirostris*, das von *Trachemys scripta scripta* und *Trachemys scripta troosti* dem von *Trachemys scripta elegans* (Fritz, 1990). Dass man die Arten/Unterarten streng getrennt halten sollte, beweisen diverse Hybriden. Selbst aus der Kombination *Trachemys scripta* ssp. × *Ocadia sinensis* sind Hybriden bekannt.

Arten: Siehe Tabelle auf S. 76.

Trachemys scripta Schopff, 1792
Nordamerikanische Buchstaben-Schmuckschildkröte

Verbreitung: Siehe Tabelle S. 76. In zahlreichen Ländern (fast weltweit) sind Rotwangen-Schmuckschildkröten (*T. s. elegans*) den Haltern zu groß geworden und einfach ausgesetzt worden.

Die Rotwangen-Schmuckschildkröte, *Trachemys scripta elegans*, ist sicher die bekannteste Unterart von *T. scripta*.

Beschreibung: Carapaxlänge 13–21 (max. 27) cm. Rückenpanzer flach, langgestreckt und am Hinterrand leicht gekerbt. Bei der Nominatform ist die Wölbung des Rückenpanzers am höchsten. Jungtiere besitzen noch einen Mittelkiel. Entsprechend der Vielzahl der Unterarten kann die Färbung sehr variieren. Die Grundfarbe ist für gewöhnlich grünlich bis bräunlich, darauf sind gelbliche, rötliche oder rotbraune Linienmuster und Augenflecke. Der Bauchpanzer ist gelblich, darauf ein Muster aus dunklen Flecken, die eine symmetrische Figur bilden. Bei der Nominatform ist der Bauchpanzer zumindest im Alter zeichnungslos gelb. Weichteile grau, grünlich bis bräunlich mit gelblichen Längsstreifen. Postokularfleck gelb oder rot und geht aus einem Längsstreifen hervor. Männchen bleiben für gewöhnlich kleiner. Alle Männchen besitzen eine dickere Schwanzwurzel und einen längeren Schwanz.

Trachemys s. scripta: Bauchpanzer einfarbig hell. Dunkler, relativ hoher Panzer mit deutlichen gelben Querbarren auf jedem Rippenschild. Schläfenfleck gelb und abwärts zeigend.

Trachemys s. elegans: Bauchpanzer mit isolierten dunklen Flecken. Flecke massiv, zum Teil verschmolzen. Schläfenflecke kräftig orange bis rot.

Trachemys s. troostii: Bauchpanzer mit isolierten dunklen Flecken. Flecke massiv oder mit hellem Zentrum, stets aber mit dunkler Konturlinie. Augenstreifen gegabelt, mit Unterkieferstreifen verbunden. Schläfenfleck orange bis gelborange.

Lebensweise: Flüsse, Seen, Kanäle, Teiche, jedoch auch gut bewachsene Kleingewässer mit dichter Vegetation und weichem Untergrund. Sehr sonnenhungrig, oft zu mehreren auf aus dem Wasser ragenden Baumstümpfen zu finden. Weibchen können pro Saison 4–6 Gelege produzieren. Die Eier benötigen zu ihrer Entwicklung je nach geografischer Lage 60–90 Tage, in nördlichen Bereichen sogar bis über 4 Monate zum Schlupf.

Arten und Unterarten der Gattung *Trachemys* AGASSIZ, 1857 – Buchstaben-Schmuckschildkröten und ihre Verbreitung	
Trachemys adiutrix VANZOLINI, 1995	Nordbrasilien (Maranhão, Santo Amaro)
Trachemys callirostris callirostris (GRAY, 1856)	Kolumbien (Rio Magdalena) ostwärts bis zum äußersten Westvenezuela
Trachemys callirostris chichiriviche (RITCHARD & TREBBAU, 1984)	Nord- bis Zentralvenezuela.
Trachemys decorata decorata (BARBOUR & CARR, 1940)	Insel Hispaniola (Haiti und Dominikanische Republik)
Trachemys decorata decussata (GRAY, 1831)	mittleres und östliches Kuba, Archipelago de Sabana-Camagey
Trachemys decorata angusta (BARBOUR & CARR, 1940)	Westkuba, Isla de Pinos, Kaimaninseln
Trachemys dorbigni dorbigni (DUMÉRIL & BIBRON, 1835)	Nordargentinien bis Uruguay
Trachemys dorbigni brasiliensis FREIBERG, 1969	Südostbrasilien
Trachemys emolli LEGLER, 1990 (Abb. siehe S. 45)	Managua- und Nicaragua-See bis zum oberen Rio San Juan in Nicaragua und Costa Rica
Trachemys gaigeae gaigeae (HARTWEG, 1939)	Texas und New Mexico (obere Abschnitte der Flusssysteme von Rio Grande und Rio Conchos), Mexiko (Chihuahua und Coahuila)
Trachemys gaigeae hartwegi (LEGLER, 1990)	Mexiko (Rio-Nazas-Flusssysteme in Durango und Coahuila)
Trachemys nebulosa nebulosa (VAN DENBURGH, 1895)	Mexiko (Niederkalifornien südlich von San Ignacio)
Trachemys nebulosa hiltoni (CARR, 1942)	Mexiko (Fuerte-Flusssystem von Sonora und Sinaloa)
Trachemys ornata (GRAY, 1831)	Mexiko (Sinaloa bis Guerrero)
Trachemys scripta scripta (SCHOEPFF, 1792)	USA (Küstenebene von Virginia bis zum nördlichen Florida)
Trachemys scripta elegans (WIED, 1838)	USA (Mississippi-Flusssystem von Illinois bis zum Golf von Mexiko, westwärts bis Osten New Mexico und ostwärts bis Alabama)
Trachemys scripta troostii (HOLBROOK, 1836)	USA (Südwestliches Virginia bis nordöstliches Alabama)
Trachemys stejnegeri stejnegeri (SCHMIDT, 1928)	Puerto Rico, auf Marie-Galante (Franz. Westindien) eingeführt
Trachemys stejnegeri malonei (BARBOUR & CARR, 1938)	Bahamas (Insel Great Inagua)
Trachemys stejnegeri vicina (BARBOUR & CARR, 1940)	Hispaniola, Puerto Rico, Great Inagua, Bahamas, Marie-Galante
Trachemys terrapen LACÉPÈDE, 1788	Jamaika
Trachemys taylori (LEGLER, 1960)	Mexiko (Coahuila: Cuatro-Ciénegas-Becken)
Trachemys venusta venusta (GRAY, 1855)	Mexiko (Veracruz bis zur südlichen Yucatán-Halbinsel), Belize und Atlantikküste von Guatemala und Honduras
Trachemys venusta grayi (BOCOURT, 1868)	Mexiko (südöstliches Oaxaca) bis westliches El Salvador
Trachemys yaquia (LEGLER & WEBB, 1979)	Mexiko (Sonora: Flusssysteme von Mayo, Yaqui und Sonora)

Schlüpflinge können in der Nistgrube überwintern. Männchen sollen nach 2-5 Jahren (9–11 cm), Weibchen nach 4-7 Jahren (15-19,5 cm) geschlechtsreif sein (NÖLLERT 1992). Carapaxlänge der Schlüpflinge 25-35 mm.

Pflege: Siehe Tabelle S. 72.

Vermehrung: Meist 5-9 Eier (etwa 33-36 × 22–24 mm) 28 °C. Schlupf vom 60.-64. Tag. Bei 21–27 °C schlüpfen männliche, bei 29-30 °C weibliche Nachkommen.

Trachemys s. elegans: 1–22 Eier. Bei 28–30 °C Schlupf nach 60–90 Tagen, bei 29,5-31 °C nach 62 bis 68 Tagen.

Trachemys callirostris callirostris: 4–16 Eier (31,0–42,5 × 22,0–27,5 mm, 10–17 g. Bei 29 °C am Tag und 26 °C in der Nacht Schlupf nach 58–73 Tagen, bei 28–31 °C nach 53–60 Tagen, bei 30 °C nach 54–62 Tagen, bei 27–30 °C nach 56–72 Tagen.

Trachemys callirostris chichiriviche: 6–10 (max. 21 Eier (39–44 × 23–27 mm, 15–18 g). Waren unbefruchtet.

Trachemys decorata: 6–18 Eier. Bei 30 °C Schlupf nach 61–80 Tagen.

Trachemys emolli: 7–29 Eier. Bei 32 °C Schlupf nach 49–53 Tagen, bei 29 °C nach 56–63 Tagen.

Trachemys stejnegeri: 3–10 (max. 14) Eier. Bei 28–30 °C Schlupf nach 57–79 Tagen.

Trachemys terrapen: 4 Eier (?). Bei 26 °C Schlupf nach 91 Tagen.

Familie Testudinidae Landschildkröten

Zur Familie Testudinidae Batsch, 1788 gehören die Landschildkröten im engeren Sinne, darunter die bekannten Arten aus dem Mittelmeerraum, aber auch die Riesenschildkröten der Seychellen und Galapagos-Inseln.

Agrionemys KHOZATSKY & MLYNARSKI, 1966

Steppenschildkröten

Bei den Steppenschildkröten handelt es sich um eine monotypische Gattung, die nur die Art *Agrionemys horsfieldii* enthält. Die Schildkröten wurden und werden auch oft zur Gattung *Testudo* gestellt. Nach dem phylogenetischen System werden die Unterarten auch als eigene Arten betrachtet. Sie gehören grundsätzlich nur in die Hände erfahrener Pfleger, sind gegenüber feuchtem Klima und Niederschlägen sehr empfindlich (keine ausschließliche Gartenhaltung) und müssen unbedingt überwintert werden. Jungtiere, vor allem Nachzuchten, erscheinen weniger problematisch zu sein, da sie etwas flexibler sind. Inzwischen werden diese Schildkröten immer wieder einmal in Menschenobhut vermehrt. Über das Ranching und die Aufzucht von *A. horsfieldii* in Usbekistan berichtet Theile (2002). Fritz & Pfau (2002) stellen sehr ausführlich Pflege und Vermehrung dar. *Agrionemys horsfieldii* kann mit *Testudo graeca ibera* Hybriden bilden (Kabisch 2001), sodass die Arten nicht vergesellschaftet werden sollten!

■ *Agrionemys horsfieldii* Gray, 1844
Steppenschildkröte (4 Unterarten)

Verbreitung: *Agrionemys h. horsfieldii* Gray, 1844: Nördliches Zentralasien, von der Region im Bereich des Kaspischen Meeres ostwärts durch Kasachstan bis etwa Xinjiang (West-China), südlich bis Iran, Afghanistan und Pakistan (ausgenommen sind die Bereiche der übrigen Unterarten).
Agrionemys h. baluchiorum (Annandale, 1906): Südosten Irans und Südwesten Pakistans.
Agrionemys h. kazachstanica Chkhikvadze, 1988: Südliches Zentralasien, in Kasachstan bei Alma-Ata, im Süden des Balchasch-Sees und in der Turgaj-Senke. Die Terra typica ist Pribalhaskic.
Agrionemys h. rustamovi Chkhikvadze , Amiranschwili & Atajew, 1990: Süden und Südwesten Turkmenistans in der Region des Kopet-Dag-Gebirges (Turkmenische Republik).
Beschreibung: Carapaxlänge 18–23 cm. Rückenpanzer verhältnismäßig flach, wirkt bei großen Exemplaren fast rund, gelegentlich gesägt. Nackenschild lang und schmal. Grundfarbe gelblich bis oliv, schwarz gefleckt. Bauchpanzer dunkel. Kopf und Gliedmaßen gelblich. Vorderfüße mit vier Krallen, Hinterbeine mit fünf. Oberschenkel der Hinterbeine mit kleinen Spornen. Schwanz endet mit Hornnagel. Männchen mit konkav geformtem Bauchpanzer und längerem, dickerem Schwanz. Sie bleiben deutlich kleiner als die Weibchen.

Jungtiere der Steppenschildkröte, *Agrionemys horsfieldii*.

Lebensweise: Lehmige Wüsten, Steppenbereiche in Oasennähe und grasbewachsene Flächen in der Nähe großer Fließgewässer und Quellen. Klima gestattet stellenweise nur im Frühjahr und Herbst kurze Aktivitätsperioden, oft nur von März bis Juni. Die übrige Zeit verbringen die Tiere in ihren selbst gegrabenen Wohnhöhlen. Kälte- und Hitzeperioden können gut überdauert werden, da die Wohnhöhlen oftmals bis zu 2 m tief in den Boden reichen. Sie enden dort in einer engen Kammer. Im nördlichen Teil des Verbreitungsgebiets überwintern die Schildkröten in ihren Wohnkammern, im südlichen ruhen sie im Sommer. Sie verlassen die Höhlen in der Aktivitätszeit meist nur in den frühen Morgenstunden für einige Zeit, um Nahrung aufzunehmen oder in der Fortpflanzungszeit einen Partner zu suchen. Sie können gut klettern und ernähren sich überwiegend von Pflanzenteilen. Die Schildkröten werden mit etwa 7–10 Jahren geschlechtsreif und geraten kurz nach der Überwinterung in Fortpflanzungsstimmung. In den folgenden Monaten finden mehrere Paarungen statt. Eiablagen etwa 6–8 Wochen danach. Carapaxlänge der Schlüpflinge 29–34 cm. Die günstigsten Bedingungen bietet die Haltung in Gewächshäusern.

Pflege der Vertreter der Familie Testudinidae, Teil 1

	Terrarientyp	Strahlungswärme	Nahrung	Vergesellschaftung	Terrariengröße	Wasserstand	Überwinterung	Literatur
Agrionemys horsfieldii Steppenschildkröte	H	45 °C	O (vv)	GT	8	Wasserschale	etwa 3–5 Monate 4–8 °C	ERNST & BARBOUR (1989) DAS (1991) WOGAWA (1996) KÖHLER (1997) FRITZ et al. (2002) WILMS et al. (2000)
Astrochelys radiata Strahlenschildkröte	I	45 °C	O (vv)	GT	8	Wasserschale	–	SCHWEIZER (1965) FIFE (schriftl. Mitt.) BRAUNE (schriftl. Mitt.) HEINLE et al. (2002) VINKE et al. (2005)
Centrochelys sulcata Spornschildkröte	H	45 °C	V	Gruppe 1 ♂, 2–3 ♀	8	Wasserschale	–	sehr ausführlich bei VETTER (2005)
Chelonoidis carbonaria Köhlerschildkröte	I	45 °C	O (vv)	Gruppe 1 ♂, 2–3 ♀	8	flaches Wasserbecken	–	SCHIPPERIJN (1992) VINKE et al. (1996) KÖHLER (1997) FRITZ (2001) KUNDERT (2004)
Chelonoidis chilensis Patagonische Landschildkröte	H	45 °C	O (vv)	Gruppe 1 ♂, 2–3 ♀	8	flache Schale	nur etwas kühler halten	ROTTMANN (1969) SCHIPPERIJN (1992) KÖHLER (1997)
Chelonoidis denticulata Waldschildkröte	I	45 °C	O (vv)	Gruppe 1 ♂, 2–3 ♀	8	flaches Wasserbecken	–	KÖHLER (1997) WOLFF (2003) KUNDERT (2001, 2005)
Chersina angulata Afrikanische Schnabelbrustschildkröte	H	45 °C	O (vv)	GT	8	Wasserschale	–	STEEHOUDER (1994) FLECK et al. (2001) PHILIPPEN et al. (2002)
Dipsochelys dussumieri Aldabra-Riesenschildkröte	H	45 °C	O (vv)	Gruppe 1 ♂, 2–3 ♀	8	Wasserschale	–	KÖHLER (1997) GERLACH (2004)
Geochelone elegans Indische Sternschildkröte	I	45 °C	O (vv)	Gruppe 1 ♂,2–3 ♀	8	Wasserschale	–	KÖHLER (1997) DICK (1998) BIDMON (2002 a, b, c, d)

Terrarientyp: siehe S. 20
Nahrung: V = vegetarisch; O (vv) = omnivor, vorwiegend vegetarisch
Vergesellschaftung: GT = nach Geschlechtern getrennt
Terrarienlänge – Panzerlänge × angegebener Faktor; Terrarienbreite = halbe Terrarienlänge

Pflege: Siehe Tabelle oben.

Vermehrung: 1–4 (maximal 7) Eier (etwa 41–50 × 26-35 mm, 17–27 g). Bei 24–32 °C und relativer Luftfeuchtigkeit von 70–95 % erfolgt der Schlupf nach 84–102 Tagen, bei 27–31 °C nach 60–83 Tagen, bei 29–30 °C und einer relativen Luftfeuchtigkeit von 70–80 % nach 64–68 Tagen, bei 29–30 ° (max. 34 °C) tagsüber und 18–24 °C nachts nach 114 Tagen. In trockenem Substrat bei 32–35 °C und einer relativen Luftfeuchtigkeit von etwa 80 % Schlupf nach 62–77 Tagen, bei 30–33 °C nach 65–82 Tagen, bei 28–33 °C nach 60–91 Tagen.

Astrochelys GRAY, 1873

Madagaskar-Landschildkröten

Die beiden *Astrochelys*-Arten leben auf Madagaskar und fallen durch einen hoch gewölbten Rückenpanzer auf. Sie gehören zu den stark bedrohten Arten. FRITZ (1995) berichtet von Kreuzungen zwischen *Astrochelys radiata* und *Geochelone carbonaria*!

Arten: *Astrochelys radiata* (SHAW, 1802): Siehe S. 79.

Astrochelys yniphora (VAILLANT, 1885): Nordwesten Madagaskars (Baly Bay).

■ *Astrochelys radiata* (Shaw, 1802)
Strahlenschildkröte

Verbreitung: Süden Madagaskars, eingeführt auf den Inseln Mauritius und Reunion.
Beschreibung: Carapaxlänge bis zu 42 cm. Rückenpanzer stark gewölbt. Nackenschild vorhanden. Schilde mit Mustern aus abwechselnd strahlenförmig auseinander laufenden gelben und dunkelbraunen Streifen. Die gelben Strahlen sind oft schmaler als die braunen, es kann aber auch umgekehrt sein. Exemplaren ab einer Carapaxlänge von 40 cm aufwärts fehlt manchmal die charakteristische Zeichnung. Es gibt auch durchgehend gelbe Tiere. Strahlenmuster auch auf Randschilden und Bauchpanzer. Kopf gelb, oben schwarz. Schwanz endet mit einer spornartigen Schuppe. Randschilde bei Jungtieren hinten gelegentlich gesägt. Das Strahlenmuster ist bei ihnen weniger auffallend. Die Zeichnung ist mehr ein gelbes Fleckenmuster. Männchen mit konkav geformtem Bauchpanzer und längerem, dickerem Schwanz
Lebensweise: Trockene Wälder, bewachsen mit kaktusähnlichen Didieraceae. Jährliche Niederschläge erreichen oft weniger als 400 mm. Die Tiere leben vor allem im Bereich des flachen Dornbuschbewuchses oder im Grasland, weniger im Dickicht der Didieraceae. Kommen außerdem in den Auenwäldern vor, in denen Tamarisken dominieren. Die meisten Beobachtungen hat man an Exemplaren gemacht, die sich in Menschenobhut befanden. In ihrem Lebensraum verzehren die Schildkröten Blätter diverser Pflanzen, in menschlicher Obhut alle möglichen Futterpflanzen (Wildkräuter, Gemüse, Früchte). Paarungsbereite Weibchen erkennen Männchen offenbar anhand chemischer Stoffe, die sie in dieser Zeit ausscheiden (Auffenberg 1978).
Pflege: Siehe Tabelle S. 78.
Vermehrung: 2–9 (max. 12) Eier (ungefähr 36–42 mm Ø). Bei 27 °C tagsüber und 25–20 °C nachts, später bei 26–33 °C Schlupf nach 231 Tagen. Bei 25–27 °C und relativer Luftfeuchtigkeit von 80 % Schlupf nach 5–9 Monaten, bei 28–29 °C nach 106–137 Tagen. Schlupf nach Zeitigung von Mitte August bis Mitte Mai bei 31,5 °C und relativer Luftfeuchtigkeit von 65 % und anschließender Pause bei 15–20 °C nach 81–231 Tagen. Maximale Zeit bis zum Schlupf 565 Tage.

Chelonoidis Fitzinger, 1835

Südamerikanische Landschildkröten

Chelonoidis wird heute als eigenständige Gattung anerkannt und wurde früher als Untergattung der Gattung *Geochelone* betrachtet. Umfasst fünf Arten, von denen *C. nigra* auf den verschiedenen Inseln des Galapagos-Archipels viele Unterarten ausbilden konnte. Im Zoo von Zürich lebt eine sehr große Gruppe, die sich seit Jahren erfolgreich vermehrt (Honegger 1998). Nach Fritz (1995) können *Chelonoidis carbonaria* und *Astrochelys radiata* Hybriden produzieren.
Arten: *Chelonoidis carbonaria* (Spix, 1824): Siehe unten.

Strahlenschildkröte, *Astrochelys radiata*. Typisch für die Gattung ist der hoch gewölbte Rückenpanzer.

Köhlerschildkröte, *Chelonoidis carbonaria*. Das Tier stammt aus Surinam.

Chelonoidis chilensis (GRAY, 1870): Südwest-Bolivien, West-Paraguay, Nordwest-Argentinien (im Süden argentinisches Monte-Gebiet bis Nord-Patagonien, zum Teil bis 1200 m ü. NN).
Chelonoidis denticulata (LINNAEUS, 1766): Südamerika östlich der Anden, von Kolumbien und Venezuela bis Trinidad, Bolivien und Brasilien.
Chelonoidis nigra (QUOY & GAIMARD, 1824), 10–12 Unterarten: Galapagos-Inseln.
Chelonoidis petersi (FREIBERG, 1973): Süd-Bolivien, West-Paraguay (Provinzen von Santiago del Estero und La Rioja, sowie im Süden des Chaco) bis Nord- und Zentral-Argentinien.

■ *Chelonoidis carbonaria* (SPIX, 1824) Köhlerschildkröte

Verbreitung: Südosten Panamas, Kolumbien (westlich der Anden in Choco), östlich der Anden im Osten Kolumbiens, Venezuela, Guyana, Französisch-Guayana, Surinam, Osten Brasiliens, Peru, Osten Boliviens, Paraguay, Norden Argentiniens, Trinidad, Virgin Islands (St. Croix), auf einigen karibischen Inseln eingeführt (einschließlich Providencia), Nicaragua (Great Corn Island).
Beschreibung: Carapaxlänge bis zu 45 cm, max. 51,2 cm. Die Tiere können je nach Population recht variabel gefärbt sein. Rückenpanzer länglich, dunkel bräunlich, schwärzlich oder sogar bläulich. Große Exemplaren manchmal an den Panzerseiten etwas eingebuchtet, mit deutlichen Wachstumsringen. Schilde mit kleiner runder, gelber Fläche. Schuppen auf der Kopfoberseite groß und ungeteilt. Kopfschuppen mit kräftigem rötlichen Postorbitalstreifen. Rückenpanzerränder bei Jungtieren nicht gezähnelt, sondern glatt, auffällig schwarz und gelb gefärbt. Männchen mit längerem, dickerem Schwanz, Bauchpanzer konkav.
Lebensweise: Trockenes Flachland, darin Bereiche mit Grasbewuchs und angrenzende trockene Waldgebiete, außerdem offene Bereiche der Regenwälder. Obwohl die Regionen relativ trocken wirken, herrscht hier für gewöhnlich eine hohe Luftfeuchtigkeit (muss bei der Haltung berücksichtigt werden). In vielen Bereichen fast gleichbleibend hohe Temperaturen, die auch nachts kaum absinken (ausgeprägte Trocken- und Regenzeiten). Nicht selten leben die Tiere in der Nähe temporärer Gewässer (VINKE et al. 2001). Sie verzehren Kräuter, Pilze, Blätter, Blüten und andere Pflanzenteile, verschmähen aber auch Schnecken, Würmer und Aas nicht. Fortpflanzungszeit beginnt mit der einsetzenden Regenzeit. Männchen umläuft bei der Balz hektisch das Weibchen, versucht, ihm in die Beine zu beißen. Es beschnuppert häufig dessen Analregion, stellt sich dann frontal vor die Partnerin und beginnt damit, seinen Kopf hin und her zu bewegen. Die Bewegungen beschreiben einen Bogen von etwa 75–80° mit plötzlichen Unterbrechungen (rivalisierende Männchen zeigen das gleiche Verhalten). Weibchen legen später in ein etwa 8–12 cm tiefes Nest die hartschaligen Eier.
Pflege: Siehe Tabellc S. 78.
Vermehrung: 3–6 (max. 15) Eier (42 × 45 mm, 35–50,3 g). Bei 28 °C tagsüber und 29 °C nachts sowie einer relativen Luftfeuchtigkeit von 90 % Schlupf nach knapp über 100 Tagen (Substrat trocken). Bei 30–32 °C und relativer Luftfeuchtigkeit von 85–95 % Schlupf nach 110–150 Tagen, bei 31,5 °C und relativer Luftfeuchtigkeit von 90 % nach 115–150 Tagen, bei 28–30 °C nach 119–131 Tagen.
Chelonoidis chilensis: 2–4 (max. 15) Eier (etwa 42–47 × 20–37 mm). Bei 28 °C am Tag und 29 °C nachts sowie relativer Luftfeuchtigkeit von 90 % Schlupf nach etwas über 100 Tagen.
Chelonoidis denticulata: 8–9 (max. 12) Eier. Bei 25–28 °C Schlupf nach 120–180 Tagen, bei 28 °C nach 130–135 Tagen, bei 30 °C nach 118–121 Tagen, bei 31,5 °C (relative Luftfeuchtigkeit 60–70 %) nach etwa 90–100 Tagen.

Schlüpfling der Köhlerschildkröte.

Centrochelys GRAY, 1872

Afrikanische Riesenschildkröten
Monotypische Gattung, deren einzige Art früher zur Gattung *Geochelone* gezählt wurde.

■ *Centrochelys sulcata* (MILLER, 1779)
Spornschildkröte (Abb. siehe S. 82)

Verbreitung: Zentralafrika von Mauretanien und Senegal bis Äthiopien.
Beschreibung: Carapaxlänge der Männchen bis zu 80 cm (100 kg), der Weibchen bis zu 60 cm (50 kg). Vordere und hintere Randschilde stark gesägt und nach oben gebogen, meist gut entwickelte Wachstumsringe. Bauchpanzer ebenfalls mit deutlichen Wachstumsringen. Kehlschilde zweizinkig gegabelt und hervorstehend, vor allem bei Männchen. Männchen mit konkav geformtem Bauchpanzer. Rückenpanzer gelb oder gelbbraun, Bauchpanzer gelblich. Oberschenkel mit je zwei großen Spornen. Jungtiere hellgelb, Rückenschilde braun gerändert, Bauchpanzer gelblich weiß. Rückenpanzer stärker gewölbt als bei Erwachsenen.
Lebensweise: Drei größere Vegetationszonen: Grasland mit Akazienbestand, belaubtes Buschland und Grasland mit Halbwüstencharakter. Vergraben sich während der Trockenzeit in 75–350 cm tiefen Höhlen. Fortpflanzungsphase während der Regenzeit. Dauert offenbar nur 1-2 Wochen, in der sich die Tiere mehrmals täglich paaren. Eine Paarung dauert etwa 15 Minuten. In der Natur besteht die Nahrung der Tiere vorwiegend aus Sukkulenten. Inzwischen gibt es in Menschenobhut zu viele Nachzuchten, sodass bereits ein Überhang besteht.
Pflege: Siehe Tabelle S. 78.
Vermehrung: 1–17 (max. 25) Eier. Bei 27–31 °C Schlupf nach 81–170 Tagen, bei 27–32 °C (relative Luftfeuchtigkeit 60–90 %) nach etwa 70–210 (meist 100–200) Tagen. Selbst innerhalb eines Geleges variable Schlupfzeiten (bis zu 4 Wochen Unterschied) möglich! Sehr ausführlich bei VETTER (2005) nachzulesen.

Chersina GRAY, 1831

Afrikanische Schnabelbrustschildkröten
Monotypische Gattung, der nur die einzige Art *Chersina angulata* angehört.

■ *Chersina angulata* SCHWEIGGER, 1812
Afrikanische Schnabelbrustschildkröte

Verbreitung: Südafrika und Namibia.
Beschreibung: Carapaxlänge bei Männchen 22,5–28,5 cm, Weibchen 18,5–22,5 cm. Rückenpanzer verhältnismäßig lang und schmal. Im Nackenbereich tiefe Kerbe. Gewöhnlich 10 Randschilde. Vordere Randschilde ausgedehnt, aber glatt gerandet, seitliche weder heruntergebogen noch abgeflacht, hintere etwas gedehnt und nach unten gebogen. Bauchpanzer etwas länger als Rückenpanzer. Unpaariges Kehlschild, vorn stumpf und schnabelartig weit vorragend. Rückenpanzer blass strohfarben, gelblich braun bis oliv, breite dunkle Ränder und dunkle Mitte auf jedem Wirbel- und Rippenschild. Randschilde vorn mit schmalem dunklem Dreieck. Bauchpanzer gelb bis rötlich, in der Mitte großer schwarzer Fleck. Rückenpanzer der Jungtiere flach, blassgelb. Männchen mit konkav geformtem Bauchpanzer, ausgeprägterem Kehlschild und längerem und dickerem Schwanz.

Chelonoidis petersi (oben) und *Chelonoidis chilensis* (unten) werden kaum einmal im Handel angeboten.

Spornschildkröte, *Centrochelys sulcata*. Das Männchen bedrängt das kleinere Weibchen, um es zur Paarung zu bewegen.

Lebensweise: Die Afrikanische Schnabelbrustschildkröte lebt in Halbwüsten (Klein-Namaqualand) ebenso wie in feuchteren Bereichen (etwa Karoo). Die Tiere bevorzugen jedoch Bereiche mit mediterranem Klima. Innerhalb ihres Lebensraums gibt es aber auch heiße, trockene Sommer und kalte, regenreiche Winter. Im Süden und Westen der Kap-Region leben die Schildkröten auf sandigen, sauren und nährstoffarmen Böden mit Gras- und Heidebewuchs, im Norden des westlichen Kaps im Bereich von Sukkulenten und im östlichen Teil innerhalb des Dünendickichts sowie auf Flächen mit immergrünen Bäumen und Sträuchern. Sie bevorzugen Stellen, die an Freiflächen angrenzen. Je nach Lebensraum und Population variabel. Die Schildkröten sind ganzjährig aktiv. Im kühlen, regenreichen Winter ruhen sie in ihren einfachen, selbst gegrabenen Höhlen, die kaum länger als 40 cm sind und auch sonst oft lange vor Sonnenuntergang aufgesucht werden. Aktionsradius nicht sonderlich groß, kann aber je nach Lebensraum ebenfalls unterschiedlich sein. Bei Temperaturen unter 17 °C und über 28 °C bleiben die Tiere in ihren Verstecken. Besonders aktiv am späten Morgen. Empfindlich gegen zu hohe Temperaturen, sie meiden meist die direkte Sonne. Sie fressen Gras und einjährige Kräuter, verzehren aber auch Schnecken und deren Gehäuse. Insbesondere Pflanzen mit einem hohen Wassergehalt sind beliebt, da im Lebensraum Wassermangel herrscht. Wie andere Landschildkröten verzehren sie auch gern Säugtierkot (Pferde, Kaninchen). Sie sollten in Menschenobhut (in den Sommermonaten) unbedingt in einer Freilandanlage gepflegt werden.
Pflege: Siehe Tabelle S. 78.
Vermehrung: Meist 1, selten 2 Eier (33–43 × 24–35 mm, 25–30 g). Bei 30 °C (relative Luftfeuchtigkeit ungefähr 100 %) Schlupf nach 117 Tagen, bei 28–31 °C nach 90–120 Tagen, bei 28–30 °C nach etwa 110–125 Tagen. Bei 30 °C (relative Luftfeuchtigkeit 80–90 %) Schlupf nach 95–127 Tagen.

Dipsochelys Bour, 1982

Seychellen-Riesenschildkröten

Für die Gattung *Dipsochelys* gab es bereits diverse Synonyme (siehe EMBL-Reptile-Database). Die Arten wurden unter anderem auch der Gattung *Testudo* zugeordnet, wobei beispielsweise Schweigger (1812) als Typusexemplar für die Beschreibung der Art *Dipsochelys dussumieri* versehentlich eine Waldschildkröte (*Chelonoidis denticulata*) verwendet hat.
Arten: *Dipsochelys arnoldi* Bour, 1982: Seychellen.
Dipsochelys dussumieri (Gray, 1831): Insel Aldabra, eingeführt auf den Inseln Mauritius, Réunion, Changuu und einigen anderen.
Dipsochelys hololissa Günther, 1878: Seychellen.

■ *Dipsochelys dussumieri* (Gray, 1831)
Aldabra-Riesenschildkröte

Verbreitung: Insel Aldabra, eingeführt auf den Inseln Mauritius, Réunion, Changuu und einigen der Seychellen. Haltung vorwiegend zoologischen Einrichtungen vorbehalten.
Pflege: Siehe Tabelle S. 78.
Vermehrung: 5–21 Eier. Bei 28–32 °C Schlupf nach 85–161 Tagen und mehr.
Dipsochelys arnoldi: Bei 28–30 °C (relative Luftfeuchtigkeit über 80 %) Schlupf nach 125–136 Tagen (vermutlich Männchen), bei 30–32 °C (relative Luftfeuchtigkeit über 80 %) nach 90–94 Tagen (vermutlich Weibchen).

Furculachelys (Highfield, 1990)

Die einst als eigene Gattung (*Furculachelys*) beschriebene Tunesische Landschildkröte wird heute als Unterart der Algerischen Landschildköte (*Testudo graeca*) betrachtet (*Testudo graeca nabeulensis*). Empfohlene Internet-Adresse: www.nabeulensis.de (siehe auch Tabelle auf S. 94).

Geochelone Fitzinger, 1835

Nach derzeitiger Ansicht gehören nur 2 Arten zu dieser Gattung (Vetter & Van Dijk 2006). Den Haltern der Indischen Sternschildkröte sind die

Berichte von BIDMON (2002, 2003) unbedingt zu empfehlen!
Arten: *Geochelone elegans* (SCHOEPFF, 1795): Siehe unten.
Geochelone platynota (BLYTH, 1863): Zentral-Myanmar.

■ *Geochelone elegans* (SCHOEPFF,1795)
Indische Sternschildkröte
(Abbildungen auch auf S. 3 und S. 5)

Verbreitung: Pakistan, Indien, Sri Lanka.
Beschreibung: Carapaxlänge bis zu 35 cm. Rückenpanzer länglich, stark gewölbt. Randschilde hinten nach außen gebogen, gesägt. Wirbel- und Rippenschilde auffallend kegelförmig. Dunkler Rückenpanzer mit bis zu acht gelben Streifen pro Schild, die strahlenförmig verlaufen und ein sternförmiges Muster bilden. Die Zeichnung reicht über die Marginalschilde hinweg bis zum Bauchpanzer. Gliedmaßen plump, auf den Oberschenkeln kegelförmige Tuberkel. Beine gelb. Schwanzende mit horniger Schuppe. Kopf gelb, stark gefleckt. Jungtiere fast völlig gelb oder orange. Entlang der Nähte der Schilde schwarze Flecken. Männchen mit dickerem, längerem Schwanz. Weibchen können größer werden. Über die unterschiedlichen Formen und ihre Herkunft berichtet BIDMON (2003).
Lebensweise: Die Tiere kommen in sehr unterschiedlichen Lebensräumen vor. Auf Sri Lanka gehören dazu Sanddünen, Buschwälder, Gestrüppwälder und verwilderte Parks. In Indien sind sie auch Kulturfolger, dort aber ebenfalls im Bereich von Ödländern, Wüsten, Stränden und Plantagen zu finden. Vor allem während der Monsunzeit sehr aktiv und ganztägig auf Nahrungssuche. Verzehren Pflanzenteile (Vorliebe für orangefarbene und rote Nahrung), hin und wieder auch animalische Kost. In der heißen Jahreszeit lediglich am frühen Morgen und/oder späten Nachmittag aktiv. Verstecke befinden sich für gewöhnlich unter Büschen oder anderen Pflanzen. In Indien finden Paarungen vor allem in der Monsunzeit statt. Pro Saison mehrere Gelege möglich. Im Lebensraum für gewöhnlich Tagestemperaturen von 30–32 °C und es herrscht für gewöhnlich eine hohe Luftfeuchtigkeit. Man kann die Tiere von Juni bis Anfang September bei entsprechenden Temperaturen deshalb zeitweise in einer Freilandanlage halten. Sie verstecken sich in der Mittagshitze an schattigen Stellen. Gegen Abend und bei Gewitterregen sehr aktiv. Benötigen auch im Terrarium eine hohe Luftfeuchtigkeit und Badegelegenheiten.
Pflege: Siehe Tabelle S. 78.
Vermehrung: Oft anfangs 5–9 (max. 10), später 1–4 Eier (36–42 × 28–35 mm, 18–38 g). Bei 26–30 °C Schlupf nach 109–147 Tagen. Bei Zeitigung in einer Heimchendose mit 3 cm feuchtem Vermiculit, darüber 3 cm Kies und anfangs 34 °C, nach 80 Tagen bei 28 °C Schlupf nach 86–123 Tagen. 2 cm über den Eiern wurden 33–34 °C gemessen. Die relative Luftfeuchtigkeit betrug 45–55 % (neben den Eiern misst man dann etwa 86 %, da feuchte Luft aus dem Vermiculit aufsteigt).

Oben: Afrikanische Schnabelbrustschildkröte, *Chersina angulata*.

Unten: Indische Sternschildkröte, *Geochelone elegans*.

Gopherus RAFINEQUE, 1832

Gopherschildkröten

Die Vertreter der Gattung *Gopherus* kommen im Süden der USA und im Norden Mexikos vor. Man unterscheidet vier Arten von Gopherschildkröten,

Pflege der Vertreter der Familie Testudinidae, Teil 2								
	Terrarientyp	Strahlungswärme	Nahrung	Vergesellschaftung	Terrariengröße	Wasserstand	Überwinterung	Literatur
Homopus areolatus Areolen-Flachschildkröte	H	45 °C	O (vv)	Gruppe (1 ♂, 2–3 ♀) oder ♂ einzeln	5	Wasserschale	–	BROSCHELL (2000) FLECK et al. (2001) SCHLEICHER (2005)
Homopus signatus signatus Namaqualand-Flachschildkröte	H	45 °C	O (vv)	Gruppe (1 ♂, 2–3 ♀) oder ♂ einzeln	5	Wasserschale	–	LOEHR (2004) DOBIEY (2006)
Indotestudo elongata Gelbkopfschildkröte	H/I	45 °C	O (vv)	Gruppe (1 ♂, 2–3 ♀)	8	Wasserschale	–	MOLL (1989) EBERLING (2001 a, b)
Kinixys belliana Glattrand-Gelenkschildkröte	H/I	45 °C	O	Gruppe (1 ♂, 2–3 ♀)	8	Wasserschale	–	KÖHLER (1997) VAN PELT (2001) BÜDDEFELD et al. (2001) ROGNER (2001) JASSER-HÄGER et al. (2004)
Kinixys homeana Stutz-Gelenkschildkröte	H/I	45 °C	O	Gruppe (1 ♂, 2–3 ♀)	8	Wasserschale	–	KORNMANN (1995)
Malacochersus tornieri Spaltenschildkröte	H	35 °C	O (vv)	Gruppe (1 ♂, 2–3 ♀)	4–5	Wasserschale	–	PAULER (1990) KÖHLER (1997) SCHMALZ et al. (1994) VINKE et al. 1998
Manouria emys Braune Landschildkröte	I	35 °C	O (vv)	Gruppe (1 ♂, 2–3 ♀)	8	flaches Wasserbecken	–	EGGENSCHWILER (2000, 2001, 2005) MÄHN (2001)
Pyxis a. arachnoides Gewöhnliche Spinnenschildkröte	H	45 °C	O (vv)	Gruppe (1 ♂, 2–3 ♀)	4–5	Wasserschale	–	ZWARTEPOORTE (2004)
Pyxis a. brygooi Morombe-Spinnenschildkröte	H	45 °C	O (vv)	Gruppe (1 ♂, 2–3 ♀)	4–5	Wasserschale	–	ZWARTEPOORTE (2004)
Stigmochelys pardalis Pantherschildkröte	H	45 °C	O (vv)	Gruppe (1 ♂, 2–3 ♀)	8	flaches Wasserbecken	–	JOST (2001) KÖHLER (2004) WOLFF (2004) VETTER (2005) (ausführlich)

Terrarientyp: siehe S. 20
Nahrung: O = omnivor; O (vv) = omnivor, vorwiegend vegetarisch
Terrarienlänge = Panzerlänge × angegebener Faktor; Terrarienbreite = halbe Terrarienlänge

die alle in Trockengebieten leben (Trockenwälder bis Randgebiete von Wüsten). Der Bauchpanzer ist starr. Gopherschildkröten sind aufgrund der hohen Temperaturen in ihrem Lebensraum vorwiegend in der Dämmerung aktiv. Sie legen zum Teil recht tiefe Wohnhöhlen an, in denen sie die Hitze des Tages überdauern. Die Länge der Höhlen ist in etwa abhängig von den herrschenden Temperaturverhältnissen. Sie garantieren entsprechend kühlere Temperaturen und eine höhere Luftfeuchtigkeit. Im Wesentlichen hält man Gopherschildkröten wie Steppenschildkröten (*Agrionemys horsfieldii*). In Europa kaum erhältlich, streng geschützt.

Homopus DUMÉRIL & BIBRON, 1834

Flachschildkröten

Die Vertreter dieser Gattung leben endemisch im südlichen Afrika. Sie umfasst vier kleine bis sehr kleine Arten, einschließlich der kleinsten Schildkröten-Art überhaupt. Rückenpanzer relativ flach, Schilde laufen nicht in Auswüchsen aus, wirken in der Mitte oft eingedrückt. Die Schildkröten haben paarig angelegte, verdickte Kehlschilde, die breiter als lang sind. Nackenschild vorhanden. Panzeranomalien recht häufig. Bei zwei Arten findet man an den Vorder- und Hinterfüßen nur vier Zehennägel. Die ein oder andere Art gelangt hin und wie-

der auch in Europa in Menschenobhut oder wird inzwischen erfolgreich vermehrt.
Arten: *Homopus areolatus* (THUNBERG, 1787): siehe unten.
Homopus boulengeri (DUERDEN, 1906): Südafrika (Karoo-Pfanne in der Kap-Provinz).
Homopus femoralis BOULENGER, 1888: Südafrika (Kap-Provinz und Oranjefreistaat).
Homopus signatus (GMELIN, 1789), 2 Unterarten. *Homopus s. signatus* (GMELIN, 1789): Westliches Südafrika, südliches Namibia (Nähe Clanwilliam und weiter nordwärts davon). *Homopus s. cafer* (DAUDIN, 1802): westliches Südafrika (Nähe Clanwilliam und südwestwärts davon).

■ *Homopus areolatus* (THUNBERG, 1787)
Areolen-Flachschildkröte

Verbreitung: Südafrika (südlicher Teil der Kap-Provinz).
Beschreibung: Carapax 7–9, maximal 11,4 cm lang. Rückenpanzer häufig auffallend „ausgemeißelt". Schildränder wirken tief radiert (geätzt), Mitte gekerbt. Für gewöhnlich pro Seite 11 Marginalschilde. 1. Wirbelschild fast quadratisch. Kiefer stark gekrümmt mit schwach gezacktem Rand. Nasenlöcher hoch an der Schnauze. Vorderbeine mit großen, überlappenden Schuppen bedeckt, jeder Fuß mit vier Zehen. Tuberkel fehlen am Hinterteil oder sind sehr klein. Schwanzende ohne Dorn. Rückenpanzer gelblich oliv bis grün, meist mit rotbraunen Areolen. Bauchpanzer gelblich, in der Mitte bräunlich. Jungtiere und erwachsene Weibchen mit dunkel gerandeten Schilden. Männchen bleiben orangebraun, mit flachem Bauchpanzer, längerem Schwanz und in der Paarungszeit leuchtend orangefarbenen Nasalschuppen. Weibchen werden größer.
Lebensweise: Vor allem in mediterranen Klimabereichen mit heißen, trockenen Sommern und kühleren, regnerischen Wintern (etwa 250 mm Niederschlag). Im Süden und Westen des Kaps in den küstennahen Heidegebieten und innerhalb der Karoo-Bereiche (Trockensteppe) in trockenen Inlandtälern der Kap-Fold-Berge. Am östlichen Kap leben die Tiere in Dickichten und Buschlandschaften. Sie bleiben fast immer nur in der Nähe ihrer Verstecke, suchen in schützender Deckung nach Pflanzennahrung. Verstecke sind häufig selbstgegrabene Höhlen oder verlassene Säugerbaue. Mehrere Gelege pro Saison möglich. Carapaxlänge der Schlüpflinge etwa 30 mm, 7–8 g. Im Sommer in einer Freilandanlage halten.
Pflege: Siehe Tabelle S. 84.
Vermehrung: 2–3 (max. 5) Eier (27–33 × 20–23 cm, 8–11 g). Bei 27,5–29 °C (relative Luftfeuchtigkeit 75–80 %) Schlupf nach 92–109 Tagen, bei 29–30 °C (relative Luftfeuchtigkeit 80–90 %) Schlupf nach 106–134 Tagen, bei 30 °C (relative Luftfeuchtigkeit 80–90 %) nach 90–125 Tagen. *Homopus s. signatus*: 1 Ei (42,9 × 23,0 mm, 13 g). Bei 32 °C tagsüber und 26 °C nachts Schlupf nach etwa 143 Tagen, bei 25–30 °C nach etwa 100–120 Tagen.
Zur Vermehrung von *„Homopus bergeri"* (inzwischen als *Homopus solus* BRANCH, 2007 bekannt) siehe SCHLEICHER (2004), und von *Homopus signatus signatus* siehe LOEHR (2004).

Die Areolen-Flachschildkröte, *Homopus areolatus*, stammt wie die übrigen Vertreter ihrer Gattung aus Südafrika.

Indotestudo LINDHOLM, 1929

Die Gattung *Indotestudo* ist im Südosten Asiens beheimatet. Hier kommen die drei Arten in einer Vielzahl unterschiedlicher Lebensräume vor, die von Trockenwäldern bis zu den Randzonen der Regenwälder reichen. Charakteristisch ist der längliche, starre Panzer mit den hellen Areolen. Die Schilde sind für gewöhnlich unvollständig dunkel gerandet. Während *Indotestudo elongata* ein Nackenschild besitzt, fehlt es bei *I. forstenii* und *I. travancorica*. Am häufigsten wird wohl die Gelbkopfschildkröte gehalten. *Indotestudo forstenii* legt meist nur ein Ei. Für diese Art wird seit geraumer Zeit ein Zuchtbuch geführt (R. WIARDA, Feytsmahof 13, NL-9033 XC Deinum).
Arten: *Indotestudo elongata* (BLYTH, 1853): siehe unten.
Indotestudo forstenii (SCHLEGEL & MÜLLER, 1844): Indonesien (Nord- und Zentral-Sulawesi).
Indotestudo travancorica (BOULENGER, 1907): Südwesten Indiens.

■ *Indotestudo elongata* (BLYTH, 1853)
Gelbkopfschildkröte

Verbreitung: Norden Indiens und Süden Nepals über Bangladesch, Myanmar, Thailand, Kambodscha, Vietnam und Laos bis China (Provinzen

Die Gelbkopfschildkröte, *Indotestudo elongata*, besitzt im gegensatz zu den beiden anderen Arten ihrer Gattung ein Nackenschild.

Glattrand-Gelenkschildkröten, *Kinixys belliana*, besitzen wie die anderen Arten ihrer Gattung im hinteren Teil des Rückenpanzers ein Scharnier.

Guangxi und Yunnan) bis zur nördlichen Malaiischen Halbinsel (Malaysia).

Beschreibung: Carapaxlänge bis zu 33 cm. Rückenpanzer länglich und schmal, bei ausgewachsenen Exemplaren im Mittelteil abgeflacht. Randschilde hin und wieder gesägt und hinten nach außen gebogen. Ein länglicher Nackenschild vorhanden. Rückenpanzer gelb oder grünlichgelb mit unterschiedlicher Anzahl schwarzer, unregelmäßiger Flecke. Randschilde mit großen dunklen Flecken. Vorderbeine mit großen geschindelten und spitzen Schuppen. Sporne auf den Oberschenkeln klein. Schwanz endet mit großem hornigem Tuberkel. Kopfoberseite mit symmetrisch angeordneten Schuppen. Jungtiere mit gelbem Rückenpanzer mit nur wenigen schwarzen Flecken auf Wirbel- und Rippenschilden. Randschilde auffallend gesägt und nach außen gebogen. Die Weibchen bleiben kleiner. Männchen mit konkav geformtem Bauchpanzer und mit dickerem, längerem Schwanz.

Lebensweise: Vermutlich die häufigste indo-malaiische Schildkröte. Bewohnt bewaldete Bereiche in hügeligen bis bergigen Regionen. Die Tiere leben vor allem in Sal- und Teak-Wäldern. Sie sollen bevorzugt in feuchten und kühlen Regionen (bis etwa 12 °C) vorkommen, aber auch in heißen Gebieten (bis 40 °C). Sie verzehren Pflanzenteile, hin und wieder auch animalische Kost (etwa Nacktschnecken). In der Fortpflanzungszeit verfärbt sich die Haut um die Augen und Nasenlöcher rosa, manchmal auch hinten an den Kopfseiten. Männchen dann streitsüchtig. Männchen mit längerem, dickerem Schwanz, Weibchen an den Hinterbeinen mit stärker gebogenen Krallen (EBERLING 2001).

Pflege: Siehe Tabelle S. 84.

Vermehrung: 2–6 (max. 10) Eier (etwa 43–53 × 31–39 mm, 30–48 g). Bei 29,4 °C Schlupf nach 137 Tagen, bei 28 °C tagsüber und 29 °C nachts nach 108–168 (durchschnittlich 142) Tagen, bei 30 °C tagsüber und 27,5–28 °C nachts (relative Luftfeuchtigkeit 90-100 %) Schlupf nach 110–170 Tagen, bei 30 °C (relative Luftfeuchtigkeit 80–90 %) nach etwa 180 Tagen.

Kinixys BELL, 1827

Gelenkschildkröten

Erwachsene haben im hinteren Teil des Rückenpanzers ein Scharnier, durch das sie den hinteren Teil verschließen und somit Schwanz und Hintergliedmaßen schützen können. Das Scharnier entwickelt sich zuerst am Rand zwischen dem 7. und 8. Randschild und dann inwärts weiter, wodurch das 2. und 3. Rippenschild getrennt werden. Einzelne erwachsene Exemplare besitzen manchmal kein Scharnier. Nackenschild und Submarginalschilde sind vorhanden. Gewöhnlich befinden sich an jedem Vorderfuß fünf Klauen. *Kinixys belliana* ist im tropischen Afrika weit verbreitet. Auf Madagaskar lebt die Art nur an der Nordwestküste.

Arten: *Kinixys belliana* GRAY, 1831, 3 Unterarten: Siehe unten.

Kinixys erosa (SCHWEIGGER, 1812), Abb. auf S. 11: Gambia bis zur Demokratischen Republik Kongo und Uganda.

Kinixys homeana BELL, 1827: Liberia bis Kamerun und Demokratische Republik Kongo.

Kinixys lobatsiana POWER, 1927: Südosten Botsuanas und Nordosten Südafrikas.

Kinixys natalensis HEWITT, 1935: Südosten Mosambiks, Osten Südafrikas und Swasiland.

Kinixys spekii Gray, 1863: Kenia, südlich bis zum Norden Transvaals, Swasiland und Süden Mosambiks, westwärts bis zum Süden des Kongos, Angola und Norden Botswanas.

■ *Kinixys belliana* Gray, 1831
Glattrand-Gelenkschildkröte

Verbreitung: *Kinixys b. belliana* Gray, 1831: Vom Nordosten der Demokratischen Republik Kongo über Äthiopien und Somalia bis Uganda und West-Kenia.
Kinixys b. nogueyi (Lataste, 1886): Westafrika (von Senegal bis Kamerun und zur Zentralafrikanischen Repubik).
Kinixys b. zombensis Hewitt, 1931: Südostafrika (vom Nordosten Kenias südwärts bis Nordost-Südafrika), auf Madagaskar angesiedelt.
Beschreibung: Carapaxlänge bis zu 22 cm. Rückenpanzer strohfarben, grünlich, gelblich oder rötlichbraun, am Rand häufig hellere Ringe oder schwarze Fleckenzeichnung, im hinteren Teil zwischen dem 7. und 8. Randschild ein Gelenk. Hinterer Teil des Bauchpanzers fällt von der Mitte des 5. Wirbelschilds an ab. Bauchpanzer fast durchgehend hornfarben mit einzelnen, symmetrisch angeordneten, dunkelbraunen Flecken. Jungtiere zeigen noch keine Anzeichen eines Gelenks, lediglich eine geringfügige Verschiebung der Rand- und Rippenschilde im hinteren Teil. Jungtiere noch einfarbig oder mit dunkelbraunen Strahlenkränzen mit gelbem Rand. Bauchpanzer unregelmäßig gezeichnet, entlang der Mittelnaht ein einfarbiger Streifen. Männchen mit dickerem, längerem Schwanz und konkav geformtem Bauchpanzer.
Kinixys b. belliana: Vorderfüße mit fünf Krallen, Erwachsene mit variablem Rückenpanzermuster oder einfarbig.
Kinixys b. nogueyi: Bauchpanzer ohne Zeichnung oder mit unregelmäßigen dunklen Flecken, Vorderfüße mit vier Krallen.
Kinixys b. zombensis: Rückenpanzer bei Erwachsenen immer mit breitem radialem Muster.
Lebensweise: Feuchte Savannen, Wälder, Dickichte. Tagsüber meist verborgen, gehen am frühen Morgen und abends auf Nahrungssuche. Können selbst größere Gewässer gezielt durchschwimmen. Verzehren verschiedene Pflanzenteile, Früchte und Pilze, besonders gern auch tierische Kost, wie Tausendfüßler, kleine Schnecken, Aas und selbst Knochenstückchen. Bei Regen erscheinen die Schildkröten plötzlich und trinken dann auch ausgiebig aus Pfützen. Die Trockenzeit verbringen sie in Säugetier- und Termitenbauen, oft graben sie sich jedoch an geschützten Stellen einfach ein. Mit der Regenzeit beginnt auch die Fortpflanzungszeit. Begegnen sich zwei Männchen, kommt es meist zu Rivalitätskämpfen, bis der unterlegene Rivale flieht. Eiablagen im südlichen Teil des Verbreitungsgebiets in der Zeit von November bis April. Jungtiere schlüpfen erst nach ungefähr einem Jahr mit einer Carapaxlänge von etwa 40 mm.
Pflege: Siehe Tabelle S. 84 (empfohlene Literatur: Büddefeld et al. 2001, mit Klimatabelle).
Vermehrung: 2–4 (max. 6) Eier (34–47 × 28–36 mm, 15–25 g). Bei 25–30 °C Schlupf nach 123 Tagen, bei 28–31 °C (relative Luftfeuchtigkeit 80 %) nach 90–120 Tagen, bei 29 °C tagsüber und 30 °C nachts (relative Luftfeuchtigkeit 70–80 %) nach 110–140 Tagen, bei 28–32 °C (relative Luftfeuchtigkeit 80–90 %) nach 120–170 Tagen, bei 30–31 °C (relative Luftfeuchtigkeit 70–80 %) nach 112–138 Tagen.
Kynixis homeana: 2–4 (etwa 46–35 mm Ø) Eier. Bei 27–32 °C (hohe relative Luftfeuchtigkeit) Schlupf nach 119, 121 und 127 Tagen.

Spaltenschildkröten, *Malacochersus tornieri*. Vor der Paarung wird das Weibchen massiv bedrängt.

Malacochersus Lindholm, 1929

Spaltenschildkröten
Monotypische Gattung, die nur die eine Art *Malacochersus tornieri* enthält.

■ *Malacochersus tornieri* (Siebenrock, 1903)
Spaltenschildkröte

Verbreitung: Kenia und Tansania.
Beschreibung: Carapaxlänge 15–20 cm. Rückenpanzer stark abgeflacht und recht dünn (Atmungsbewegungen sichtbar). Unverwechselbar! Meist 11, seltener 12 Randschilde pro Seite. Rückenpanzer und Bauchpanzer hellbraun, manchmal undeutliche sternförmige Zeichnung. Jungtiere ähnlich, jedoch deutlichere Zeichnung. Bauch-

Schlüpfling der Spaltenschildkröte, *Malacochersus tornieri.*

panzer fleckenlos. Männchen mit dickerem und längerem Schwanz.

Lebensweise: Isolierte Felsenhügel (Shopies) in der ostafrikanischen Dornbuschsavanne in Höhen zwischen 50 und 1800 m ü. NN stellen den Lebensraum der Spaltenschildkröten dar. Der Panzer bietet den Schildkröten wenig Schutz. Sie halten sich meist in und im Bereich von Felsspalten auf. Im freien Gelände überrascht, laufen sie recht flink zur nächsten schützenden Felsspalte. Sie suchen entsprechend enge Spalten auf und holen dann tief Luft, sodass sich der Panzer fest in der Felsspalte verkeilt. Jahrestemperaturen schwanken in der Heimat dieser Tiere zwischen 15 und 32 °C. In den Gesteinsspalten herrscht auch außerhalb der Regenzeit eine relativ hohe Luftfeuchtigkeit. Die Regenzeit dauert von November bis Mai, mit zwei Höhepunkten in Dezember und März/April. Dann steigt die relative Luftfeuchtigkeit auf 60 bis 80 %. Von Juli bis Oktober fallen nur sehr wenige Niederschläge.

Pflege: Siehe Tabelle S. 84 (Anmerkung: Flache Steine müssen stabil aufgeschichtet werden, sodass viele Spalten entstehen, in die sich die Tiere zurückziehen können).

Vermehrung: 1, selten 2 Eier (37–49 × 22–39 mm, 10–23 g). Bei 26,5–28 °C (relative Luftfeuchtigkeit hoch) Schlupf nach 192–340 Tagen. Bei 27–30 °C Schlupf nach 99–188 Tagen.

Manouria GRAY, 1852

Hinterindische Landschildkröten

Beide *Manouria*-Arten leben in tropischen Wäldern. Ihr starrer Panzer ist relativ stark abgeflacht. Empfohlene Literatur: EGGENSCHWILER 2000, 2001. Über *Manouria e. emys*, deren Haltung und Vermehrung berichtet MÄHN (2001).

Arten: *Manouria emys* (SCHLEGEL & MÜLLER, 1844: siehe unten.

Manouria impressa (GÜNTHER, 1882): Myanmar und Süden Chinas über Laos, Vietnam, Kambodscha und Thailand bis zur Malaiischen Halbinsel (Malaysia).

Manouria emys (SCHLEGEL & MÜLLER, 1844) Braune Landschildkröte (2 Unterarten)

Verbreitung: *Manouria e. emys* (SCHLEGEL & MÜLLER, 1844): Süden Thailands über Malaysia bis Borneo (Indonesien, Brunei, Malaysia) und Sumatra (Indonesien). *Manouria e. pharyrei* (BLYTH, 1853): Zentral-Thailand bis Myanmar und zum Nordosten Indiens und Osten Bangladeschs.

Beschreibung: Carapaxlänge bis etwa 60 cm; Rückenpanzer ist im Bereich der Wirbelschilde abgeplattet. Bauchpanzer aufgrund der vorspringenden Kehlschilde manchmal länger als der Rückenpanzer. Brustschilde stehen weit auseinander. Exemplare aus dem Grenzbereich zwischen Myanmar und Thailand sollen Brustschilde besitzen, die bis zur Mitte des Bauchpanzers reichen. Panzer dunkelbraun oder schwärzlich, kann manchmal orangefarbene Strahlenkränze aufweisen. Kopf und Gliedmaßen oft fast schwarz. Gliedmaßen massig, bei ausgewachsenen Exemplaren auf der Oberschenkelhinterseite stark vergrößerte kegelförmige Schuppe. Vorderbeine mit fünf, Hinterbeine mit vier Krallen. Schwanz endet mit einem gefurchten spornähnlichen Tuberkel. Jungtiere mit heller gefärbten Strahlenkränzen auf dem Rückenpanzer. Männchen mit längerem, dickerem Schwanz und leicht konkav geformtem Bauchpanzer.

Manouria e. emys: Rückenpanzer abgeflacht, dunkelbraun, bis zu 50 cm lang, mit helleren Areolen auf den Wirbel- und Rippenschilden. Brustschilde breit getrennt.

Manouria e. pharyrei: Rückenpanzer stärker gewölbt, bis 60 cm. Die Unterart ist völlig schwarz, ausgenommen die Jungtiere. Brustschilde erreichen die Mittellinie des Bauchpanzers.

Lebensweise: Immergrüne Wälder des tropischen Asiens, vor allem im Hochland. Benötigen offenbar viel Feuchtigkeit und graben sich oft in das Erdreich ein, in dem sie häufig für längere Zeit verweilen. In der Natur ernähren sie sich offenbar ausschließlich vegetarisch. Von *Manouria emys phayrei* ist bekannt, dass auch Wasserpflanzen nicht verschmäht werden. Leben in Regenwäldern vor allem in der Nähe von Gewässern. Liegen oft stundenlang im flachen Wasser. Recht versteckte Lebensweise. Weibchen legen einen Nisthaufen aus Laub, Sand und Gras an, der einen Durch-

messer von 1–2,50 m hat und 20 bis 50 cm hoch sein kann. In der Haufenmitte gräbt das Weibchen von oben erst mit dem Kopf und dann mit den Vorder- und Hinterbeinen eine Nistgrube. Es bewacht das Gelege weiterhin 2–20 Tage (McKeown et al. 1990, Mähn 2001).
Pflege: Siehe Tabelle S. 84.
Vermehrung: Gelege mit 31–60 Eiern bekannt (etwa 45,2–54 mm Ø, 53,8–80,0 g). Gut feuchtes Substrat. Bei 28–29 °C (hohe relative Luftfeuchtigkeit) Schlupf nach 72–74 Tagen, bei 28,9 °C ± 1 °C nach 63–69 Tagen. Bei 28 °C (relative Luftfeuchtigkeit 90 %) Schlupf nach 66–71 Tagen, bei 31–32 °C tagsüber und 22–24 °C nachts nach 67–74 Tagen, bei 29 ± 0,5 °C nach 62–70 Tagen.

Psammobates Fitzinger, 1835

Südafrikanische Landschildkröten

Die Gattung *Psammobates* (= sandliebend) umfasst einige kleine Schildkröten-Arten, die in der Regel einen höckrigen Rückenpanzer besitzen. Etliche von ihnen bewohnen recht trockene Bereiche. Auf ihrem Rückenpanzer befinden sich auffällige, radial angeordnete helle und dunkle Streifen, die ein geometrisches Muster bilden. Der Rückenpanzer ist auch recht hoch gewölbt. Ein Nackenschild ist vorhanden. Der paarig angelegte Kehlschild ist länger als breit. Am Hinterteil einiger Arten befinden sich Tuberkel. Männchen bleiben stets deutlich kleiner als Weibchen. Terraristisch unbedeutend, da streng geschützt.

Pyxis Bell, 1827

Spinnenschildkröten

Arten der Gattung *Pyxis* kommen im Südwesten Madagaskars in sehr unterschiedlichen Lebensräumen vor. Ihr länglicher Rückenpanzer ist hoch gewölbt und mit einer charakteristischen Netzzeichnung („Spinnennetz“) ausgestattet. Man kann *Pyxis arachnoides* erfolgreich im Terrarium halten, wenn man die Ruhe- und Aktivitätsperioden der Tiere berücksichtigt. Sie benötigen eine hohe Schicht lockeren Bodengrunds, in den sie sich bei Bedarf völlig eingraben können. Dort verbringen sie auch ihre länger andauernden Ruhephasen. Zudem muss man den Schildkröten tagsüber hohe Lufttemperaturen bieten und nachts eine deutliche Abkühlung. Empfohlene Literatur: Zwartepoorte (2004). *Pyxis planicauda* lebt in einem etwa 130 km² großen Gebiet. Die Bestände dieser Waldbewohner sind aufgrund des Absammelns (Tierhaltung) und der Rodungen der Waldgebiete immer weiter zurückgegangen. IUCN-Kategorie: Gefährdet.

Die Braune Landschildkröte, *Manouria emys*, lebt bevorzugt in der Nähe von Gewässern.

Arten: *Pyxis arachnoides* Bell, 1827, 3 Unterarten. *Pyxis a. arachnoides* Bell, 1827: Südwesten Madagaskars. *Pyxis a. brygooi* (Vuillemin *et al.* 1972): Südwesten Madagaskar. *Pyxis a. oblonga* Gray, 1869: Südwesten Madagaskars.
Pyxis planicauda (Grandidier, 1867): Westen Madagaskars. Wird hin und wieder in Menschenobhut vermehrt.
Pflege: Siehe Tabelle S. 84.
Vermehrung: *Pyxis a. arachnoides*: 2 × je 1 Ei/Gelege (39,9–35,1 × 27,0–32,0 mm, 10,9–22,1 g). Wasser : Vermiculite = 1 : 2. Schlupf bei 4 Monaten 30 °C, 6 Wochen 27 °C und danach 31 °C nach 208–270 Tagen.
Pyxis a. brygooi: 2 × je 1 Ei/Gelege (31,3–35,3 × 25,6–28,6 mm, 10,5–17,5 g), Wasser : Vermicu-

Spinnenschildkröten, hier *Pyxis a. arachnoides*, tragen ihren Namen wegen ihrer netzartigen Rückenzeichnung.

lit = 1 : 2. Schlupf bei 30 °C nach 178 Tagen. Bei 4 Monaten 30 °C, 6 Wochen 27 °C und danach 31 °C Schlupf nach 208–270 Tagen.

Stigmochelys (Bell, 1828)

Pantherschildkröten

Die Pantherschildkröte, *Stigmochelys pardalis*, wurde und wird auch heute häufig noch – vor allem im anglo-amerikanischen Sprachraum – der Gattung *Geochelone* zugeordnet. Genetische Untersuchungen zeigten jedoch, dass die beiden großen afrikanischen Arten (*Centrochelys*, *Stigmochelys*) doch nicht so eng miteinander verwandt sind, wie zuvor angenommen worden war (Ballasina, 2002). Zu empfehlende Literatur: Vetter (2005).

Pantherschildkröte, *Stigmochelys pardalis*. Oben ein erwachsenes Tier, unten junge Exemplare.

■ *Stigmochelys pardalis* (Bell, 1828)
Pantherschildkröte

Verbreitung: *Stigmochelys p. pardalis* (Bell, 1828): Westliches Südafrika, südliches Namibia.
Stigmochelys p. babcocki (Loveridge, 1935): Östliches und südliches Afrika von Angola und dem Sudan bis zum Osten Südafrikas.

Beschreibung: Carapaxlänge bis zu 70 cm. Rückenpanzer hoch gewölbt. Nackenregion mit tiefen Kerben. 10–12 Randschilde vorhanden, die hinteren gesägt. Zeichnung besteht aus schwarzen und gelben Flecken. Manche Exemplare sind lediglich blassgelb. Auf den Oberschenkeln findet man kegelförmige Sporne. Jungtiere hellbraun, schwarz umrandete Rückenschilder. Männchen mit längerem und dickerem Schwanz.
Stigmochelys p. pardalis: Rückenpanzer etwas flacher. Jungtiere tragen in der Mitte der Wirbel- und Rippenschilde mehrere schwarze Flecke. Bauchpanzerschilde am Rand gefleckt.
Stigmochelys p. babcocki: Rückenpanzer gewölbt. Jungtiere haben gewöhnlich nur einen Fleck auf den Wirbelschilden. Bauchpanzer flacher und in der Mitte fleckenlos.

Lebensweise: Von der Küste bis in Hochlandsavannen in 2900 m ü. NN. Vor allem offene, trockene Savannen mit Möglichkeiten, der intensiven Sonneneinstrahlung auszuweichen. Außerdem in Halbwüsten (Jahresniederschlagsmenge etwa 100 mm), auch Wälder mit bis zu 1400 mm Jahresniederschlag. Die Tiere verlassen bei einsetzenden Niederschlägen oft ihre Verstecke und unternehmen dann ausgedehnte Wanderungen. Sie sind tagsüber aktiv und bleiben bei großer Hitze unter Bäumen verborgen, auch in verlassenen größeren Säugetier- und Termitenbauten oder unter Felsen oder Baumstämmen. Der Lebensraum kann nach starken Regenfällen überflutet werden, sodass sie schwimmen müssen. Männchen fechten während der Fortpflanzungszeit Rivalitätskämpfe durch. Auch Weibchen werden seitlich oder von hinten vor allem mit dem Kehlschild gerammt. Anschließend besteigt das Männchen das Weibchen und hält sich mit den Vorderfüßen an seinem Rückenpanzer fest. Es sind mehrere Eiablagen innerhalb einer Saison möglich. Der Schlupf kann nach etwa 160 Tagen, aber auch erst nach 206–485 Tagen, maximal sogar 540 Tagen erfolgen. Die Carapaxlänge der Schlüpflinge beträgt etwa 42–44 mm, das Gewicht 22–27 g.

Pflege: Siehe Tabelle S. 84.

Vermehrung: Leicht feuchtes Substrat. Bei 28–32 °C (relative Luftfeuchtigkeit 65–80 %) 110–200 Tage (teilweise auch schon 85–98 Tage) bis zum Schlupf. Bei 29–32 °C Schlupf nach 110 bis 167 Tagen, bei tagsüber 28–30 °C und 25–29 °C in der Nacht Schlupf nach 94–198 Tagen.

Testudo graeca nabeulensis prüft den Geruch potenzieller Nahrung.

Testudo LINNAEUS, 1758

Paläarktische Landschildkröten

Aus den bereits auf den Seiten 8 und 9 erwähnten Gründen bleibe ich beim „biologischen Artkonzept", um keine unnötige Verwirrung zu erzeugen. Ich verwende jedoch die aktuellen deutschen Bezeichnungen dieser Landschildkröten (VETTER 2002; ROGNER 2005, 2007). Die Ägyptische Landschildkröte (*Testudo kleinmanni*) ist ehemals eine Bewohnerin der Trockenwälder und Dornbuschsteppen im Norden Libyens und Nordwesten Ägyptens gewesen und wird oder wurde zum Beispiel für den Tierhandel stark verfolgt. Die im Nordosten Ägyptens lebende Form ist inzwischen als eigene Art (*Testudo werneri*) beschrieben worden. Nach dem Biologischen Artkonzept ist sie jedoch als Unterart von *T. graeca* anzusehen und vermutlich ebenso heikel wie *Testudo kleinmanni*. Beide Formen gelten als kaum zu pflegen und stehen in der IUCN-Kategorie „gefährdet"! Um so erfreulicher ist es, dass *Testudo kleinmanni* von einigen Spezialisten inzwischen doch erfolgreich vermehrt wird. Bei der künstlichen Bebrütung der Eier der *Testudo*-Arten sollte man versuchen, möglichst Weibchen zu produzieren, da die Männchen bei den Nachzuchten oft in der Überzahl sind. Der Scheitelpunkt liegt bei etwa 31,5 °C (= 50 % Männchen, 50 % Weibchen). Bei Temperaturen von 32 °C und darüber entwickeln sich ausschließlich Weibchen!

Arten: *Testudo buxtoni* BOULENGER, 1920: Südküste des Kaspischen Meeres, Iran.
Testudo graeca LINNAEUS, 1758: Zahlreiche Unterart, siehe weiter unten.
Testudo kleinmanni LORTET, 1883: Nordosten Ägyptens und Nordosten Libyens.
Testudo marginata SCHOEPFF, 1792: Siehe unten.

Testudo graeca LINNAEUS, 1758
Algerische Landschildkröte

Verbreitung: *Testudo g. graeca* LINNAEUS, 1758: Nordosten Marokkos und Nordwesten Algeriens (in Spanien und auf den Balearen vermutlich eingeführt).
Testudo g. anamurensis WEISSINGER, 1987: Cape Anamur und Südwestküste der Türkei.
Testudo g. antakyensis PERÄLÄ, 1996 : Süden der Türkei, Westen Syriens (einschließlich des Golan), Osten Libanons, Nordosten Israels, Nordwesten Jordaniens.
Testudo g. armeniaca CHKHIKVADZE & BAKRADZE, 1991: Tal des Araks-Flusses in Armenien, der Osten der Türkei, eventuell der Nordwesten des Iran.
Testudo g. cyrenaica PIEH & PERÄLÄ, 2002: Nordosten Libyens.
Testudo g. ibera PALLAS, 1814: Süden des Kaukasus in Georgien, Aserbaidschan und Russland.
Testudo g. flavominimaralis HIGHFIELD & MARTIN, 1990: Tunesien.
Testudo g. floweri BODENHEIMER, 1935: Levanteküste und Tiefland des Gazastreifens, Westen des mittleren Israel, der Westen Libanons, eventuell der Westen Syriens und der Süden der Türkei.

Oben: Algerische Landschildkröte, *Testudo graeca*, in ihrem Tagesversteck.

Unten: Italienische Landschildkröte, *Testudo hermanni hermanni.*

Testudo g. nabeulensis Highfield, 1990: Norden Algeriens, Tunesien, Nordwesten Libyens, eingeführt in Italien (Sardinien!).
Testudo g. nikolskii Chkhikvadze & Tuniev, 1986: Nordwesten des Kaukasus.
Testudo g. pallasi Chkhikvadze & Bakradze, 2002: Daghestan.
Testudo g. perses Perälä, 2002: Südost-Türkei, Nordost-Irak, Westen und Süden des Zentral-Iran.
Testudo g. soussensis Pieh, 2000: Süden Marokkos (Soustal).
Testudo g. terrestris Forskål, 1775: Nordosten Syriens und Südosten der Türkei bis in den Nordwesten des Irak.
Testudo g. werneri Perälä 2001: Süden Israels, Nordosten Ägyptens (vom Norden der Negev südwärts entlang der Mittelmeerküstenregion auf der Sinai-Halbinsel bis zum Nildelta in Ägypten).
Testudo g. zarudnyi Nikolsky, 1896: Ost-Iran.

Beschreibung: Carapaxlänge je nach Unterart 12–36 cm. Rückenpanzer oval oder elliptisch, mäßig gewölbt. Schwanzschild meist ungeteilt! Bauchpanzer kräftig, bei sehr großen Weibchen hinten leicht beweglich. Rückenpanzer meist gelblich oder bräunlich bis grünlich. Ränder und die Mitte der Schilde mit dunkler Zeichnung. Bauchpanzer mit dunklen Mustern. Weichteile grau bis gelblich. An jedem Fuß fünf Krallen, Schuppen an den Vorderbeinen kräftig. Oberschenkel mit einzelnem, kegelförmigem Sporn. Schwanzende ohne Hornnagel. Große Weibchen können ein Gewicht von bis zu 5 kg erreichen. Männchen mit dickerem, längerem Schwanz, Bauchpanzer konkav.

Lebensweise: Die Schildkröten können die verschiedensten Lebensräume besiedeln. Wichtig sind genügend Deckung und Schattenplätze sowie entsprechende Vegetation als Nahrungsgrundlage. Man findet die Tiere in Buschlandschaften ebenso wie auf Kulturflächen. Oft halten sie sich auch in der Nähe von trockenen Bachbetten, aber auch von Gewässern auf, obwohl sie lediglich flache Wasserlachen zum Trinken aufsuchen.

Ausführlich über marokkanische Lebensräume berichtet Pieh (2000). Morgens beginnen die Schildkröten mit der Aufwärmphase (Sonnenbad) mit anschließender Nahrungsaufnahme. Danach folgt eine Mittagsruhe in selbst gegrabenen Erdhöhlen, unter Büschen oder an anderen kühlen Ruheplätzen. Die nächste Aktivitätsphase beginnt am Nachmittag ebenfalls mit der Nahrungsaufnahme, vor allem im Frühjahr und Herbst auch mit der Suche nach Fortpflanzungspartnern. Die Schildkröten halten in den heißen Sommermonaten eine oft mehrere Wochen dauernde Sommerruhe. Die im Winter eingelegte Ruhephase kann ebenfalls mehrere Wochen, aber auch Monate dauern. In besonders günstigen Regionen kann sie auch ausfallen.

Männchen leiten die Balz durch heftige Rammstöße in die Seiten der Weibchen ein. Flüchtet das Weibchen, beißt ihm das Männchen in die Hinter- und Vorderbeine und verhindert die Flucht. Das Männchen reitet auf und versucht, mit dem Weibchen zu kopulieren. Gelingt das nicht, wiederholt das Männchen seine Rammstöße. Während der Paarung stößt das Männchen piepsende Laute aus. Trächtige Weibchen suchen etwa 4–6 Wochen später einen geeigneten Eiablageplatz, der sich meist in leichter Hanglage befindet (Oberflächenwasser kann dann abfließen). Die Weibchen graben mit den Hinterbeinen eine Nistgrube und legen ihre Eier ab. Anschließend schieben sie den Aushub wieder über die Eier und stampfen oder schieben mithilfe des Panzers die Fläche wieder glatt, sodass sie nicht mehr auffällt. Lediglich Unterarten aus mediterranen Regionen gelten als gut zu pflegen. Man sollte sie im Sommer in Freilandanlagen halten.

Pflege: Siehe Tabelle S. 94 (lediglich von einigen Unterarten bekannt).

Vermehrung: *Testudo graeca*, europäische Formen: 1–2 (max. 3) Gelege, je 4–8 (max. 10) Eier (etwa 30–40 mm, 17–20 g). Bei 24–32 °C (relative Luftfeuchtigkeit 80–90 %) Schlupf nach 68–78 Tagen, bei 28–31 °C (relative Luftfeuchtigkeit 80–90 %) nach 60–80 Tagen, bei 27–31 °C nach 60–78 Tagen. Bei 26–30 °C schlüpfen männliche, bei 31–33 °C weibliche Nachkommen.

Testudo graeca nabeulensis: 2–4 (max. 6) Eier (17–35 × 24–28 mm, etwa 11–14 g.) Bei 30–32 °C Schlupf nach 61–71 Tagen, bei 29,7 °C nach 71–75 Tagen, bei 31 °C nach 66–69 Tagen, bei 30 °C ± 2 °C nach 66–71 Tagen.

Testudo graeca soussensis: Meist 2–4 Eier (14–20,5 g). Leicht feuchtes Vermiculit. Bei 32 °C (relative Luftfeuchtigkeit 65–70 %) Schlupf nach 74–80 Tagen.

Testudo hermanni Gmelin, 1789
Griechische Landschildkröte

Verbreitung: *Testudo h. hermanni* Gmelin, 1789: Süden Frankreichs (einschließlich Korsika), Italien (einschließlich Sizilien und Sardinien), Osten Spaniens, Balearen (eingeführt).

Testudo h. boettgeri Mojsisovics, 1889: Türkei (europäischer Teil), Bulgarien, Rumänien bis Griechenland, Mazedonien, Albanien, Serbien, Kosovo, Montenegro und Kroatien.

Testudo h. hercegovinensis Werner, 1930: Dalmatinische Küste Kroatiens, Bosnien-Herzegovinas und Montenegros. Die Gültigkeit dieser Unterart wird inzwischen bezweifelt!

Beschreibung: Carapaxlänge je nach Unterart 20–36 cm. Rückenpanzer elliptisch geformt, erinnert sehr stark an *Testudo graeca*. Unterscheidungsmerkmale zu *Testudo graeca*: Schwanzschild gewöhnlich geteilt, Schwanzspitze endet mit Endnagel. Rückenpanzer gelblich orange, bräunlich oder grünlich, mit unterschiedlichen dunkleren Pigmentschichten. Rückenpanzerschilde häufig mit dunklem Vorderrand. An jedem Fuß fünf Krallen. Schuppen an den Vorderbeinen nicht sonderlich kräftig. Oberschenkelsporne fehlen. Männchen bleiben kleiner als Weibchen, haben einen längeren, dickeren Schwanz und einen konkav geformten Bauchpanzer. Randschilde über den Hinterbeinen größer und gewölbt.

Testudo h. hermanni: Die dunklen Flecke auf dem Bauchpanzer bilden längs der Mitte zwei breite schwarze Bänder; Mittelnaht der Brustschilde kürzer als die der Schenkelschilde.

Jungtiere der Griechischen Landschildkröte, *Testudo hermanni boettgeri*.

Testudo h. boettgeri: Bauchpanzer ungefleckt oder gefleckt; Mittelnaht der Brustschilde ist gleich lang oder länger als die der Schenkelschilde.

Testudo h. hercegovinensis: Bauchpanzer ungefleckt oder gefleckt. Mittelnaht der Brustschilde ist gleich lang oder länger als die der Schenkelschilde, Hüftschild (Inguinale) fehlt in den meisten Fällen.

Lebensweise: Können die verschiedensten Lebensräume besiedeln, vor allem im Küstenbereich. Wichtig sind genügend Deckung und Schattenplätze sowie Vegetation als Nahrungsgrundlage. Man findet die Tiere in Buschlandschaften ebenso wie auf Kulturflächen. Ihre Lebensweise ähnelt der von *Testudo graeca*. Kurz nach der Winterruhe werden die Männchen aktiv und verfolgen fast ständig die Weibchen, mit denen sie dann auch häufig kopulieren. Im Sommer nehmen die Fortpflanzungsaktivitäten ab, werden aber im Herbst noch einmal verstärkt. Ansonsten wie *Testudo graeca*. Müssen in Menschenobhut unbedingt in einer Freilandanlage untergebracht werden. Jungtiere sollte man nur in den Übergangszeiten eventuell in Innenterrarien pflegen! Eine Überwinterung ist zwingend notwendig.

Pflege: Siehe Tabelle S. 94.

Vermehrung: *Testudo h. boettgeri*: Meist 4–6 (max. 10) Eier. Bei 28–31 °C Schlupf nach 54–79 Tagen. Bei 25–30 °C schlüpfen männliche, bei 33–34 °C weibliche Nachkommen.

Testudo h. hercegovinensis: Meist 2–3 (max. 4) Eier. Bei 32 °C (relative Luftfeuchtigkeit 100 %) Schlupf nach 56 und 57 Tagen.

Testudo h. hermanni: Meist 4–5 Eier. Bei 28–31 °C Schlupf nach 54–79 Tagen. Bei 25–30 °C schlüpfen männliche, bei 33–34 °C weibliche Nachkommen.

Pflege der Vertreter der Familie Testudinidae, Teil 3 (Gattung *Testudo*)

	Terrarientyp	Strahlungswärme	Nahrung	Vergesellschaftung	Terrariengröße	Wasserstand	Überwinterung	Literatur
Testudo graeca Algerische Landschildkröte europäische Formen	H	45 °C	O (vv)	GT	8	Wasserschale	europ. Formen: 3–4 Monate bei 4–6 °C	JOST (SIGS-Merkblatt 1998) KÖHLER (1997)
Testudo graeca nabeulensis Tunesische Landschildkröte	H/I	45 °C	O (vv)	GT	8	Wasserschale	nur etwas kühler halten	HUFER et al. (2000) ROGNER (2001, 2006) JOST (2001) HUFER (2002)
Testudo graeca soussensis Sousstal-Landschildkröte	H	45 °C	O (vv)	GT	8	Wasserschale	nein	BREUER (2005)
Testudo hermanni boettgeri Griechische Landschildkröte	G	45 °C	O (vv)	GT	8	Wasserschale	4–5 Monate bei 4–6 °C	KÖHLER (1997) ROGNER (2005) (ausführlich)
T. hermanni hercegovinensis Dalmatinische Landschildkröte	G	45 °C	O (vv)	GT	8	Wasserschale	3–4 Monate bei 4–6 °C	HERZ (2005)
T. hermanni hermanni Italienische Landschildkröte	G	45 °C	O (vv)	GT	8	Wasserschale	3–4 Monate bei 4–6 °C	KÖHLER (1997)
Testudo kleinmanni Ägyptische Landschildkröte	H	45 °C	O (vv)	GT	8	Wassernapf	–	HIGHFIELD et al. (1995) GAD (2000) WITTMUND (2005)
Testudo marginata Breitrandschildkröte	G	45 °C	O (vv)	GT	8	Wasserschale	ja	KÖHLER (1997) MÄHN et al. (2000) ROGNER (2007) (ausführlich) REINHARDT et al. (2005)

Terrarientyp: siehe S. 20
Nahrung: O (vv) = omnivor, vorwiegend vegetarisch
Vergesellschaftung: GT = nach Geschlechtern getrennt
Terrarienlänge = Panzerlänge × angegebener Faktor; Terrarienbreite = halbe Terrarienlänge

■ *Testudo kleinmanni* LORTET, 1883
Ägyptische Landschildkröte

Verbreitung: Nordosten Ägyptens und Nordosten Libyens.
Beschreibung: Carapaxlänge bis zu 13,8 cm. Rückenpanzer stark gewölbt, in der Nackenregion tiefe Kerben. Die Schildkröten besitzen auf jeder Seite 11, seltener 10 oder 12 Randschilde. Nackenschild recht groß und hinten viel breiter als vorn. Das Schwanzschild ist ungeteilt, der Rückenpanzer blass gelb bis grünlich gelb. Es kommen sowohl einfarbig gelbe bis gelbrötlich gefärbte Exemplare als auch Exemplare mit schwarz gefärbten Säumen vor. Einige Schilde besitzen in ihrem Zentrum manchmal einen dunklen Punkt. Der grünlich gelbe Bauchpanzer weist häufig einen dunkelbraunen Fleck auf. Die Bauchpanzer-Hinterlappen sind bei beiden Geschlechtern durch ein Quergelenk beweglich abgesetzt. Vorderbeine mit bemerkenswert großen Schuppen. Jungtiere fast völlig gelb gefärbt. Männchen mit etwas längerem, dickerem Schwanz.
Lebensweise: Der Lebensraum ist auf wüstenähnliche Bereiche beschränkt, mit durchschnittlichen Temperaturen um 20 °C. In diesen Regionen können die Temperaturen auf maximal 30 °C steigen und bis auf 12 °C sinken. Die winterlichen Niederschläge schwanken zwischen 50 und 200 mm (saharo-arabische bioklimatische Region). Die Vegetation besteht lediglich aus spärlichem Gestrüpp. Auf dem Sinai fehlt der Bewuchs überhaupt, und die Populationsdichte ist hier nur sehr gering. In Nordost-Libyen ist die baum- und strauchlose *Artemisia*-Steppe der charakteristische Lebensraum der Art. Als auffallendere Vegetationselemente befinden sich hier lediglich wadibegleitende Sträucher und Bäume. Der Jahresniederschlag liegt hier bei etwa 50 mm. Als Versteckplätze dienen häufig nur niedrige Steppenpflanzen und flache Felsspalten. Bei der Untersuchung der Populationen ergab sich ein Geschlechterverhält-

nis von 2:1 (Männchen/Weibchen). Im Sommer leben die Tiere mehr oder weniger zurückgezogen und sind nur am frühen Morgen kurz aktiv. In ihrer Aktivitätsphase liegt ihre Körpertemperatur gewöhnlich bei 28–32 °C, bei einer Umgebungstemperatur von 21–24 °C. Inaktive Exemplare verbergen sich oft in Nagetierbauen, die im Sommer eine mittlere Temperatur von 29,5 °C aufweisen und relativ feucht sind. Vor allem im Frühjahr und Winter sind die Schildkröten aktiv, zwischen Dezember und Februar sogar ganztägig, im März/April nur noch zweimal am Tag. Die Paarungszeit beginnt im März. Bis Ende Juni sind gewöhnlich alle Eier abgelegt. Zwischen den einzelnen Eiablagen können 20–30 Tage vergehen. Die Eier sind relativ groß und entsprechen etwa 28 % der Körperlänge des Weibchens. Ihre Nester legen die Weibchen unter kleinen, schattigen Büschen an. Der Winter in Marokko entspricht etwa unserem Sommer, sodass die Schildkröten ihre „kühle" Jahreszeit in einer Freilandanlage, die warme in einem Innenterrarium verbringen können. Empfohlene Literatur: Gad (2000).

Pflege: Siehe Tabelle S. 94

Vermehrung: 1–3 (max. 4) Eier (etwa 28–43 × 21,6–26,4 mm, 7–16 g. Bei 30–35 °C Schlupf nach etwa 92–95 Tagen, bei 30 °C tagsüber und 31 °C nachts (relative Luftfeuchtigkeit 70–80 %) nach 8–9 Wochen, bei 32 °C (relative Luftfeuchtigkeit 70–80 %) nach etwa 121 Tagen, bei 32 °C (relative Luftfeuchtigkeit 70–90 %) nach 78–97 Tagen.

Testudo marginata Schoepff, 1792
Breitrandschildkröte

Verbreitung: *Testudo marginata* Schoepff, 1792: Süden Albaniens, Griechenland (vom Olymp in südlicher Richtung, einschließlich der Inseln Skyros und Poros), eingebürgert in Italien (Sardinien, Tombolo Livorno).

Beschreibung: Carapaxlänge bis zu 35 cm, selten über 40 cm. Rückenpanzer tiefschwarz, bei jüngeren Tieren mit blassgelber Zeichnung; hintere Randschilde im Alter weit ausladend (Feuerwehrhelm). Alte Exemplare meist völlig schwarz. Bauchpanzer gelboliv, auf jedem größeren Schild eine schwarze Dreieckszeichnung. An den Beinen fünf Krallen. Jungtiere unterscheiden sich von anderen europäischen Landschildkröten vor allem durch das Fehlen der vergrößerten, spornartigen Schuppen auf den Oberschenkeln, auch durch die markante Hell-Dunkel-Färbung jedes einzelnen Bauchpanzerschildes. Männchen haben einen konkav geformten Bauchpanzer und einen längeren, dickeren Schwanz.

Die als Unterart oder sogar Art beschriebene *Testudo marginata weissingeri* wird nicht mehr als eigene Form anerkannt! Im Vergleich zu griechischen Breitrandschildkröten ist bei erwachsenen sardischen Exemplaren der Carapax im hinteren Bereich deutlich weniger ausladend, weniger stark gesägt, und die „Taille" ist weniger ausgeprägt. Für Mayer (1992) war dieses Phänomen Grund genug, um die sardischen Breitrandschildkröten als Unterart *T. m. sarda* einzuführen. Dieses Merkmal ist aber nur als „persistierende Jugendeigenschaft" aufzufassen (siehe Rogner 2007). Außerdem handelt es sich trotz der morphologischen Unterschiede bei der sardischen Variation um eine viel zu junge Form.

Oben: Ägyptische Landschildkröte, *Testudo kleinmanni.*

Unten: Sardische Breitrandschildkröte, *Testudo marginata.*

Lebensweise: Leben vor allem in den Hängen des Berglands (bis 1600 m ü. NN), in Macchia/Phrygana und kleinen Wäldern. Sie kommen aber in geeigneten Regionen auch bis in Küstennähe vor. Beginnen morgens in der Sonne mit der Aufwärmphase und anschließender Nahrungsaufnahme. Danach legen sie eine Mittagsruhe ein, zu der sie sich in ihre Verstecke unter Büsche oder an andere

Griechische Breitrandschildkröte, *Testudo marginata.*

kühle Ruheplätze zurückziehen. Die nächste Aktivitätsphase beginnt am Nachmittag mit weiterer Nahrungssuche. In der Fortpflanzungszeit suchen Männchen intensiv nach Weibchen. In den heißen Sommermonaten legen sie manchmal eine Sommerruhe ein, die mehrere Wochen dauern kann. Die im Winter eingelegte Ruhephase kann ebenfalls mehrere Wochen, aber auch Monate dauern. Artner (1996) fand die kleiner bleibenden *Testudo marginata* lediglich in den felsigen Steilhängen, die wesentlich sonnenexponierter und deshalb einen großen Teil des Jahres trockener sind. In den Olivenhainen können die Schildkröten dagegen deutlich größer werden. In der Umgebung von Kardamilli (Peloponnes) traf ich in Olivenhainen beide „Formen" gemeinsam an, ebenso in den mit Fels durchsetzten Hängen. Eine tatsächliche Unterscheidung fällt schwer, da es sich bei Halbwüchsigen oder Jungtieren um beide „Formen" handeln könnte. An der südlichen Verbreitungsgrenze ist die Situation noch unübersichtlicher, da dort die Individuen stark variieren. Auf Sardinien fand ich in den Randbereichen dichter Macchia/Phrygana-Flächen lediglich große, ausgewachsene Exemplare, stets in Küstennähe (Rogner 2007).

Pflege: Siehe Tabelle S. 94.

Vermehrung: 4–10 (max. 14) Eier. Bei 28–31 °C Schlupf nach 59–77 Tagen, bei 28–32 °C (relative Luftfeuchtigkeit 60 %) nach etwa 55–75 Tagen. Bei konstant 28 °C in leicht feuchtem Substrat (Vermiculit, Seramis) künstlich bebrütet entstehen eher Männchen, bei 32 °C eher Weibchen. Der Schlupf erfolgt dann nach 65–80 Tagen.

Familie Geoemydidae Altwelt-Sumpfschildkröten

Bemerkenswert ist, dass man aus der Familie Geoemydidae Theobald, 1868 inzwischen über 100 Hybriden kennt, selbst Kreuzungen aus verschiedenen Gattungen. Es sind auch Kreuzungen aus drei verschiedenen Formen bekannt. Abbildungen findet man bei Vetter & Van Dijk (2006).

Cathaiemys LINDHOLM, 1931

Asiatische Wasserschildkröten

Die Arten der Gattung *Cathaiemys* wurden zuvor unter der Gattung *Mauremys* geführt. *Cathaiemys annamensis* gilt als stark gefährdet (IUCN-Kategorie), da die Art in ihrem sehr kleinen Verbreitungsgebiet abgesammelt und als Nahrungsmittel nach Südchina verkauft wird. Inzwischen gelingt die Nachzucht in Menschenobhut. Es sind Hybriden aus den Kombinationen *Cathaiemys mutica* × *Pyxiclemmys trifasciata* und *Cathaiemys annamensis* × *Cathaiemys mutica* bekannt.

Arten: *Cathaiemys annamensis* (Siebenrock, 1903): Zentral-Vietnam (empfohlene Literatur Uhrig, D., & D. S. Lee 2006).

Cathaiemys mutica (2 Unterarten). Über die bekannten Formen hinaus gibt es noch einige in Taiwan, Nord- und Zentral-Vietnam bis zum Süden Chinas, einschließlich der Insel Hainan, die wissenschaftlich noch genauer beschrieben werden müssen.

■ *Cathaiemys mutica* CANTOR, 1842
Gelbe Sumpfschildkröte

Verbreitung: *Cathaiemys m. mutica* (CANTOR, 1842: Südosten Chinas.
Cathaiemys m. kami YASUKAWA, OTA & IVERSON, 1996: Japan (Westen der Riukiu-Inseln).
Beschreibung: Carapaxlänge bis zu 18 cm. Rückenpanzer kastanienbraun mit drei schwarzen Längskielen. Mittlerer Kiel deutlicher ausgeprägt und oft als einziger erkennbar. Bauchpanzer orange- bis schwefelgelb. Schilde auf der äußersten Hinterseite mit großem dunklem Fleck. Waagerechtes breites gelbes Schläfenlängsband, oft auch schwarz eingefasst, das direkt hinter dem Auge beginnt. Kehle ebenfalls gelblich. Männchen mit konkav geformtem Bauchpanzer und längerem Schwanz.
Lebensweise: Sehr anpassungsfähig. Kommt in Tümpeln, Teichen und Sumpfgebieten der Niederungen ebenso vor wie in Waldbächen des Hügellands. Die Tiere gelten als sehr widerstandsfähig, können nur schlecht schwimmen und ernähren sich omnivor (neben animalischer Kost vor allem von Früchten).
Pflege: Siehe Tabelle S. 98.
Vermehrung: 1–2 (max. 4) Eier (etwa 33–38 × 18,0–22,5 mm, 7,5–12 g). Bei 30–31 °C tagsüber und 23–24 °C nachts (relative Luftfeuchtigkeit 90 %) Schlupf nach 72–79 Tagen, bei 30 °C nach 60 Tagen. Bei konstanter Temperatur von 28 °C Schlupf nach 65 beziehungsweise 70 Tagen, bei 27 °C (relative Luftfeuchtigkeit 90 %) nach 74–75 Tagen, bei 28–30 °C (relative Luftfeuchtigkeit 80–90 %) nach 65–70 Tagen, bei 25–30 °C nach 67 Tagen. Bei 25 °C Junge zu 75 % Männchen, bei 30 °C überwiegen Weibchen
Cathaiemys annamensis: 1–8 (max. 12) Eier (37,4–40,9 × 20,1–24 mm, 10–15 g. Bei 27–28 °C Schlupf nach 80–90 Tagen.

Chinemys SMITH, 1931

China-Sumpfschildkröten

Bei *C. pritchardi* handelt es sich um einen Hybriden zwischen *Catheiemys mutica* × *Chinemys reevesii*. YASUKAWA et al. (1992) berichten von Hybriden zwischen *Mauremys (Geoemyda) japonica* × *Chinemys reevesii*. Von Hybriden zwischen *Chinemys reevesii* × *Cuora amboinensis kamaroma* schreiben GALGON & FRITZ (2002). Auch kennt man Hybriden zwischen *Chinemys reevesii* × *Sacalia quadriocellata* sowie *Chinemys reevesii* × *Cistoclemmys flavomarginata* und *Chinemys reevesii* × *Ocadia japonica*.
Arten: *Chinemys megalocephala* FANG, 1934: Osten Chinas, Norden und Süden Koreas sowie Japan.

Die Gelbe Sumpfschildkröte, *Cathaiemys mutica*, ist als sehr pflegeleicht bekannt.

Chinemys nigricans (GRAY, 1834): Südosten Chinas und äußerster Nordosten Vietnams.
Chinemys reevesii (GRAY, 1831): China, Taiwan.
Pflege: Siehe Tabelle S. 98.
Vermehrung: *Chinemys nigricans*: 3–5 Eier (35–38 × 20 mm, etwa 8,3 g). Bei 28–30 °C Schlupf nach 49–65 Tagen, bei 31 °C nach 51 Tagen.

■ *Chinemys reevesii* GRAY, 1831
Chinesische Dreikielschildkröte

Verbreitung: China und Taiwan.
Beschreibung: Carapaxlänge 15–18 cm, selten bis 25 cm. Rückenpanzer bräunlich bis fast schwarz, drei Kiele. Vor allem bei Jungtieren können die Nähte der Schilde hell abgesetzt sein. Bauchpanzer einheitlich schwarz oder hellgelb mit größeren dunklen Flecken, Nähte hell abgesetzt. Weichteile

Die Chinesische Dreikielschildkröte, *Chinemys revesii*, ist ein Kulturfolger.

Pflege der Vertreter der Familie Geoemydidae, Teil 1

	Terrarientyp	Strahlungs-wärme	Nahrung	Vergesell-schaftung	Terrarien-größe	Wasser-stand und -temperatur	Überwinte-rung	Literatur
Cathaiemys anamensis Annam-Wasserschildkröte	D	35 °C	O	GT	6	4–5 22–25 °C	–	Uhrig et al. (2006)
Cathaiemys mutica Gelbe Sumpfschildkröte	D	35 °C	O	GT	6	4–5 23–25 °C, Sommer 25–28 °C	ca. 4 Monate bei 5–10 °C	Jungnickel (1989) Köhler (1997) Hennig (1998, 2002) Hennen (2003) Jost (2004)
Chinemys nigricans Chinesische Rothalsschildkröte	D	35 °C	O (va)	Gruppe (1 ♂, 2–3 ♀)	6	2–3 22–25 °C	nur etwas kühler	De Bruin (1993) Köhler (1997)
Chinemys reevesii Chinesische Dreikielschildkröte	D	35 °C	O (va)	Gruppe (1 ♂, 2–3 ♀)	6	2–3 22–25 °C	ca. 2 Monate 10–18 °C	Golle (1977) Hofmann (2007) Rudloff (1990) Nöllert (1990)
Cistoclemmys bouretti Indochinesische Scharnierschild-kröte	F	–	O	GT	6 halb-feucht	Wasser-schale	–	Fiebig et al. (2000)
Cistoclemmys flavomarginata Gelbrand-Scharnierschildkröte	F	35 °C	O	Gruppe (1 ♂, 2–3 ♀) oder GT	6 halb-feucht	Wasser-schale	10–12 Wochen bei 14–18 °C (dunkel)	Becker (1999) Schäfer (1997) Egretzberger (2005) Fritzsche et al. (2005) Pawlowski (2005) Pawlowski et al. (2006) Hennen (2000) Zwartepoorte et al. (2000) Pawlowski et al. (2003)
Cistoclemmys galbinifrons Chinesische Scharnierschildkröte	F	–	O (vv)	GT	6 halb-feucht	Wasser-schale	nur etwas kühler	De Bruin (1994) Köhler (1997) Hiller (2005)
Cistoclemmys mccordi McCords Scharnierschildkröte	F	35 °C	O (va)	Gruppe (1 ♂, 2–3 ♀) oder GT	6 feucht	1 (flaches Becken) 24–26 °C	nur etwas kühler halten	Hertwig (2005) Schroller (2005)
Cuora amboinensis Südostasiatische Scharnierschild-kröte	F	35 °C	O	GT	6	2 24–26 °C	nur etwas kühler	Praedicow (1985) Helm (2002) Beil (2005)
Cyclemys atripons Schwarzbauch-Blattschildkröte	D	35 °C	O	Gruppe (1 ♂, 2–3 ♀)	6	2–3 24–26 °C	–	Schilde (2003)
Cyclemys atripons pulchristriata Östl. Schwarzbauch-Blattschildkröte	D	35 °C	O	Gruppe (1 ♂, 2–3 ♀)	6	2–3 24–26 °C	–	Schilde (2003)
Cyclemys dentata Indomalaiische Blattschildkröte	D	35 °C	O (va)	Gruppe (1 ♂, 2–3 ♀)	6	2–3 24–26 °C	–	Zwartepoorte (schr. Mitt.) Schilde (2003)
Cyclemys oldhami Oldhams Blattschildkröte	D	35 °C	O	Gruppe (1 ♂, 2–3 ♀)	6	2–3 24–26 °C	–	Schilde (2003)
Cyclemys shanensis tcheponensis Nackenstreifen-Blattschildkröte	D	35 °C	O (va)	Gruppe (1 ♂, 2–3 ♀)	6	2–3 24–26 °C	–	Schilde (2002, 2003)

Terrarientyp: siehe S. 20
Nahrung: O = omnivor; O (va) = omnivor, vorwiegend animalisch; O (vv) = omnivor, vorwiegend vegetarisch
Vergesellschaftung: GT = nach Geschlechtern getrennt
Terrarienlänge = Panzerlänge × angegebener Faktor; Terrarienbreite = halbe Terrarienlänge
Wasserstand = Panzerbreite × angegebener Faktor

dunkel, 2 bis 3 Schnörkellinien hinter dem Auge, die auf dem Hals in helle Punkt- oder Strichlinien übergehen. Vorderfüße mit fünf, Hinterfüße mit vier Zehen. Männchen bleiben kleiner, sind fast immer Schwärzlinge, haben dickere Schwanzwurzeln und konkave Bauchpanzer.

Lebensweise: Flüsse, Seen, vegetationsreiche Teiche, Tümpel und Wassergräben. Recht anspruchsloser Kulturfolger. Die Tiere leben auch in Reisfeldern oder Wasserstellen in der Nähe menschlicher Siedlungen. Zum Nahrungsspektrum zählen Insektenlarven aller Art, kleine Krebse, Schnecken, kleine Fische, aber auch Aas, seltener auch Wasserpflanzen. Die Tiere sind selbst bei recht niedrigen Temperaturen noch aktiv und kommen auch in kühlen Gewässern vor. In den kühleren Bereichen ihres Verbreitungsgebietes halten die Schildkröten eine Winterruhe.

Pflege: Siehe Tabelle S. 98.

Vermehrung: 2–8, maximal 10 Eier (etwa 32–44 × 20–22,5 mm). Bei 24–30 °C und einer hohen relativen Luftfeuchtigkeit schlüpfen die 27–29,5 mm langen Jungen nach 63–85 Tagen, bei 28–30 °C und konstant 100 % Luftfeuchtigkeit nach 63–67 Tagen.

Cistoclemmys GRAY, 1856

Indochinesische Scharnierschildkröten

Die Arten der Gattung *Cistoclemmys* wurden früher zur Gattung *Cuora* gezählt. Die Tiere graben sich gern ganz in lockeres Substrat ein, auch im Terrarium! In den vietnamesischen Provinzen Ha Tinh und Quang Binh stellte man einen Übergang zwischen den Unterarten *Cistoclemmys g. galbinifrons* und *Cistoclemmys g. bourreti* fest. Man sollte *Cistoclemmys*-Männchen einzeln und von Weibchen getrennt halten und nur zur Paarung kurzzeitig zusammensetzen. Man kennt Hybriden aus dern Kombinationen *Cistoclemmys galbinifrons* × *Pyxidea mouhotii* und *Cistoclemmys flavomarginata* × *Geoemyda japonica*. Zur Haltung und Nachzucht von *Cistoclemmys mccordi* empfohlene Literatur: ARTNER (2003).

Arten: *Cistoclemmys bouretti* (OBST & REIMANN, 1994): Osten von Laos, äußerster Nordosten Kambodschas und Zentral-Vietnam.

Cistoclemmys flavomarginata (GRAY, 1863) mit 3 Unterarten. *Cistoclemmys f. flavomarginata*: Taiwan. *Cistoclemmys f. evelynae*: Japan (Westen der Riukiu-Inseln). *Cistoclemmys f. sinensis*: Osten Chinas.*Cistoclemmys galbinifrons* BOURRET, 1939: Süden Chinas, einschließlich der Inseln Hainan, Norden Vietnams und Nordosten von Laos.

Cistoclemmys picturatus (LEHR, FRITZ & OBST, 1998): Süden Vietnams, äußerter Süden von Laos und Osten Kambodschas.

Gelbrand-Scharnierschildkröte, *Cistoclemmys flavomarginata flavomarginata*.

■ *Cistoclemmys flavomarginata* (GRAY, 1863)
Gelbrand-Scharnierschildkröte

Verbreitung: *Cistoclemmys f. flavomarginata*: Taiwan.
Cistoclemmys f. evelynae: Japan (Westen der Riukiu-Inseln).
Cistoclemmys f. sinensis: Osten Chinas.

Beschreibung: Carapaxlänge 18–20 cm. Rückenpanzer leicht gewölbt, langgestreckt, dunkelbraun bis schwarz. Gelblicher Mittelkiel. Einzelne Schilde manchmal hell gefleckt. Bauchpanzer schwarz. Kopf gelblich, Oberseite mittelbraun. Leuchtend hellgelber, dunkel eingefasster Streifen beginnt hinter dem Auge und zieht sich bis in den Nacken. Weichteile dunkelbraun bis schwarz. Männchen mit etwas dickerer Schwanzbasis.

Lebensweise: Angeblich nur in der Nähe von Sumpfgebieten und an Rändern flacher Gewässer. Tümpel, Teiche und überschwemmte Reisfelder. Im Gegensatz zur früheren Ansicht ist die Art jedoch streng landlebend und überhaupt nicht von Gewässern abhängig. Im Norden Taiwans beobachtete man die Tiere in der Zeit von Mai 1996 bis Februar 1998 in einem hügeligen Gebiet, etwa 150 und 350 m ü. NN in der Nähe von Taipeh, das von immergrünem Primärwald und Sekundärwald geprägt ist. Dort befinden sich neben hohen Bäumen auch niedrige Büsche und eine üppige Krautschicht, durchzogen von kleinen Bächen. Hauptaktivitätszeiten von Anfang April bis November. Überdauern die kühle Jahreszeit in natürlichen Höhlen oder dicker Laubschicht. Paarungen erfolgen vermutlich im Spätsommer und Herbst. Meiden die Sonne und sind in der Aktivitätszeit meist Temperaturen von etwa 24–26 °C (nachts etwas geringer) ausgesetzt.

Pflege: Siehe Tabelle S. 98.

Vermehrung: 1–2 (max. 3) Eier (35–59 × 16–25,0 mm, 10,3–20 g. Aus dem Freiland bekannt: 1–3 Eier je Gelege (39,6–53,5 × 22,6–28,0 mm, 12,0–26,7 g. Gelege locker mit Substrat abdecken (Versteckmöglichkeit für Schlüpflinge). Um 30 °C (relative Luftfeuchtigkeit 95 %) Schlupf nach 69–71 Tagen, bei 28 °C (relative Luftfeuchtigkeit 70 %) nach etwa 79 Tagen, bei 27–29,5 °C nach 71–82 Tagen, bei 28–30 °C (hohe Luftfeuchtigkeit) nach 78 Tagen, bei 29 °C ± 0,5 °C nach 71–101 Tagen.

■ *Cistoclemmys galbinifrons* Bourret, 1939
Hinterindische Scharnierschildkröte

Verbreitung: Süden Chinas, einschließlich der Inseln Hainan, Norden Vietnams und Nordosten von Laos.
Beschreibung: Carapaxlänge bis ungefähr 19 cm. Rückenpanzer sehr hoch gewölbt, hell- bis dunkelbraun mit gelbem Mittelkiel, an den Seiten je ein breites gelbes Längsband. Wirbel- und Randschilde mit zahlreichen gelblichen Flecken und Strichen. Bauchpanzer schwarz oder gelblich gefleckt. Kopf bräunlich bis rötlich gelb, Schnauze dunkelbraun. Kopfseiten bräunlich gezeichnet. Hals und Vorderbeine oft ebenfalls schwarz und rötlich gezeichnet. Männchen mit gelber, Weibchen mit orangefarbener Iris.
Lebensweise: Feuchte montane Waldregionen mit Falllaub und Unterwuchs. Dort herrscht gewöhnlich ein feucht-kühles Klima, und nahezu täglich regnet es. Es sind mittlere relative Luftfeuchtigkeiten von 83 % bekannt. Man hat in der Terra typica im Februar 14 °C gemessen. In den Sommermonaten kann es sehr warm werden, im Winter fallen in einigen Gebieten die Temperaturen unter den Gefrierpunkt. Erinnern nicht nur im Aussehen, sondern auch ethologisch teilweise an amerikanische Dosenschildkröten.
Pflege: Siehe Tabelle S. 98.
Vermehrung: 2–3 Eier (56,9 ± 0,42 × 27,6 ± 0,5 mm, 25,2 ± 3,3 g). Bei 30 °C Schlupf nach etwa 70 Tagen. Nach 2 Wochen bei 30 °C und danach 27–28 °C Schlupf nach 87–89 Tagen.
Cistoclemmys bouretti: 1–2 Eier (etwa 55,4 × 30,0 mm). Nicht zu hohe Temperaturen! Bei 24–30 °C Schlupf nach 85–117 Tagen, bei 27,5 °C nach 97 Tagen.
Cistoclemmys mccordi: 1–3 Eier. Bei 30 °C am Tag und 27 °C in der Nacht Schlupf nach 75–82 Tagen.

Hinterindische Scharnierschildkröte, *Cistoclemmys galbinifrons*.

Cuora Gray, 1855

Südostasiatische Scharnierschildkröten

Monotypische Gattung. Bisher 4 Unterarten. Es gibt verschiedene Lokalformen, die noch nicht wissenschaftlich beschrieben worden sind. Außerdem kennt man Hybriden, die aus Kombinationen zwischen *Cathaiemys annamensis* × *Cuora a. kamaroma*, *Chinemys reevesii* × *Cuora a. kamaroma*, *Cuora amboinensis* × *Malayemys subtrijuga*, *Cuora amboinensis* × *Pyxiclemmys trifasciata* und *Cuora amboinensis* × *Chinemys reevesii* hervorgegangen sind.

■ *Cuora amboinensis* (Daudin, 1801)
Südostasiatische Scharnierschildkröte

Verbreitung: *Cuora a. amboinensis* (Daudin, 1801): Molukken und Timor (Indonesien) und Timor Leste.
Cuora a. couro (Schweigger, 1812): Sumatra, Java, Bali, Sumbawa und benachbarte Inseln (Indonesien).
Cuora a. kamaroma Rummler & Fritz, 1991: Thailand, Laos, Kambodscha und Süden Vietnams bis Süden Myanmars und Malaiische Halbinsel (Malaysia, Singapur).
Cuora a. lineata McCord & Philippen, 1998: mittleres und südliches Myanmar.
Beschreibung: Carapaxlänge 20–22 cm. Rückenpanzer bräunlich bis fast schwarz. Jungtiere noch mit 3 Längskielen, ältere höchstens mit undeutlichem Mittelkiel. Äußerster Rand der Bauchpanzerschilde mit verwaschenem schwarzem Fleck auf gelbem Grund. Kopf länglich, leicht kantig mit dunkelbrauner Oberseite, von gelbem Band umgeben. Braune Längsbinde zieht sich darunter von der Nasenspitze zum Hals. Ein weiteres gelbes Band folgt, durch einen braunen Strich gabelförmig geteilt. Halsunterseite gelblich, Gliedmaßen graubraun. Männchen mit längerem, dickerem Schwanz, Bauchpanzer konkav geformt.

Die Südostasiatische Scharnierschildkröte, *Cuora amboinensis*, lebt weitgehend terrestrisch.

Lebensweise: Flüsse, Sümpfe, Kanäle, flache, vegetationsreiche Tümpel und deren dicht bewachsene Uferzonen. Die Tiere kommen nicht nur in der Nähe von Gewässern vor, sondern können auch recht weit vom nächsten Gewässer entfernt angetroffen werden. Sie fressen sowohl an Land als auch im Wasser und sollen vorwiegend von Pflanzen leben, nehmen im Terrarium aber auch animalische Kost an. Paarungen finden im Wasser statt. Die Weibchen legen mehrmals im Jahr Eier. Nach GRYCHTA (1988) leben die Schildkröten mehr terrestrisch und suchen offenbar nur zur Paarung das Wasser auf. Weibchen untereinander oft streitsüchtig.

Pflege: Siehe Tabelle S. 98.

Vermehrung: 1–3 (max. 5) Eier (etwa 41,5–52,5 × 25–30 mm, 19–26 g). Bei 27–29 °C (relative Luftfeuchtigkeit fast 100 %) Schlupf nach 67 Tagen, bei 23 und 32 °C (relative Luftfeuchtigkeit 60–95 %) nach 76 Tagen, bei 28–29 °C nach 70–80 Tagen (Weibchen). Bei 28–30 °C (relative Luftfeuchtigkeit 100 %) Schlupf nach etwa 60 Tagen, bei 29–30 °C (relative Luftfeuchtigkeit 85 %) nach 64–66 Tagen.

Cyclemys BELL, 1834

Blattschildkröten

Bei der Gattung *Cyclemys* gehen die Meinungen sehr weit auseinander, wie viele Arten oder Unterarten ihr zuzuordnen sind. Anhand von Gewebe- und Blutuntersuchungen zeigte sich, dass „*C. oldhamii*" drei eigenständige Arten (*C. oldhamii*, *C. shanensis* und eine unbeschriebene Art) umfasst. Außerdem hat sich herausgestellt, dass *Cyclemys tcheponensis* und *C. shanensis* der gleichen Art angehören, weshalb *C. tcheponensis* nun als Unterart von *C. shanensis* anzusehen ist. Blattschildkröten ernähren sich vorwiegend von animalischer Kost, hin und wieder aber auch vegetarisch (SCHILDE 2003). SCHILDE et al. (2004) berichten von Hybriden zwischen *Ocadia sinensis* × *Cyclemys shanensis*. Außerdem kennt man Hybriden aus den Kombinationen *Cyclemys* sp. × *Melanochelys* sp.

Arten: *Cyclemys atripons* IVERSON & MCCORD 1997. 2 Unterarten: *Cyclemys a. atripons* IVERSON & MCCORD 1997: Osten Thailands und Süden Kambodschas. *Cyclemys a. pulchristriata* FRITZ, GAULKE & LEHR, 1997: Süden und Mitte Vietnams.

Cyclemys dentata (GRAY, 1831): Malaiische Halbinsel (Thailand, Malaysia, Singapur) bis Sumatra, Java und benachbarte Inseln (Indonesien).

Cyclemys oldhami (GRAY, 1863): Süden Myanmars über die Malaiische Halbinsel bis Sumatra (Indonesien), Borneo und benachbarte Inseln (Malaysia, Brunei, Indonesien).

Cyclemys ovata GRAY, 1863: Borneo (Malaysia, Brunei, Indonesien), Philippinen (Sulu-Archipel, Palawan und benachbarte Inseln).

Cyclemys shanensis ANNANDALE, 1918. 2 Unterarten. *Cyclemys s. shanensis* ANNANDALE , 1918: Süden Myanmars über den Norden und die Mitte Thailands bis in den Norden Kambodschas. *Cyc-*

lemys s. tcheponensis (BOURRET, 1939): Äußerster Süden Chinas über den Norden Thailands und Laos bis Zentralthailand. Es gibt noch einige weitere, bisher wissenschaftlich noch nicht beschriebene Formen (VETTER 2006).

■ *Cyclemys dentata* (GRAY, 1831)
Indomalaiische Blattschildkröte

Verbreitung: Malaiische Halbinsel (Thailand, Malaysia, Singapur) bis Sumatra, Java und benachbarte Inseln (Indonesien).
Beschreibung: Carapaxlänge 24–26 cm. Rückenpanzer dunkelbraun, weit geschwungen, jedoch relativ flach mit ausgeprägtem Mittelkiel, Hinterrand gesägt. Bauchpanzer gelbbraun, auf jedem Schild schwarzes Strahlenmuster. Im Alter bildet sich ein „Scharnier", sodass die Bauchpanzerhälften beweglich werden. Kopf länglich, oberseits dunkelbraun. Auf dem Hals bräunlich-orangefarbene Längsstreifen. Gliedmaßen bräunlich-grau mit dunklen und hellen Sprenkeln. Bei Exemplaren aus Thailand ist die Haut an der Basis von Hals und Vorderbeinen meist hell rahmgelb, hebt sich deutlich von der bräunlichen Haut der Beine und des Kopfes ab. Bauchpanzer der Männchen konkav.
Lebensweise: Ökologisch sehr anpassungsfähig. Die Tiere leben in Sumpfgebieten, in und an Waldtümpeln, überschwemmten Wiesen und ähnlichen Gebieten bis in Höhen von 1000 m ü. NN. Sie nehmen auch an Land Nahrung auf. Erwachsene Tiere sind sehr häufig auf dem Land anzutreffen, Jungtiere mehr an das Wasser gebunden. Offensichtlich mehrere Eiablagen pro Jahr möglich. Zwölf vermessene Schlüpflinge hatten eine durchschnittliche Carapaxlänge von 56,2 mm.

Strahlen-Dreikielschildkröte, *Geoclemys hamiltonii*. Diese großen Wasserschildkröten muss man nach Geschlechtern getrennt halten und darf sie nur zur Paarung zusammensetzen.

Pflege: Siehe Tabelle S. 98.
Vermehrung: 2–3 Eier (52,1–56,6 × 29,1–30,3 mm, 27,8–30,5 g). Um 27 °C (relative Luftfeuchtigkeit 75 %) Schlupf nach 78, 79 und 91 Tagen.
Cyclemys atripons: Meist 2 Eier (61–67 × 24–28 mm).
Cyclemys atripons pulchristriata: 4 Eier (64 × 27 mm).
Cyclemys oldhami: Meist 2 Eier (etwa 56,5 × 29 mm). Bei 28 °C Schlupf nach 74 Tagen.
Cyclemys shanensis tcheponensis: 2–4 Eier (etwa 61 × 24 mm). Bei 28 °C (relative Luftfeuchtigkeit 98 %) ein Schlüpfling nach 73–76 Tagen.

Geoclemys GRAY, 1856

Strahlen-Dreikielschildkröten

Monotypische Gattung, deren einzige Art *Geoclemys hamiltonii* ist.

■ *Geoclemys hamiltonii* (GRAY, 1831)
Strahlen-Dreikielschildkröte

Verbreitung: Pakistan, Norden Indiens, Süden Nepals und Bangladesch (Flusssysteme von Indus, Brahmaputra und Ganges).
Beschreibung: Carapaxlänge 35–40 cm. Rückenpanzer braun bis schwarzbraun, recht hoch. Drei Längskiele, auch im Alter sichtbar. Erstes Wirbelschild länger als breit. Auf den einzelnen Rückenpanzerschilden gelbe Punkte und Strichzeichnung, manchmal strahlenförmig. Bauchpanzer blassgelb bis bräunlich mit längs verlaufender, dunkler Strichzeichnung, vor allem an den Brust- und Bauchschilden. Kopf und Gliedmaßen graubraun bis schwarz, mit gelben bis orangefarbenen Flecken. Auf den Beinen sind die gelben Flecke etwas kleiner. Übrige Weichteile rosafarben bis dunkelbraun. Vorderseite der Vorderbeine tragen manchmal breite, bandartige Schuppen. Zehen völlig mit Schwimmhäuten versehen. Männchen mit leicht konkavem Bauchpanzer und dickerem Schwanz. Jungtiere deutlich heller als Erwachsene.
Lebensweise: Vor allem große, flache, stehende und ruhige Gewässer, Wasserreservoirs, Teiche und Viehtränken. Trocknen die Gewässer im Sommer aus, so wandern die Tiere auch in nahe gelegene Flüsse. Sie halten sich oft längere Zeit auf dem Land auf, um sich zu sonnen. Die Nahrung besteht in der Natur aus Wasserschnecken und anderen Wirbellosen, aber auch Fischen und Amphibienlarven, selten Pflanzenteile. Weibchen sollen mehrmals im Jahr Eier legen. Schlüpflinge haben eine Rückenpanzerlänge von 35–37 mm.
Pflege: Siehe Tabelle S. 104.
Vermehrung: 9–22 Eier. Bei 30 °C Schlupf nach 75–76 Tagen.

Geoemyda GRAY, 1834

Zacken-Erdschildkröten
Die einst zur Gattung *Geoemyda* gezählte Art *Geoemyda silvatica* ist inzwischen in die monotypische Gattung *Vijayachelys* eingeordnet worden (PRASCHAG et al. 2006). *Geoemyda japonica* kann im Sommer gut in Freilandteichen gehalten werden (ARTNER et al. 1999).
Arten: *Geoemyda japonica* FAN, 1931.
Geoemyda spengleri (GMELIN, 1789).

■ *Geoemyda japonica* FAN, 1931
Okinawa-Zacken-Erdschildkröte (Abb. S. 52)

Verbreitung: Japan (Riukiu-Inseln).
Beschreibung: Carapaxlänge 15–18 cm. Rückenpanzer mittelbraun, mit konzentrisch und radiär stark gefurchten Schilden. Schwacher Mittelkiel. Hinterrandschilde deutlich gezackt. Bauchpanzer am Rand oft gelblich, der übrige Bereich braun bis schwarz, vorn mit rundlichem, hinten mit dreieckigem, tieferen Einschnitt. Kopfseiten und Kehle gelb bis hellbraun. An den Kopfseiten findet man dunkle Flecke und helle, längliche Streifen, hin und wieder auch rötliche Zeichnungen. Hals braun mit seitlichen hellen Streifen. Gliedmaßen und Schwanz ebenfalls braun, mit gelber Aufhellung auf der Außenseite der Gliedmaßen und der Schwanzoberseite. Unterseite der Nacken- und Randschilde orangefarbig gezeichnet. Männchen mit längerem und dickerem Schwanz, leicht konkav geformtem Bauchpanzer und nach unten gebogenen Seitenrändern der Femoralschilde.
Lebensweise: Langsam fließende Gewässer mit sandigem Untergrund, aber auch Teiche, Tümpel, Kanäle, Reisfelder und Wasserreservoire. Sehr an das Wasser gebunden. Die Tiere ernähren sich vorwiegend von Pflanzen, aber auch von Kleinkrebsen, Schnecken und Muscheln. Sie sollen in Gewässern überwintern und auch unter geschlossener Eisdecke schon bei der Balz beobachtet worden sein. Noch bei 5,5 °C konnte man Paarungsaktivitäten beobachten.
Pflege: Siehe Tabelle S. 104.
Vermehrung: 2–3 × je 2–8 Eier (37,7–42 × 18–20,6 mm, 10,5–13 g). Bei 27,5 °C (relative Luftfeuchtigkeit 98 %) Schlupf nach 51–53 Tagen (30 °C kann zu hoch sein!), bei 29 ± 0,5 °C nach 47 Tagen, bei 28 ± 0,5 °C nach 47–61 Tagen.

■ *Geoemyda spengleri* (GMELIN, 1789)
Chinesische Zacken-Erdschildkröte

Verbreitung: Süden Chinas (einschließlich der Insel Hainan) bis Nord- und Zentralvietnam.
Beschreibung: Carapaxlänge 9–13 cm. Rückenpanzer sehr flach, länglich. Hell- bis dunkelbraun, manchmal mehr gelblich, rötlich, grünlich oder schwärzlich. Mittelkiel und zwei seitliche Kiele vorhanden. Hinterrand stark gesägt. Die Tiere erinnern an ein abgestorbenes Blatt. Bauchpanzer dunkelbraun bis schwarz, mit gelblich weißem Rand. Unterseite der Marginalschilde mit rotem Strich. Kopf bräunlich mit hakenförmigem Schnabel, Augen nach vorn gerichtet, können sich unabhängig voneinander bewegen. Weibchen und Jungtiere am Kopf und Hals mit gelben Längsbändern, roten und blauen Flecken oder Schnörkeln, Männchen ohne diese Zeichnung. Gliedmaßen kräftig und mit starken Krallen. Kloakenöffnung des Männchens weiter vom Hinterrand des Panzers entfernt.
Lebensweise: Feuchte montane Waldregionen mit Falllaub und Unterwuchs. Dort herrscht gewöhnlich ein feucht-kühles Klima und nahezu täglich regnet es. Es sind mittlere relative Luftfeuchtigkeiten von etwa 80 % bekannt. In den Sommermonaten kann es sehr warm werden, und im Winter kann in einigen Regionen die Temperatur unter den Gefrierpunkt fallen. Vorwiegend terrestrisch, ansonsten wenig bekannt. Die Tiere sind tagsüber aktiv und optisch gut an die Umgebung angepasst.
Pflege: Siehe Tabelle S. 104. Bei der Haltung dieser Schildkröten (kein grelles Licht) muss unbedingt auf eine hohe relative Luftfeuchtigkeit geachtet werden.
Vermehrung: 1–2 (max. 3) Eier (etwa 38–46 × 17–19 mm, 10–20 g) Bei 28 °C Schlupf nach 66 Tagen, bei 25 °C nach 73 Tagen, bei 25–26 °C (relative Luftfeuchtigkeit mindestens 90 %) nach 65–110 Tagen.

Die Chinesische Zacken-Erdschildkröte, *Geoemyda spengleri*, stammt aus feucht-kühlem Klima.

Pflege der Vertreter der Familie Geoemydidae, Teil 2

	Terrarientyp	Strahlungswärme	Nahrung	Vergesellschaftung	Terrariengröße	Wasserstand und -temperatur	Überwinterung	Literatur
Geoclemys hamiltonii Strahlen-Dreikielschildkröte	C	35 °C	O (va)	GT	6	4–5 24–26 °C	–	KÖHLER (1997)
Geoemyda spengleri Chinesische Zacken-Erdschildkröte	D	keine	A (möglichst beweglich)	einzeln	6 ca. 18–max. 24 °C!	flache Wasserschale	ca. 2 Monate (8–12 °C)	RUDLOFF (1986) WIRTENSOHN (1998) JASSER-HÄGER et al. (2003)
Geoemyda japonica Okinawa-Zacken-Erdschildkröte	D	keine	O (va)	einzeln	6 ca. 18–max. 24 °C	2–3 25–28 °C	ca. 2 Monate 9–12 °C	ARTNER et al. (1999) BECKER (2003)
Heosemys grandis Riesen-Erdschildkröte	C	35 °C	O (vv)	GT	6	1 22–26 °C	–	LANGMANN (1987) RUDLOFF (1990) RUDOLPHI et al. (2000)
Kachuga dhongoka Dreistreifen-Flussschildkröte	E	35 °C	O (vv)	Gruppe (1 ♂, 2–3 ♀)	6	4–5 24–26 °C	–	MOLL (1986) VIDAVA (1980) KÖHLER (1997)
Mauremys caspica Westasiatische Bachschildkröte	D	35 °C	O (va)	Gruppe (1 ♂, 2–3 ♀)	6	4–5 22–26 °C	4–8 °C	KÖHLER (1997)
Mauremys leprosa Maurische Bachschildkröte	D	35 °C	O (va)	Gruppe (1,2–3)	6	4–5 22–26 °C	nur etwas kühler halten	KÖHLER (1997)
Mauremys rivulata Ostmediterrane Bachschildkröte	D	35 °C	O (va)	Gruppe (1 ♂, 2–3 ♀)	6	4–5 22–26 °C	Bei 4–8 °C	PAWLOWSKI (2004, 2005)
Melanochelys trijuga Schwarzbauch-Erdschildkröte	D	35 °C	O (va)	Gruppe	6	1 24–26 °C	nein	RUDLOFF (1990) KÖHLER (1997)
Ocadia sinensis Chinesische Streifenschildkröte	D	35 °C	O (va)	Männchen einzeln	6	2–3 22–27 °C	3 Monate bei 15–18 °C oder 4–6 Wochen bei 10 °C	SCHILDE (2007)
Pangshura smithii Braune Dachschildkröte	D	35 °C	O	Gruppe (1 ♂, 2–3 ♀)	6	4–5 22–26 °C	nein	DUDA et al. (1982) MINTON (1966) MÜLLER et al. (1994)
Pyxiclemmys pani Gelbkopf-Scharnierschildkröte	D	35 °C	O (va)	einzeln	6	2–3 22–26 °C	etwa 4–5 Monate 6–12 °C	THEILER (2005) HERTWIG (2005)
Pyxidea mouhotii Dornschildkröte	F	keine	O	GT	6 20–24 °C	Wasserschale	2 Monate bei 8–12 °C	TIKADER et al. (1985) WESER (1989) EWERT (1979) BERNHARDT (1995) BRÄGGER (2001)

Terrarientyp: siehe S. 20
Nahrung: A = animalisch; O = omnivor; O (va) = omnivor, vorwiegend animalisch; O (vv) = omnivor, vorwiegend vegetarisch
Vergesellschaftung: GT = nach Geschlechtern getrennt
Terrarienlänge = Panzerlänge × angegebener Faktor; Terrarienbreite = halbe Terrarienlänge
Wasserstand = Panzerbreite × angegebener Faktor

Heosemys STEJNEGER, 1902

Asiatische Erdschildkröten
Die Vertreter dieser Gattung leben in Südost-Asien und weisen Rückenpanzerlängen zwischen 20 und 40 cm auf. Ihr starrer Panzer ist mit 1–3 Kielen ausgestattet. Er ist relativ flach, und bei einigen Arten ändert sich im Verlauf des Wachstums die Gestalt so erheblich, dass man glaubt, zwei verschiedene Arten vor sich zu haben. *Heosemys depressa* galt lange Zeit als ausgestorben, bis einige Exemplare 1994 auf einem chinesischen Lebensmittelmarkt auftauchten. Die Art steht in der IUCN-Kategorie „stark gefährdet".
Arten: *Heosemys depressa* (ANDERSON, 1875): Myanmar (Arakan-Gebirge).
Heosemys grandis (GRAY, 1869): Siehe unten.
Heosemys spinosa (GRAY, 1831): Borneo (Indonesien, Malaysia, Brunei), Sumatra (Indonesien) und benachbarte Inseln, Sulu-Archipel und Mindanao Philippinen (Abb. siehe S. 106).

■ *Heosemys grandis* GRAY, 1860
Riesen-Erdschildkröte

Verbreitung: Myanmar, Süden Vietnams, Kambodscha, Süden von Laos, südwärts über Süden Myanmar bis zur Malaiischen Halbinsel (Thailand, Malaysia).
Beschreibung: Carapaxlänge 40–44 cm. Rückenpanzer braungelb, gewölbt mit geprägtem, flachem, hell abgesetzem Mittelkiel. Aus Punkten bestehende strahlenartige Zeichnung verschwindet mit zunehmendem Alter. Rückenpanzerhinterrand gesägt. Auf jedem Bauchpanzerschild strahlenförmige Zeichnung. Kopf und Gliedmaßen graubraun bis graugelb, bei jüngeren Exemplaren noch mit vielen kleinen schwarzen Tupfen und Fleckchen. Manche Exemplare mit leicht rötlichem Kopf. Gliedmaßen mit scharfen Krallen, nur angedeutete Schwimmhäute. Männchen mit kräftigerem Kopf und dickerer Schwanzwurzel.
Lebensweise: Ströme, Flüsse, Schwemmgebiete, Teiche und Tümpel sowohl im Hügel- als auch im Flachland. Häufig gemeinsam mit *Hieremys annandalei* (Tempelschildkröte), zum Beispiel in Teichen der Buddhistenklöster. Die Tier sind nicht sehr an Gewässer gebunden und verbringen sehr viel Zeit an Land, können aber trotzdem gut schwimmen. Sie ernähren sie sich vor allem von Blättern, Früchten und anderen Pflanzenteilen, aber auch von tierischer Nahrung.
Pflege: Siehe Tabelle links.
Vermehrung: 3–8 (max. 11) Eier (50–62 × 30,5–38,55 mm, 46–62,5 g). Bei 27–30 °C Schlupf nach etwa 4 Monaten, bei 28 °C (relative Luftfeuchtigkeit 100 %) nach 6 Monaten, bei 28–30 °C nach 108–113 Tagen, bei 30 °C (relative Luftfeuchtigkeit 80 %) nach 103–106 Tagen, bei 30 °C (relative Luftfeuchtigkeit 100 %) nach 119–122 Tagen.

Die Riesen-Erdschildkröte, *Heosemys grandis*, verbringt viel Zeit an Land.

Hieremys SMITH, 1916

Tempelschildkröten
Monotypische Gattung. *Hieremys annandalei* (BOULENGER, 1903), Tempelschildkröte: Süden Vietnams, Kambodscha und Süden von Laos bis Thailand, südlich bis in den Norden Malaysias. Leben in größeren stehenden Gewässer mit zum Teil dichter Vegetation, vor allem im Flachland, aber auch in gefluteten Feldern und Flüssen mit geringer Fließgeschwindigkeit, hauptsächlich jedoch in Sumpfgebieten und langsam fließenden Flüssen bis in Meeresnähe. In der Nähe von Bangkok leben sie auch im Brackwasserbereich des Chao Pharaya River. Die meisten Regionen des Verbreitungsgebietes sind sehr regenreich.

Kachuga GRAY, 1856

Asiatische Flussschildkröten
Die Heimat der Fluss-Schildkröten sind Vorder- und das nördliche Hinterindien. Männchen der meisten Arten bleiben deutlich kleiner als Weibchen. Sie besitzen einen starren Panzer und auf dem Rückenpanzer einen Kiel, der sich jedoch mehr oder weniger stark in Höcker aufteilt, wobei der 2. und der 3. Wirbelschild besonders hervortreten. Flussschildkröten sind Allesfresser. Einige ernähren sich bevorzugt vegetarisch, andere mehr animalisch. Sie gelangen kaum in den Handel. *Kachuga trivittata* gilt als sehr selten und nach ihrer IUCN-Kategorie als „gefährdet"!

Arten: *Kachuga dhongoka* GRAY, 1834: Siehe unten.
Kachuga kachuga (GRAY, 1831): Flusssysteme von Ganges und Brahmaputra im Süden Nepals, Norden Indiens und in Bangladesch.
Kachuga trivittata (DUMÉRIL & BIBRON, 1835): Flusssysteme von Salween und Irrawaddi (Myanmar).

■ *Kachuga dhongoka* GRAY, 1834
Dreistreifen-Flussschildkröte

Verbreitung: Flusssysteme von Ganges und Brahmaputra im Süden Nepals, Norden Indiens und in Bangladesch.
Beschreibung: Carapaxlänge des Männchens 20–26 cm, des Weibchens 39–48 cm. Rückenpanzer relativ flach gewölbt und dunkelolivgrün. Längs der Mitte schwach ausgeprägte Höcker, die an einen unterbrochenen Längskiel erinnern. Bauchpanzer einfarbig graugelb. Kopf grau, an den Seiten leichte Aufhellungen. Gliedmaßen kräftig, mit kleinen Krallen und ausgeprägten Schwimmhäuten. Männchen mit längerem, kräftigerem Schwanz.
Lebensweise: Große Flüsse mit Sandbänken und aus dem Wasser ragenden Baumstämmen. Ausgezeichnete Schwimmer und Taucher, die ausgiebige Sonnenbäder nehmen und sich bei Störungen sofort in das tiefe Wasser fallen lassen. Sie ernähren sich überwiegend von pflanzlichem Material. Man fand im März und April im Chambal Nationalpark frische Nistgruben mit Eiern. Die Gelege befanden sich in einer Tiefe von 18–27 cm. Ein 42,6 cm großes weibliches Exemplar wog 6,65 kg.
Pflege: Siehe Tabelle S. 104.
Vermehrung: 30–35 Eier (46–65 × 32–39 mm, 30–55 g. Bei 22 °C Schlupf nach 83–89 Tagen, bei 33 °C nach 56–58 Tagen.

Leucocephalon MCCORD et al., 2000

Sulawesi-Erdschildkröten

Monotypische Gattung. *Leucocephalon yuwonoi* MCCORD, IVERSON & BOEADI, 1995, Sulawesi-Erdschildkröte: Indonesien (Norden Sulawesis). Bewohnt kühle Bergbäche und verzehrt vorwiegend Früchte. Wurde erst vor etwas mehr als 10 Jahren entdeckt, inzwischen jedoch fast ausgerottet. IUCN-Kategorie „stark gefährdet“.

Malayemys LINDHOLM, 1931

Schnecken-Sumpfschildkröten

Haltung offenbar problematisch. Obwohl immer wieder Exemplare nach Europa gelangen, gibt es keine ausführlichen Erfahrungsberichte. Die Tiere sind möglicherweise Nahrungsspezialisten, die sich vorwiegend von Wasserschnecken ernähren. Selbst sehr harte Gehäuse bieten keinen Widerstand. Verzehren aber auch andere Mollusken sowie Egel, Krebse, Krabben, Garnelen, Insekten und kleine Fische. Sollen sehr aggressiv sein.

Junge *Heosemys spinosa* sehen völlig anders aus als erwachsene. Man könnte sie für unterschiedliche Arten halten.

Arten: *Malayemys macrocephala* (GRAY, 1859): Thailand südwärts bis Malaysia.
Malayemys subtrijuga (SCHLEGEL & MÜLLER, 1844): Mekong-Flusssystem im Süden Vietnams, in Kambodscha, im Osten Thailands und Westen von Laos.

Mauremys GRAY, 1869

Bachschildkröten
In der Vergangenheit wurden auch einige asiatische Schildkröten-Formen zur Gattung *Mauremys* gezählt. Sie sind jedoch inzwischen unter einer eigenen Gattung zu finden. *Mauremys caspica* × *Mauremys rivulata* können Hybriden produzieren.
Arten: *Mauremys caspica* (GMELIN, 1774): Siehe unten.
Mauremys leprosa (SCHWEIGGER,1812) mit folgenden Unterarten: *Mauremys l. leprosa* (SCHWEIGGER, 1812): Südwesten Europas (Süden Frankreichs, Spanien, Portugal), Nordwest-Afrika, von Mauretanien, Marrokko und Algerien bis zum Norden Nigers. *Mauremys l. atlantica* SCHLEICH,1996: Marokko (Umgebung von Rabat). *Mauremys l. erhardi* SCHLEICH, 1996: Marokko (Umgebung von Taza). *Mauremys l. marokkensis* SCHLEICH, 1996: Marokko (südlich von Marakesch, westwärts bis Agadir). *Mauremys l. saharica* SCHLEICH, 1996: Marokko (Umgebung von Goulmime). *Mauremys l. vanmeerhaeghei* BOUR & MARAN, 1998. *Mauremys l. wernerkaestlei* SCHLEICH, 1996: Marokko (Umgebung von Khenifra). *Mauremys l. zizi* SCHLEICH, 1996: Marokko (Ziz-Flusssystem).
Mauremys rivulata (VALENCIENNES, 1833): Kroatien, Bulgarien, Griechenland bis Zypern, Westen der Türkei, Syrien, Libanon, Israel.

■ *Mauremys caspica* GMELIN, 1774
Kaspische Bachschildkröte

Verbreitung: *Mauremys c. caspica*: Zentrale Türkei bis Norden Iran, Süd-Kaukasus und Südosten Turkmenistans.
Mauremys c. siebenrocki: Süd-Irak, Südwest-Iran und Nordosten der Arabischen Halbinsel.
Mauremys c. ventrimaculata: Süd-Iran.
Beschreibung: Carapaxlänge 20–25 cm. Rückenpanzer glatt, bräunlich bis olivgrün und im hinteren Bereich manchmal leicht gekielt. Lateralschilde mit orangefarbenen, ringförmigen Flecken. Bauchpanzer gelblich, schwarz gefleckt, Brücke gelb, entlang der Schildnähte dunkel markiert. Weichteile graubraun. Hals mit gelblichen Längslinien. Augen schwarz. Bei Männchen ist der Bauchpanzer leicht konkav, der Schwanz länger und dicker.

Kaspische Bachschildkröte, *Mauremys caspica*.

Lebensweise: Stehende und langsam fließende Gewässer, vor allem mit dichter Vegetation. Ähnliche Lebensweise wie *Emys orbicularis*, mit der sie in einigen Regionen auch gemeinsam vorkommen kann. Sonnenhungrig und gewöhnlich in Gemeinschaft mit zahlreichen Artgenossen. Selbst in Abwasserkanälen zu finden. In Stress-Situationen geben die Tiere einen Moschusgeruch ab. Winterruhe meist am Grund des Wohngewässers.
Pflege: Siehe Tabelle S. 104.
Vermehrung: Bis zu 12 Eier (etwa 39–44 × 20–25 mm). Bei 28 °C Schlupf nach etwa 90 Tagen
Mauremys leprosa: 3–10 (max. 13) Eier (34–43 × 18–21 mm, bei 26–30 °C nach 77–97 Tagen.
Mauremys rivulata: 6–7 Eier (etwa 33,12–36,7 × 18,3–19,3 mm, 6,6–7,6 g). In Vermiculit/Wasser (Verhältnis 1 : 1) bei 29 ± 1 °C tagsüber und 26 ± 1 °C nachts nach 94–102 Tagen.

Melanochelys GRAY, 1869

Indische Erdschildkröten
Die Vertreter dieser Gattung leben in Vorderindien (einschließlich Sri Lanka) und in Teilen Hinterindiens.
Arten: *Melanochelys tricarinata* (BLYTH, 1856): Nordosten Indiens, Süden Nepals und Bangladesch (Flusssysteme von Ganges und Brahmaputra sowie benachbarte Flusssysteme).
Melanochelys trijuga (SCHWEIGGER, 1812): siehe unten.

■ *Melanochelys trijuga* (SCHWEIGGER, 1812)
Südindische Schwarzbauch-Erdschildkröte

Verbreitung: *Melanochelys t. trijuga* (SCHWEIGGER, 1812): Indische Halbinsel.
Melanochelys t. coronata (ANDERSON, 1878): Südwesten der Indischen Halbinsel.

Melanochelys trijuga thermalis, eine Unterart der Südindischen Schwarzbaucherdschildkröte.

Melanochelys t. indopeninsularis (ANNANDALE, 1913): Nordosten Indiens, Süden Nepals und Bangladesch.
Melanochelys t. parkeri DERANIYAGALA, 1939: Nordwesten von Sri Lanka.
Melanochelys t. thermalis (LESSON, 1830): Sri Lanka, Südosten der Indischen Halbinsel, Malediven.
Melanochelys t. wiroti (REIMANN, 1979): Nordwesten Thailands.
Beschreibung: Carapaxlänge 22–40 cm. Rückenpanzer länglich, leicht zusammengedrückt, drei Kiele. Hintere Randschilde nicht oder nur bei Jungtieren leicht gesägt. Rückenpanzer variiert von rötlichbraun bis dunkelbraun, kann auch schwarz sein. Kehle oft gelb. Bauchpanzer länglich, entweder einfarbig dunkelbraun oder schwarz, kann gelb gerandet sein. Analschilde hinten gekerbt, Brücke so lang wie der hintere Bauchpanzerlappen. Schnauze kurz und Oberkiefer gekerbt. Kopf braun bis schwarz. Es können orangefarbene oder gelbe Flecke, ein Netzmuster oder große gelbe oder cremefarbene Schläfenflecken vorhanden sein. Gliedmaßen und Schwanz grau oder dunkelbraun bis schwarz, Vorderbeinvorderseite mit großen Schuppen. Zehen vollständig bis oder fast bis zu den Krallen mit Schwimmhäuten. Männchen mit konkav geformtem Bauchpanzer und längerem, dickerem Schwanz. Unterarten unterscheiden sich vor allem durch die Färbung und das Kopfmuster, ihre Carapaxlänge und das Bauchpanzermuster. Ohne den Herkunftsort zu kennen ist eine Unterscheidung der Formen oft problematisch.
Lebensweise: In der Nähe und am Rand von Gewässern aller Art (Stillgewässer, Reisfelder, langsam fließende Flüsse bis schnell fließende Gebirgsbäche). Je nach Unterart sehr verschieden. *Melanochelys t. parkeri* findet man oft an Land unter abgestorbenen Pflanzenteilen, im Regenwald, aber auch in trockenen Gebieten der Küstenregion, *Melanochelys t. thermalis* in höher gelegenen Regionen im Bereich von Gebirgsbächen und deren Umgebung. Männchen von *M. trijuga* sind in der Paarungszeit oft sehr aggressiv und beißen die Weibchen häufig in den Nackenbereich. Gelege scheinbar ganzjährig möglich. *Melanochelys t. coronata* oft in stehenden Gewässer mit Vegetation. Gelegentlich auch in Fließgewässern. Häufig auch an Land mit erstaunlicher Distanz zum nächsten Gewässer.
Pflege: Siehe Tabelle S. 104.
Vermehrung: 3–7 Eier (30,2–53,85 × 20,1–32,5 mm, 12,5–22,6 g).
Melanochelys t. trijuga: 5–6 Eier.
Melanochelys t. coronata: 4 Eier.
Melanochelys t. thermalis: 4–6 Eier. Bei 27 °C (hohe relative Luftfeuchtigkeit) 56 % Männchen, bei 23–24 °C und 30 °C Weibchen. Bei 29–32 °C Schlupf nach 129–180 Tagen, bei 28–32 °C nach 105–155 Tagen, bei 28–32 °C nach etwa 120 Tagen.

Morenia GRAY, 1870

Pfauenaugenschildkröten

Die beiden Arten sind terraristisch unbedeutend und gelangen nur selten in den Handel.
Arten: *Morenia ocellata* (DUMÉRIL & BIBRON, 1835): Mitte und Süden Myanmars.
Morenia petersi (ANDERSON, 1879): Flusssysteme von Ganges und Brahmaputra im Nordosten Indiens, Süden Nepals und in Bangladesch.
Lebensweise: Langsam fließende Flüsse, Teiche und Sumpfgebiete. Nur wenig bekannt. Man kann die Tiere häufig auf den Sandbänken der Flüsse beim Sonnenbaden beobachten. Flüchten bei der geringsten Störung sofort in das Wasser. Sind sehr an das Wasser gebunden und verlassen es fast ausschließlich zur Eiablage oder wenn das Gewässer auszutrocknen droht. Wandern rechtzeitig zu Ersatzgewässern. Magenuntersuchungen zeigen, dass sie sich von pflanzlichen Stoffen ernähren.

Notochelys GRAY, 1863

Plattrückenschildkröten

Monotypische Gattung mit der einzigen Art *Notochelys platynota* (GRAY, 1834): Lebt im Süden Thailands über die Malaiische Halbinsel (Malaysia, Singapur) bis nach Borneo (Indonesien, Malaysia, Brunei), Sumatra und Java (Indonesien).
Lebensweise: Der Lebensraum sind kühle, klare, schnell fließende Gebirgsbäche und -flüsse, vor allem aber flache Gewässer mit weichem Untergrund und dichter Vegetation (beispielsweise Schwemmgebiete, Marschen, größere Tümpel in

Regenwaldgebieten). Sehr versteckte Lebensweise. Obwohl sie sich vorwiegend vegetarisch ernähren, sollen sie auch animalische Kost nicht verschmähen.

Ocadia GRAY, 1870

Streifenschildkröten
Zur Zeit sind zwei Arten anerkannt, man kennt jedoch auch einige Hybridformen, an denen *Ocadia* beteiligt waren. („*O. glyphistoma*", „*O. philippeni*"). SCHILDE et al. (2004) berichten von Hybriden zwischen *Ocadia sinensis* × *Cyclemys shanensis*, außerdem gibt es Hybriden aus der Kombination *O. sinensis* × *Chinemys reevesii* (DALTON 2003, SPINKS 2004) sowie von *O. sinensis* × *Cathaiemys annamensis*. YASUKAWA et al. (1992) berichten von Hybriden aus der Kombination *Ocadia japonica* × *Chinemys reevesii*. *Ocadia japonica* kann auch mit *Cistoclemmys flavomarginata* Hybriden hervorbringen (OTANI et al. 1995).
Arten: *Ocadia japonica* (TEMMINCK & SCHLEGEL, 1835): Japan (Honshu, Kyushu und benachbarte Inseln).
Ocadia sinensis (GRAY, 1834): Siehe unten.

■ *Ocadia sinensis* (GRAY, 1834)
Chinesische Streifenschildkröte (Abb. auf S. 9)

Verbreitung: Südosten Chinas, (einschließlich Insel Hainan) bis Zentral-Vietnam.
Beschreibung: Carapaxlänge bis zu 25 cm. Rückenpanzer rötlichbraun, dunkelbraun bis dunkeloliv, mit gelben Säumen, vor allem bei Jungtieren. Drei Längskiele, die sich im Alter immer mehr zurückbilden. An den Kopfseiten bis zu 8 schwarz gerandete schmale cremefarbene oder gelbe Streifen. Die Unterseite und einige Hautbereiche sind mit hellen cremefarbenen oder gelblichen Pigmenten versehen. Die Brücke erreicht gewöhnlich mehr als 80 % der vorderen Weite des hinteren Bauchpanzerlappens. Die Gliedmaßen sind oliv gefärbt mit vielen gelben Streifen. An allen Zehen Schwimmhäute, Männchen mit leicht konkav geformtem Bauchpanzer.
Lebensweise: Langsam fließende Gewässer, aber auch Teiche, Tümpel, Kanäle, Reisfelder und Wasserreservoirs. Sehr an das Wasser gebunden. Ernähren sich vorwiegend von Pflanzen, aber auch von Kleinkrebsen, Schnecken, Muscheln und ähnlichen Tieren.
Pflege: Siehe Tabelle S. 104.
Vermehrung: 7–17 Eier (etwa 29,6–39,0 × 18,4–22,2 mm (6,2–10,0 g). Bei relativer Luftfeuchtigkeit von etwa 95–98 % bei 27 °C Schlupf nach 56–59 Tagen, bei 29 °C nach 54–55 Tagen und bei 30 °C nach 48–52 Tagen.

Oben: Die Pfauenaugenschildkröte, *Morenia petersi*, ist sehr an das Wasser gebunden.

Die Plattrückenschildkröte, *Notochelys platynota*, ernährt sich überwiegend vegetarisch.

Orlitia GRAY, 1873

Borneo-Flussschildkröten
Monotypische Gattung mit nur einer Art: *Orlitia borneensis* GRAY, 1873. Malaiische Halbinsel (Malaysia) bis Borneo (Malaysia, Indonesien) und Sumatra (Indonesien). Die Schildkröten leben in größeren Gewässern, vor allem in Flüssen. Sie sind stark an Gewässer gebunden, sonnen sich jedoch längere Zeit an geschützten Stellen.

Panayaenemys DIESMOS et al., 2005

Philippinen-Erdschildkröten
Die Gattung *Panayaenemys* DIESMOS, PARHAM, STUART & BROWN, 2005, deren Arten früher zur Gattung *Heosemys* gezählt wurden, gilt neuerdings als eigene monotypische Gattung. *Panayaenemys leytensis* (TAYLOR, 1920), Philippinen-Erdschildkröte: Philippinen (Insel Palawan und benachbarte Inseln).

Oben: Die Braune Dachschildkröte, *Pangshura smithii*, ist ein Flussbewohner und kann ausgezeichnet schwimmen.

Unten: *Pyxiclemmys zhoui* werden nur selten angeboten, sind jedoch gut zu pflegen.

Pangshura GRAY, 1856

Dachschildkröten

Die Dachschildkröten wurden früher als Untergattung der Gattung *Kachuga* betrachtet.

Arten: *Pangshura flaviventer* GÜNTHER, 1864: Nördliche Nebenflüsse des Ganges in Nordost-Indien, Süd-Nepal und in Bangladesch.

Pangshura smithii (GRAY, 1863): Siehe unten.

Pangshura sylhetensis JERDON, 1870: Brahmaputra-Flusssysteme im Nordosten von Indien und Norden von Bangladesch.

Pangshura tectum (GRAY, 1831): Fluss-Systeme von Indus, Narmada, Ganges und Brahmaputra im Süden Pakistans, Norden Indiens, Süden Nepals und in Bangladesch.

Pangshura tentoria (GRAY, 1834) mit 2 Unterarten. *Pangshura t. tentoria* (GRAY, 1834): Indien (Flusssysteme von Mahanadi bis zum Krishna). *Pangshura t. circumdata* (MERTENS, 1969): Oberes und mittleres Ganges-Flusssystem im Norden Indiens und Süden Nepals.

■ *Pangshura smithii* (GRAY, 1863)
Smiths Dachschildkröte

Verbreitung: *Pangshura s. smithii*: Flusssysteme des Indus, Ganges und Bramaputra in Pakistan, im Norden Indiens, Südosten Nepals und Nordwesten Bangladeschs.

Pangshura s. pallidipes: Nördliche Nebenflüsse des Ganges im Nordosten Indiens und Süden Nepals.

Beschreibung: Carapaxlänge 20–24 cm. Rückenpanzer im Gegensatz zu *Kachuga*-Arten relativ flach. Rückenpanzer hell olivbraun, Mittelkiel dunkelbraun bis fast schwarz. Bauchpanzer schwarz, hintere Schildnähte mit weißen Zeichnungselementen. Weichteile grau. Kopfoberseite dunkelgrau, Hals mit hellen und dunklen feinen Längsstreifen. Hellblaue Iris und rötlicher Postokularfleck. Nasenlöcher an der Schnauzenspitze. Kieferränder gezähnelt. Männchen bleiben kleiner, mit dickerer Schwanzwurzel und längerem Schwanz.

Lebensweise: Die Flussbewohner können ausgezeichnet schwimmen und sonnen sich meist in Gesellschaft von Artgenossen oder anderen Schildkröten. Nicht nur im Bereich von Fließgewässern anzutreffen, sondern auch in Altarmen und Stillgewässern. Die Tiere sollen während der Wintermonate (Anfang Dezember bis Anfang März) und während der Trockenzeit im weichen Bodenschlamm ruhen. Sie ernähren sich sowohl von Krebsen als auch von pflanzlichem Material. Carapaxlänge der Schlüpflinge 36–40 mm.

Pflege: Siehe Tabelle S. 104.

Vermehrung: 3–8 (max. 11) Eier (41–45 × 22–24 mm, 12,2–14 g). Bei 28 °C Schlupf nach 140–156 Tagen.

Pyxiclemmys GRAY, 1863

Flache Scharnierschildkröten

Die *Pyxiclemmys*-Arten wurden früher zur Gattung *Cuora* gezählt. Nach WINK (2001) und PARHAM et al. (2001) handelt es sich bei *„Mauremys" iversoni* um eine Kreuzung zwischen *Pyxiclemmys trifasciata* und *Cathaiemys mutica*. Von *Pyxiclemmys trifasciata* gibt es wohl nur noch geringe Restbestände, da sie wegen ihres angeblich Krebs heilenden Fleisches (chinesische Medizin) gezielt gesammelt wurden. Nach IUCN gilt die Art als „stark gefährdet". Auch *P. trifasciata* und *Pyxidea mouhotii* können Hybriden bilden, ebenso *P. trifasciata* und *Ocadia sinensis*. Etliche Arten verzehren ausgewachsen gern Obst (Bananen, Weintrauben, Stachelbeeren, Orangen, Kiwis), aber auch Salat. Etwa ein Drittel der Nahrung sollte jedoch aus animalischer Kost bestehen, Jungtiere nehmen für gewöhnlich nur animalische Kost an. Nach MEIER (2005) akzeptierte beispielsweise *Pyxiclemmys zhoui* sterile Sandböden nicht als Eiablageplatz, sondern legte die Eier stets unter dicke Moospolster.

Arten: *Pyxiclemmys pani* (SONG, 1984): Siehe unten.

Pyxiclemmys trifasciata (BELL, 1825): Zentral-Vietnam, Osten von Laos und äußerster Norden Kambodschas.

Pyxiclemmys yunnanensis (BOULENGER, 1906): Süden Chinas (Provinz Yunnan).

Pyxiclemmys zhoui (ZHAO, 1990): Süden Chinas (Provinz Guangxi).

Pyxiclemmys pani (SONG, 1984)
Gelbkopf-Scharnierschildkröte

Verbreitung: *Pyxiclemmys pani pani*: Osten Zentralchinas (Provinzen Hubei, Shaanxi und Sichuan). *Pyxiclemmys pani aurocapitata*: Osten Chinas (Provinz Anhui).

Beschreibung: Carapaxlänge 13–20 cm. Rückenpanzer länglich, flach, mit flachem Mittelkiel. Hinterer Bereich leicht gesägt. Dort befindet sich eine schmale Kerbe. Marginalschilde abgeflacht. Wirbelschilde breiter als lang. Das erste ist das größte und im vorderen Bereich recht flach. Rückenpanzer olivbraun, mit gelbem Rand, schwarzem Kiel, Saum dunkelbraun oder schwarz. Unterseite der Randschilde gelb mit schwarzen, nach hinten gerichteten Kielen an jedem Saum (einige schmale, dunkel gerandete Linien). Bauchpanzer gelb mit breitem, schwarzem Saummuster (wird später immer deutlicher). Schwarzer Balken zieht sich über die Brücke. Vorderer Bauchpanzerlappen gestutzt, Analschild des hinteren Lappens zur Mitte hin zugespitzt und flach gekerbt. Kopf schmal, leicht zugespitzte Schnauze und leicht hakenförmiger Oberkiefer. Kopf oliv, dorsal etwas heller, lateral etwas dunkler und mit gelblichgrünen Postorbitalstreifen. Diese ziehen sich vom Oberkiefer abwärts zum Trommelfell. Beide Streifen sind schwarz gerandet. Eine blasse dünne Linie verläuft manchmal rund um das Trommelfell. Iris grün, Kiefer und Kehle gelb, Hals dorsal und lateral oliv, ventral gelblichgrün. Einige blasse, schmale gelbe Lateralstreifen sind ebenfalls vorhanden. Vorderbeine mit großen Schuppen. Außenseite oliv, Innenseite cremefarben bis gelblich grün. Schwanzoberseite oliv und zwei dunkel gerandete Streifen, Unterseite gelb und mit olivfarbener Spitze. Männchen schmaler, mit dickerem Schwanz, Weibchen mit flacherem Bauchpanzer und etwas gewölbterem Rückenpanzer.

Lebensweise: In der Natur nicht bekannt.

Pflege: Siehe Tabelle S. 104.

Vermehrung: 2–4 (max. 6) Eier. Bei 30 °C tagsüber und 27 °C nachts inkubiert (Inkubationsdauer unbekannt).

Dreistreifen-Scharnierschildkröten, *Pyxiclemmys trifasciata*, sollte man einzeln halten und nur zur Paarung zusammensetzen!

Pyxidea GRAY, 1863

Dornschildkröten

Monotypische Gattung, die von BERNHARDT (1995) ausführlich behandelt wird. In den vietnamesischen Provinzen Ha Tinh und Quang Binh konnte man Übergangsformen zwischen *Pyxidea m. mouhotii* und *P. m. obsti* finden. Die Tiere können in den Sommermonaten (Juni–August) auch im Freiland gehalten werden (BRÄGGER, 2001).

Pyxidea mouhotii (GRAY, 1862)
Dornschildkröte (2 Unterarten)

Verbreitung: *Pyxidea m. mouhotii*: Südliches China einschließlich der Insel Hainan, nördliches Vietnam, nördliches Laos, nördliches Thailand und östliches Myanmar.

Die Dornschildkröte, *Pyxidea mouhotii*, sucht gern flache Wasseransammlungen auf.

Verbreitung der *Rhinoclemmys*-Arten und Unterarten	
Rhinoclemmys annulata (GRAY, 1860)	Ost-Honduras bis West-Kolumbien und West-Ecuador
Rhinoclemmys areolata DUMÉRIL & BIBRON, 1851	Mexiko (Atlantikküste von Süd-Veracruz bis zur Yucatán-Halbinsel) und Belize sowie bis Nord-Guatemala und Nordwest-Honduras
Rhinoclemmys diademata (MERTENS, 1954)	Venezuela (Maracaibo-See) und Kolumbien
Rhinoclemmys funerea (COPE, 1876)	vom Coco-Fluss an der Grenze zwischen Honduras und Nicaragua entlang der Karibikküste bis zum mittleren Panama
Rhinoclemmys melanosterna (GRAY, 1861)	Ost-Panama bis Nordwest-Kolumbien und südwärts bis zum äußersten Nordwest-Ecuador
Rhinoclemmys nasuta (BOULENGER, 1902)	West-Kolumbien und Nordwest-Ecuador
Rhinoclemmys pulcherrima pulcherrima (GRAY, 1856)	Mexiko (Küstengebiet von Guerrero und Oaxaca)
Rhinoclemmys pulcherrima insica (BOCOURT, 1868)	Mexiko (Oaxaca) südwärts bis Nord-Nicaragua
Rhinoclemmys pulcherrima manni DUNN, 1930	Süd-Nicaragua bis Nordwest-Costa-Rica
Rhinoclemmys punctularia punctularia (DAUDIN, 1801)	Nordost-Venezuela, Trinidad und Tobago bis Nordost-Brasilien
Rhinoclemmys punctularia flammigera PAOLILLO; 1985	Südwest-Venezuela
Rhinoclemmys rubida rubida (COPE; 1870)	Südost-Mexiko (Oaxaca und Chiapas)
Rhinoclemmys rubida perixantha MOSIMANN & RABB, 1953)	Südwest-Mexiko (Jalisco bis Michocán)

Pyxidea m. obsti: Zentral-Vietnam und Südosten von Laos.

Beschreibung: Carapaxlänge 18–21 cm. Rückenpanzer braun, drei Längskiele. Zwischen Seiten- und Mittelkiel ist der Rückenpanzer abgeflacht, der Hinterrand ist gesägt. Einzelne Rückenpanzerschilde fein ziseliert. Bauchpanzer gelbbraun, dunkel gepunktet, bei ausgewachsenen Exemplaren mit Scharnier. Kopf braun mit undeutlicher Strichzeichnung an den Seiten. Oberkiefer mit hakenförmigem Schnabel. Braune Gliedmaßen mit scharfen Krallen.

Lebensweise: Feuchte, kühle Regenwälder mit temporären Wasseransammlungen. Allesfresser. Halten sich häufig in temporären Wasseransammlungen auf, nehmen dort Nahrung zu sich oder verbergen sich darin. Oft verbringen die in der Dämmerung oder nachts aktiven Waldbewohner den Tag, aber auch trockene Zeiten, eingegraben im lockeren Bodengrund. Steigen die Temperaturen und die Luftfeuchtigkeit im Frühjahr (im Norden von Vietnam etwa im April) an, werden die Tiere aktiver. Sie können nicht schwimmen und laufen und kraulen im Wasser nur sehr ungeschickt. Die Weibchen legen relativ große Eier. Das Scharnier zwischen dem Hyo- und Hypoplastron ist bei älteren Weibchen beweglich.

Pflege: Siehe Tabelle S. 104.

Vermehrung: 1–4 (max. 6) Eier (etwa 39–46,3 × 24,4–26,9 mm, 15,6–17,2 g). Bei konstant 28 °C (relative Luftfeuchtigkeit 90 %) Schlupf nach 97–99 (108) Tagen, bei 27 am Tag und 25 °C in der Nacht nach 104 Tagen, bei 27–28 °C nach 79–85 Tagen.

Rhinoclemmys FITZINGER, 1836

Amerikanische Erdschildkröten

Man kennt Hybriden, die aus den Kombinationen *Rhinoclemmys diademata* × *R. punctularia*, *R. punctularia* × *R. melanosterna*, *R. punctularia* × *R. melanosterna*, aber auch *Rhinoclemmys pulcherrima* × *Ocadia sinensis* und *R. pulcherrima* ssp. × *Ocadia japonica* hervorgegangen sind.

Arten: Siehe Tabelle oben. Weitere Formen müssen noch wissenschaftlich beschrieben werden.

■ *Rhinoclemmys pulcherrima* (GRAY, 1855)
Pracht-Erdschildkröte (3 Unterarten)

Verbreitung: *Rhinoclemmys p. pulcherrima:* Mexiko (Küstengebiet von Guerriero und Oxaca).
Rhinoclemmys p. incisa: Mexiko (Oaxaca südwärts bis Norden Nicaragua).
Rhinoclemmys p. manni: Vom Süden Nicaraguas bis zum Nordwesten Costa Ricas.

Beschreibung: Carapaxlänge 15–17 cm. Rückenpanzer rau, mit deutlichen Jahresringen und Kiel. Hinterer Rückenpanzerrand gesägt und gekerbt. Im nördlichen Verbreitungsgebiet sind die Panzer flacher und breiter geformt, im südlichen schmaler und höher gewölbt. Diese Unterschiede haben zur Beschreibung von vier Unterarten geführt. Bauchpanzer hinten gekerbt, gelb mit schmalen bis breiteren dunklen zentralen Flecken, deren Saum oft dunkel gerandet ist. Schnauze leicht zugespitzt und gekerbt. Kopf braun bis grünlich. Kopfseiten und Schnauze mit einer Reihe hell orangefarbener oder roter Streifen. Kiefer und Kehle gelb.

Unterkiefer und Kehle weisen oft auch rote Streifen und große schwarze Flecke oder Augenflekke auf. Haut ansonsten oliv bis gelb gefärbt. Vorderbeine mit großen gelben oder roten Schuppen, schwarz gefleckt. Gliedmaßen mit Schwimmhäuten. Männchen mit konkavem Bauchpanzer und dickerem und längerem Schwanz.

Lebensweise: Ursprünglich Bewohner des Buschlands und der feuchten Waldgebiete. Man findet die Tiere auch in abgeholzten Gebieten, vor allem in der Nähe der Flüsse im Bereich früherer Galeriewälder. Können manchmal beim Durchschwimmen von Strömen oder Teichen beobachtet werden, vor allem in der Trockenzeit. Insbesondere nach Regenfällen aktiv und dann auch häufiger zu beobachten. Sind die Tiere nicht in unmittelbarer Nähe eines Gewässers zu finden, halten sie sich zumindest in feuchter Vegetation auf. Männchen nehmen den Geruch des Weibchens wahr und werben mit einem typischen Kopfnicken. Während der Balz berühren die Weibchen mit ihrer Nase die des Männchens und beißen nach ihnen. Die Tiere ernähren sich omnivor, bevorzugen aber offensichtlich Pflanzenteile.

Pflege: Siehe Tabelle S. 114.

Vermehrung: 1–5 Eier (etwa 37–52 mm × 24–32 mm, 27–28 g. Bei 28–32 °C Schlupf nach 100–147 Tagen, bei etwa 27 °C (hohe relative Luftfeuchtigkeit) nach etwa 150–160 Tagen. Bei 25 °C schlüpfen männliche, bei 30 °C weibliche Nachkommen.

Rhinoclemmys annulata: 1–2 Eier (etwa 70 × 37 mm). Bei 25 °C schlüpfen männliche, bei 30 °C weibliche Nachkommen.

Rhinoclemmys areolata: 1–2 Eier. Bei 28–32 °C Schlupf nach 61–83 Tagen.

Rhinoclemmys diademata: 1–2 Eier. Bei 28–32 °C Schlupf nach 80–100 Tagen.

Rhinoclemmys funerea: 2–4 Eier (68–76 × 35–39 mm). Schlupf bei 20–35 °C nach 89–104 Tagen.

Rhinoclemmys melanosterna: 1–4 Eier (48–71 × 28–38 mm). Bei 28–32 °C Schlupf nach 70–93 (max. 141) Tagen.

Rhinoclemmys punctularia: 1–2 Eier (50,8–75 × 25,5–37 mm. Bei 28–32 °C Schlupf nach 80–100 Tagen.

Rhinoclemmys rubida perixantha: 1–2 Eier. Bei 28–32 °C Schlupf nach 78–90 Tagen.

Sacalia GRAY, 1831

Pfauenaugen-Sumpfschildkröten

Die Gattung *Sacalia* umfasst nur noch zwei Arten, nachdem festgestellt wurde, dass es sich bei „*Sacalia pseudocellata*“ um einen Hybriden handelt, der aus der Kreuzung *Sacalia quadriocellata* × *Pyxiclemmys trifasciata* entstanden ist. Männchen sollte man grundsätzlich lieber einzeln halten, Weibchen bei Aggressionen ebenfalls. Nach der Winterruhe sind die Männchen zeitweise zu den Weibchen zu setzen, ebenso im Herbst. Dann ist auch mit Paarungen zu rechnen. Wassertemperatur bei etwa 25–26 °C, in der Zeit der Eiablagen etwa 28 °C. Luft jeweils 2 Grad wärmer (SCHILDE, 1999 a, 1999 b)!

Arten: *Sacalia bealei* (GRAY, 1831): Siehe unten.

Sacalia quadriocellata (SIEBENROCK, 1903): Süden Chinas (Jiangxi und Guangdong) bis Norden Vietnams und Nordost-Laos. Auf der Insel Hainan soll eine etwas abweichende Form existieren.

Oben: *Rhinoclemmys pulcherrima manni*, eine Unterart der Pracht-Erdschildkröte.

Unten: Kolumbianische Erdschildkröte, *Rhinoclemmys melanosterna*.

Pflege der Vertreter der Familie Geoemydidae, Teil 3	Terrarientyp	Strahlungswärme	Nahrung	Vergesellschaftung	Terrariengröße	Wasserstand und -temperatur	Überwinterung	Literatur
Rhinoclemmys annulata Braune Erdschildkröte	D	35 °C	O (vv)	Gruppe (1 ♂, 2–3 ♀)	6	Wasserschale	–	MITTERMEIER (1971) EWERT (1979) KÖHLER (1997)
Rhinoclemmys areolata Gefurchte Erdschildkröte	D	35 °C	O	Gruppe (1 ♂, 2–3 ♀)	6	1 24–26 °C	–	KÖHLER (1997)
Rhinoclemmys diademata Maracaibo-Erdschildkröte	D	35 °C	O	Gruppe (1 ♂, 2–3 ♀)	6	1 24–26 °C	–	KÖHLER (1997)
Rhinoclemmys funerea Bauchstreifen-Erdschildkröte	D	35 °C	O (vv)	Gruppe (1 ♂, 2–3 ♀)	6	2–3 24–26 °C	–	ERNST & BARBOUR (1989) MOLL & LEGLER (1971) zitiert bei ERNST in JANZEN (1983)
Rhinoclemmys melanosterna Kolumbianische Erdschildkröte	D	35 °C	O	Gruppe (1 ♂, 2–3 ♀)	6	1 24–26 °C	–	MEDEM (1962) CASTANO-MORA & MEDEM (1983)
Rhinoclemmys pulcherrima Pracht-Erdschildkröte	D	35 °C	O	Gruppe (1 ♂, 2–3 ♀)	6	1 24–26 °C	–	PAULER (1980) ERNST & BARBOUR (1989) Köhler (1997)
Rhinoclemmys punctularia Südamerikanische Erdschildkröte	D	35 °C	O	Gruppe (1 ♂, 2–3 ♀)	6	1 24–26 °C	–	ERNST & BARBOUR (1989) NÖLLERT (1992) KÖHLER (1997)
Rhinoclemmys rubida perixantha Colima-Erdschildkröte	F	35 °C	O	Gruppe (1 ♂, 2–3 ♀)	6	–	–	KÖHLER (1997)
Sacalia bealei Pfauenaugen-Sumpfschildkröte	D	35 °C	O (va)	einzeln	6	2–3 24–26 °C	ca. 2 Monate 4–6 °C	KÖHLER (1997) SCHILDE (1999 a)
Sacalia quadriocellata Vietnamesische Pfauenaugen-Sumpfschildkröte	D	35 °C	O (va)	einzeln	6	2–3 24–26 °C	etwa 15–20 °C	SCHILDE (1999 a, b)
Siebenrockiella crassicollis Dickhalsschildkröte	D	35 °C	O (va)	Gruppe (1 ♂, 2–3 ♀)	6	2–3 24–26 °C	–	EWERT (1979) HONEGGER (1986) KÖHLER (1997)

Terrarientyp: siehe S. 20
Nahrung: O = omnivor; O (va) = omnivor, vorwiegend animalisch; O (vv) = omnivor, vorwiegend vegetarisch
Terrarienlänge = Panzerlänge × angegebener Faktor; Terrarienbreite = halbe Terrarienlänge
Wasserstand = Panzerbreite × angegebener Faktor

Sacalia bealei (GRAY, 1831)
Chinesische Pfauenaugen-Sumpfschildkröte

Verbreitung: Südosten Chinas von der Provinz Fujian bis zur Provinz Guangdong.
Beschreibung: Carapaxlänge 12–15 cm. Rückenpanzer mit schwachem Mittelkiel, Rand glatt. Grundfarbe gelblichbraun bis schwarzbraun, mit dunkler Würmchenzeichnung. Bauchpanzer gelblich, mit verwaschenen, schwarzen, unregelmäßigen Punkten oder Strichen. Manche Exemplare mit symmetrischer, ringförmiger Zeichnung. Weichteile bei Weibchen beige bis gelbbraun, Innenseite der Vorderbeine flächig hellgelb, Hals mit gelblichen Längsstreifen. Männchen mit rötlichem Streifenmuster auf dunkelgrauem Grund. Auf Nacken und Hinterkopf 1–4 Augenfleckpaare, die ersten oft nur angedeutet, die weißen oder gelben hinteren mit schwarzem Kern. Selten auch rote Augenflecke. Interpectoralsaum gewöhnlich größer als 25 % der maximalen Rückenpanzerbreite. Geschlechtsreife Männchen zeigen eine dunklere Grundfarbe. Nickhaut der Augen bei Weibchen gelb, bei Männchen rot.
Lebensweise: Bergbäche, tiefe Tümpel des tropischen und subtropischen Regenwalds. In Chi-

Jungtier der Chinesischen Pfauenaugen-Sumpfschildkröte, *Sacalia bealei.*

na soll sich das Vorkommen auf die Küstenregionen beschränken. Tagaktive Tiere, die sehr gut schwimmen können und sich häufig auf aus dem Wasser ragenden Gegenständen (etwa Steinen und Baumstümpfen) sonnen. Unternehmen ausgiebige Wanderungen und überwintern in ihrer Heimat von November bis März. Man fand Ende März in Lofaoshan (China) ein 52 mm langes Jungtier, das soeben die Eigrube verließ. Möglicherweise können die Schlüpflinge im Ei überwintern. In der Natur besteht die Hauptnahrung der Schildkröten aus Krebsen. Die Nahrung wird nicht nur im Wasser, sondern auch auf dem Land aufgenommen. Drohen die Tiere, heben sie den Kopf hoch, strecken den Hals und senken den Kopf wieder langsam. Flieht der Gegner nicht, beißen sie nach ihm. Die Nacht verbringen die Schildkröten auf dem Land.

Pflege: Siehe Tabelle S. 114.

Vermehrung: 2–6 Eier (etwa 42–52 × 17–20 mm). Bei 28 °C (relative Luftfeuchtigkeit 95–98 %) Schlupf nach 72 Tagen.

■ *Sacalia quadriocellata* (Siebenrock, 1903)
Vietnamesische Pfauenaugen-Sumpfschildkröte

Verbreitung: Süden Chinas (Provinz Jiangxi und Guangdong) bis in den Norden Vietnams und den Nordosten von Laos.

Beschreibung: Carapaxlänge 15–18 cm. Rückenpanzer mit schwachem Kiel, meist dunkelbraun oder mit einer dunklen Strichzeichnung. Bauchpanzer im vorderen Bereich verkürzt, im hinteren leicht erweitert. Interpectoralsaum gewöhnlich weniger als 25 % der maximalen Rückenpanzerbreite. Bei Jungtieren im Oberkiefer noch keine Kerbe. Kopfoberseite einfarbig oliv oder schokoladenbraun. Zwei gelbe Augenflecke auf jeder Kopfhinterseite, wobei die hinteren stets größer sind. Jeder Augenfleck trägt in der Mitte einen schwarzen Punkt. Gelbe Streifen an Nacken und Kehle. Bauchpanzer gelb mit kleinen dunklen Flecken. Männchen mit sehr ausgeprägten orangroten Flecken an Hals und Gliedmaßen, die bei Weibchen fehlen. Rückenpanzer bei Weibchen vorn schmaler als im hinteren Bereich. Die Augenflecke haben bei Männchen an jeder Seite einen gräulichen oder weißlichen Ring. Bei Weibchen ist die Umrandung nur gelb ohne Ring. Männchen mit flacherem, schmalerem und längerem Schädel, Weibchen mit konvexer geformtem Kopf, der außerdem breiter und kürzer ist.

Lebensweise: Ströme und Flüsse im Hügelland von 100–400 m ü. NN. Bevorzugt werden Gewässer in Waldregionen.

Pflege: Siehe Tabelle S. 114.

Vermehrung: Einmal jährlich 1–2 Eier. Bei 28 °C (relative Luftfeuchtigkeit 95–98 %) Schlupf nach 73 Tagen.

Oben: Chinesische Pfauenaugen-Sumpfschildkröte, *Sacalia bealei.*

Unten: Vietnamesische Pfauenaugen-Sumpfschildkröte, *Sacalia quadriocellata.*

Siebenrockiella LINDHOLM, 1929

Dickhalsschildkröten
Monotypische Gattung mit der einzigen Art *Siebenrockiella crassicollis.*

■ *Siebenrockiella crassicollis* (GRAY, 1831)
Dickhalsschildkröte

Verbreitung: Süden Myanmars, Thailand, Kambodscha, Westen von Laos und Süden Vietnams über die Malaiische Halbinsel (Malaysia, Singapur) bis Sumatra, Java, Borneo und benachbarte Inseln (Indonesien).
Beschreibung: Carapaxlänge 17–20 cm. Rückenpanzer schwarz, mit Mittelkiel, bei Jungtieren noch deutlich gesägt. Bauchpanzer und Weichteile ebenfalls schwarz. Weiße Augenumrandungen, Schläfenregion und Unterkiefer mit weiteren weißen Makeln. Streifen gekörnelter Haut zwischen Auge und Trommelfell. Männchen mit konkav geformtem Bauchpanzer, längerem Schwanz und kräftiger Schwanzwurzel.
Lebensweise: Sumpfgebiete, vegetationsreiche Teiche, Tümpel, langsam fließende Flüsse und Kanäle. Ruhige Schildkröten, dämmerungsaktiv, verbergen sich tagsüber meist zwischen Wurzeln oder Pflanzenansammlungen. Ansonsten wenig bekannt. In Menschenobhut konnte man beobachten, dass ein vermutlich balzendes Männchen seinen Kopf auf- und abbewegte und das Weibchen dabei verfolgte.
Pflege: Siehe Tabelle S. 114.
Vermehrung: 1–2 Eier (45–58 × 19–29 mm, 21–33 g). Bei 27–30 °C (relative Luftfeuchtigkeit 75–80 %) Schlupf nach 68–84 Tagen, bei konstant 25 °C nach etwa 112 Tagen, bei 30 °C nach 72 Tagen.

Familie Carettochelidae Neuguinea-Weichschildkröten

Die Familie Carettochelidae BOULENGER, 1887 ist monogenerisch mit der einzigen Gattung *Carettochelys.*

Carettochelys RAMSAY, 1887

Neuguinea-Weichschildkröten
Monotypische Gattung. VISSER & ZWARTEPOORTE (2005) haben sehr ausführlich über die Haltung und Vermehrung von *Carettochelys insculpta* berichtet. Bemerkenswert ist, dass man die meisten Eier zur Schlupfzeit in warmes Wasser gelegt hat und die Schlüpflinge dann nach 15–32 Minuten im Wasser die Eischalen gesprengt haben und geschlüpft sind.

■ *Carettochelys insculpta* RAMSAY, 1887
Neuguinea- oder Papua-Weichschildkröte

Verbreitung: Süden Neuguineas (Irian Jaya, Indonesien, Papua-Neuguinea) und Norden Australiens (Flusssysteme des Daly-, Victoria- und Alligator-River).
Beschreibung: Carapaxlänge bis zu 70 cm. Rückenpanzer lederartig. Bei frisch geschlüpften Jungtieren sind noch Umrisse der ursprünglichen Hornschilde zu erkennen. Rückenpanzer und Kopf dunkeloliv. Schnauze endet mit stumpfem Rüssel. Vorder- und Hinterbeine flossen- beziehungsweise paddelartig, zwei freie Krallen. Hals, Gliedmaßen und Bauch auf der Unterseite gelblich-/

rötlichweiß. Männchen mit längerem, dickerem Schwanz.

Lebensweise: Süßwasser und im Mündungsbereich von Flüssen. Während der Trockenzeit sind die Tiere oft in größeren Wasseransammlungen und Lagunen isoliert. Geschickte Schwimmer, die auch lange tauchen können und sich meist am Grund des Gewässers befinden, wo sie sich auch gern in den lockeren Bodengrund eingraben. Suchen kurz zum Luftholen die Wasseroberfläche auf, um anschließend sofort wieder abzutauchen. Verzehren sowohl Weichtiere, Würmer, Krebse, Fische als auch Wasserpflanzen, Blätter und Früchte. Verlassen das Wasser offenbar lediglich zur Eiablage. Beobachtungen zufolge legt eine große Anzahl von Weibchen seine Nester in Neuguinea zum Ende der Trockenzeit nachts auf hoch gelegenen Schlamm- oder Sandbänken an. Eier rundlich, pergamentartig beschalt. In Australien legen die Schildkröten am Ende der Trockenzeit auf Fluss-Sandbänken Nester an. Panzer der Schlüpflinge etwa 57 mm lang, mit Mittelkiel! Können in der Nistgrube eine Ruhephase einlegen und schlüpfen, wenn die Regenzeit für ein Überfluten der Sandbänke sorgt.

Pflege: Siehe Tabelle S. 119.

Vermehrung: 15–30 Eier (Ø etwa 40 mm). Bei 28 °C Schlupf nach 109–110 Tagen, bei 30 °C nach 116–140 Tagen, bei 31 °C nach 97 Tagen, bei 32 °C nach 88–93 Tagen. Bei 28–30 °C schlüpfen männliche, bei 32 °C weibliche Nachkommen.

Familie Trionychidae Echte Weichschildkröten

Die Weichschildkröten der Familie Trionychidae FITZINGER, 1826 leben in Afrika (ohne Madagaskar; *Palea steindachneri* wurde nur eingeführt), Asien, Ostindien und Nordamerika. Der wissenschaftliche Familienname bezieht sich auf die drei Klauen an ihren Vorderbeinen. Zwei Unterfamilien existieren: die Klappen- (Cyclanorbinae) und die Knorpel-Weichschildkröten (Trionychinae). Weichschildkröten haben einen flachen, scheibenförmigen weichen Panzer und eine rüsselartige Nasenpartie. Hals oft recht lang. Hornschildreste des Rückenpanzers und Bauchpanzers fehlen völlig, und viele Panzerelemente des Skeletts sind stark reduziert. Rückenpanzerrandschilde fehlen ebenfalls, Rücken- und Bauchpanzer sind lediglich durch Bänder miteinander verbunden. Die Strukturierung der Bauchpanzerknochen-Oberfläche ist oft ein wichtiges Bestimmungsmerkmal. Das Bestimmen vieler Weichschildkröten ist schwierig, da sich das äußere Erscheinungsbild mit dem Alter und je nach Geschlecht erheblich verändern kann. Jungtiere sind häufig ausgeprägt gemustert, manchmal auch Erwachsene. Männchen verlieren (vor allem bei amerikanischen Arten) oft mit fortschreitendem Alter ihre Zeichnung. Weibchen sind größer und häufig stärker gezeichnet. Männchen sind für gewöhnlich am längeren und ausgeprägteren Schwanz zu erkennen. Weichschildkröten sind kraftvolle Schwimmer und können sich auch an Land geschickt bewegen. Alle leben völlig an das Wasser gebunden und sonnen sich oft lediglich an der Wasseroberfläche oder am Ufer, von wo aus sie blitzschnell ins Wasser flüchten können. Besonders häufig bleiben sie aber an geschützten, flachen Stellen im Sand oder Schlamm am Grund des Gewässers verborgen. Nur Schnauze und Augen schauen dabei oft noch heraus. Strecken

Dickhalsschildkröten, *Siebenrockiella crassicollis*, benötigen geräumige Aquaterrarien.

Die Papua-Weichschildkröte, *Carettochelys insculpta*, ist die einzige Art der Familie Carettochelidae.

die Schildkröten ihren langen Hals aus, können sie häufig mit den Nasenlöchern über der Wasseroberfläche Luft holen, ohne die schützende Schlammschicht zu verlassen. Weichschildkröten können mit ihren scharfen Kiefern kräftig zubeißen. Obwohl junge Weichschildkröten, vor allem amerikanische Arten, immer wieder im Tierhandel angeboten werden, gibt es nur wenige Berichte über ihre Haltung oder gar Vermehrung in menschlicher Obhut. Außerdem sind Weichschildkröten untereinander meist so bissig, dass man sie fast stets allein halten muss. Zur artgerechten Haltung gehört auch ein Sandboden (rundkörnig), der so hoch sein muss, dass sich die Schildkröten darin eingraben können!

Unterfamilie Cyclanorbinae Klappen-Weichschildkröten

Die Unterfamilie der Klappen-Weichschildkröten (Cyclanorbinae LYDEKKER, 1889) umfasst nur drei Gattungen, die Westafrikanischen Klappen-Weichschildkröten (*Cyclanorbis*), die Zentralafrikanischen (*Cycloderma*) und die Indischen Klappen-Weichschildkröten (*Lissemys*).

Cyclanorbis GRAY, 1854

Westafrikanische Klappen-Weichschildkröten

Zwei Arten. Bauchpanzer an den Hintergliedmaßen mit häutigen Klappen ausgestattet, die ihre eingezogenen Hinterbeine bedecken. Augen deutlich weiter von der Schnauze entfernt als bei *Cycloderma*-Arten. Außerdem besitzen die Schildkröten auf dem Bauchpanzer neun oder auch mehr größere raue Flächen (Kallositäten) und können bis zu 60 cm lang werden.

Arten: *Cyclanorbis elegans* (GRAY, 1869): Ghana bis Sudan.

Cyclanorbis senegalensis (DUMÉRIL & BIBRON, 1835): Senegal bis Kamerun und Sudan.

Cycloderma PETERS, 1854

Zentralafrikanische Klappen-Weichschildkröten

Die beiden Arten der Gattung *Cycloderma* leben in Afrika südlich des Äquators. Auch bei ihnen ist der Bauchpanzer im Bereich der Hintergliedmaßen mit häutigen Klappen ausgestattet, die sie nach dem Einziehen bedecken. Bei diesen Weichschildkröten liegen die Augen näher an der Schnauze als bei *Cyclanorbis*.

Arten: *Cycloderma aubryi* (DUMÉRIL, 1856): Zentralafrikanische Republik, Gabun, Cabina (Angola) und beide Kongo-Staaten.

Cycloderma frenatum PETERS, 1854: Süden Tansanias, Norden Mosambiks, Malawi und Südosten Simbabwes.

Lissemys SMITH, 1931

Indische Klappen-Weichschildkröten

Indische Klappen-Weichschildkröten leben in ruhig fließenden Flüssen, Seen und Tümpeln in der Nähe von Flüssen, aber auch in Viehtränken, Reisfeldern, Kanälen, Salzmarschen und selbst Kleingewässern in städtischen Einrichtungen. Wichtig ist der weiche, sandige Bodengrund. Sie sind im Temperament recht unterschiedlich, einige beißen heftig um sich, andere nicht. Die Tiere sondern bei Gefahr eine übel riechende Flüssigkeit aus. Nur hin und wieder gelangen Exemplare in Menschenobhut. Empfohlene Lektüre zu *Lissemys punctata*: SCHÄFER (2006).

Arten: *Lissemys punctata* (BONNATERRE, 1789), 2 Unterarten: *Lissemys p. punctata* (BONNATERRE; 1789): Zentral- und Südindien, Sri Lanka. *Lissemys p. andersoni* WEBB, 1980): Pakistan, Norden Indiens (Sikkim), Süden Nepals bis Bangladesch (Flusssysteme des Indus und Ganges) bis zum westlichen Myanmar (Irrawaddy- und Salween-Flusssysteme).

Lissemys scutata (PETERS, 1868): Myanmar und äußerster Westen Thailands (Flusssysteme von Irrawaddy und Salween).

Pflege: Siehe Tabelle S. 119.

Vermehrung: *Lissemys punctata*: Meist 4–5 Eier (25–33 mm). Die ersten beiden Drittel der Inkubationszeit bei 27–28 °C, danach bei 30–32 °C (relative Luftfeuchtigkeit etwa 88 %). Nach 182 Tagen Eier geöffnet und lebende Jungtiere entnommen.

Unterfamilie Trionychinae Knorpel-Weichschildkröten

Die Unterfamilie der Knorpel-Weichschildkröten (Trionychinae FITZINGER, 1826) umfasst insgesamt zwölf Gattungen. Nur wenige Arten sind von terraristischer Bedeutung, da diese Weichschildkröten kaum angeboten werden und zum Teil sehr groß werden können.

Amyda GEOFFROY SAINT-HILAIRE, 1809

Knorpel-Weichschildkröten

Monotypische Gattung mit der Art *Amyda cartilaginea* (BODDAERT, 1770), der Knorpel-Weichschildkröte: Nordosten Indiens, Myanmar bis Thailand, Laos, Kambodscha, über die Malaiische

Pflege der Vertreter der Familien Carettochelidae und Trionychidae								
Art	Terrarien-größe	Strahlungs-wärme	Nahrung	Vergesell-schaftung	Terrarien-größe	Wasser-stand und -temperatur	Über-winterung	Literatur
Carettochelys insculpta Papua-Weichschildkröte	C	–	O (va)	Gruppe (1 ♂, 2–3 ♀)	8	5–6 24–26 °C	nein	KÖHLER (1997) VISSER et al. (2005)
Apalone (Apalone) mutica Glattrand-Weichschildkröte	C	35 °C	A	einzeln	6	4–5 24–26 °C	nur etwas kühler halten	KÖHLER (1997)
Apalone (Apalone) spinifera Dornrand-Weichschildkröte	C	35 °C	A	einzeln	6	4–5 24–26 °C	nur etwas kühler halten	KÖHLER (1997)
Apalone (Platypeltis) ferox Florida-Weichschildkröte	C	35 °C	A	einzeln	6	4–5 24–26 °C	nur etwas kühler halten	KÖHLER (1997)
Dogania subplana Malayen-Weichschildkröte	C	35 °C	A	einzeln	6	4–5 24–26 °C	–	RUDLOFF (1990) DATHE (1987)
Lissemys punctata Vorderindische Klappen-Weichschildkröte	C	35 °C	A	einzeln	6	4–5	–	SCHÄFER (2006)
Palea steindachneri Nackendorn-Weichschildkröte	C	35 °C	A	einzeln	6	4–5 24–26 °C	–	MCKEOWN et al. (1982) KÖHLER (1997)
Pelodiscus sinensis Chinesische Weichschildkröte	C	35 °C	A	einzeln	6	4–5 24–26 °C	nur etwas kühler halten	RUDLOFF (1990) NÖLLERT (1992) THIEME (1979, 1985) KÖHLER (1997)

Terrarientyp: siehe S. 20
Nahrung: A = animalisch; O (va) = omnivor, vorwiegend animalisch
Terrarienlänge = Panzerlänge × angegebener Faktor; Terrarienbreite = halbe Terrarienlänge
Wasserstand = Panzerbreite × angegebener Faktor

Halbinsel (Malaysia, Singapur) bis nach Indonesien (Java, Bali, Lombok). Lebt in langsam fließenden Flüssen mit weichem Bodengrund, aber auch Sümpfen, Tümpeln und Teichen. Die Tiere ernähren sich animalisch.

Apalone RAFINEQUE, 1832

Amerikanische Weichschildkröten

Bei Amerikanischen Weichschildkröten unterscheidet man zwei Untergattungen (*Apalone* und *Platypeltis*). Sie besitzen einen deutlichen Sexualdimorphismus. Auf ihrem Bauchpanzer befinden sich vier oder mehr hornige Flächen (Kallositäten). Bei *Apalone (Apalone) atra*, oft noch als „*ater*" bezeichnet, wird spekuliert, ob es sich bei den im Cuatro-Ciénegas-Becken in Coahuila (Mexiko) lebenden Weichschildkröten zumindest teilweise um Hybriden handelt, die durch Kreuzungen mit der durch Kanalbauarbeiten zusätzlich in den Lebensraum gelangten Unterart *Apalone (Apalone) spinifera emoryi* entstanden sind. Man geht aber davon aus, dass es auch noch genetisch reine *Apalone (A.) atra* gibt. KUZMIN (2002) berichtet über eine Kreuzung zwischen *Apalone mutica* und *Pelodiscus sinensis*.

Arten: *Apalone (Apalone) atra* (WEBB & LEGLER): Mexiko (Cuatro-Ciénegas-Becken in Coahuila).
Apalone (Apalone) mutica LESUEUR, 1827: USA (Ohio, Minnesota, Süden von North Dakota, South Dakota, Osten und Süden Nebraskas, Kansas, Oklahoma, Norden und Osten von Texas, Mississippi, Missouri, Iowa, Arkansas, Louisiana, Illinois, Wisconsin, Indiana, Kentucky, Tennessee, Alabama, Westen der Halbinsel Florida, Osten New Mexicos; eingeführt in West-Pennsylvania).
Apalone (Apalone) spinifera (LESUEUR,1827): USA (Nordwesten von Vermont, Westen New Yorks, Westen Pennsylvanias, Westen Virginias, Michigan, Minnesota, Ohio, Indiana, Kansas, Kentucky, Tennessee, South Carolina, Georgia, Alabama, Mississippi, Nordwesten Floridas, Wisconsin, Illinois, Minnesota, Iowa, Missouri, Arkansas, Texas, Louisiana, New Mexico, Arizona, Südosten Kaliforniens, Süden Nevadas, Südwesten Utahs, Montana, South Dakota, North Dakota, New Jersey), Kanada (Süden Ontarios, Quebec), Mexiko (Norden von Tamaulipas, Nuevo Leon, Coahuila, und Osten Chihuahua, Baja California, Morelos).

Vor allem bei jungen Weichschildkröten, wie hier *Apalone (Apalone) mutica*, muss sich auf dem Grund des Wasserbeckens eine Sandschicht befinden.

Apalone (Platypeltis) ferox FITZINGER, 1836: USA (Süden von South Carolina, Süden Alabamas und mittleres Georgia bis Süden Floridas).

■ *Apalone (Platypeltis) ferox* (SCHNEIDER, 1783) Florida-Weichschildkröte

Verbreitung: USA (Südwesten von South Carolina, Georgia, Süden Floridas, Süden Alabamas).
Beschreibung: Carapaxlänge 33–67 cm. Größte und am bulligsten wirkende Weichschildkröten-Art Nordamerikas. Fast immer einfarbig dunkelbraun oder dunkel bräunlichgrau, manchmal mit vager Andeutung großer dunkler Flecke. Rückenpanzeroberfläche mit kleinen Beulen, die für gewöhnlich halbmondförmig den vorderen Bereich und die Seiten bis zu den Vorderbeinen einschließen. Beulen abgeflacht und nicht stachlig. In jeder Nasenöffnung ist ein First (wie bei *A.-spinifera*-Formen). Männchen mit längerem, etwas dickerem Schwanz, bleiben kleiner als die Weibchen.
Lebensweise: Seen, Teiche, Kanäle und Gräben sowie ruhigere Bereiche von Fließgewässern. Bevorzugen tiefere Gewässer mit sandigem oder schlammigem Untergrund, aber auch schlammige, sprudelnde Quellen. Selten auch im Brackwasser der Mündungsbereiche von Flüssen. Die Weichschildkröten verzehren als Jungtiere mehr animalische, später auch vegetarische Kost (Wirbellose aller Art, wie Krebse, Schnecken, Muscheln, aber auch Fische, Frösche und Aas, Wasserpflanzen). Im nördlichen Bereich des Verbreitungsgebiets erfolgen die Eiablagen von Juni bis Juli, in Florida von Mitte März bis Juli. Zuvor graben die Weibchen etwas über 12 cm tiefe Nester, in die sie die Eier legen. Vermutlich sind mehrere Gelege innerhalb einer Saison möglich. Der Schlupf erfolgt nach etwa 60–70 Tagen, also im August/September. Jungtiere weniger rund als andere *Apalone*-Arten. Rückenpanzer gelblich oliv mit dunklen Flecken und schmalen gelben bis orangefarbenen Rändern. Bauchpanzer dunkelgrau, Weichteile oliv mit hellen Pigmenten. Ein Y-förmiges Muster verläuft von jedem Trommelfell zur Schnauze.
Pflege: Siehe Tabelle S. 119.
Vermehrung: 13–28 Eier (Ø etwa 24–32 mm). Bei 27–30 °C Schlupf nach 39–68 (max. 116) Tagen.
Apalone (Apalone) mutica: 11–22 (max. 33) Eier (Ø etwa 20–23 mm). Bei 27–33 °C Schlupf nach 50–75 Tagen.
Apalone (Apalone) spinifera: 4–32 Eier (Ø etwa 24–32 mm). Bei 28–30 °C Schlupf nach etwa 60 Tagen.

Aspideretes HAY, 1904

Indische Weichschildkröten

Die Gattung *Aspideretes* umfasst vier Arten. Sie besitzen als charakteristisches Merkmal zwei

Nackenschild-Paare zwischen den ersten beiden Wirbelschilden. Auf dem Bauchpanzer befinden sich fünf Schwielen. Die Gattung ist in Asien beheimatet und nahe mit der Gattung *Nilssonia* verwandt. Die Tiere leben in Flüssen, Seen und Teichen und vergraben sich bei Bedarf in den schlammigen Untergrund des Gewässers. Auf den Sandbänken kann man sie manchmal beim Sonnenbad beobachten. Ganges-Weichschildkröten sind beispielsweise sehr aggressiv und erbeuten Vögel, Frösche und andere kleinere Wirbeltiere, fressen zum Teil aber auch Pflanzenteile. Jüngere Exemplare dieser Weichschildkröten verzehren auch Wirbellose, und selbst Kannibalismus wurde beobachtet.

Arten: *Aspideretes gangeticus* (Cuvier, 1825): Flusssysteme von Indus, Ganges, Brahmaputra, Mahandi und Narmada im Südosten Afghanistans, Pakistan, in Nordindien, im Süden Nepals und in Bangladesch.

Aspideretes hurum (Gray, 1831): Flusssysteme von Ganges und Brahmaputra im Norden Indiens, Süden Nepals und Bangladesch.

Aspideretes leithii (Gray, 1872): Indische Halbinsel.

Aspideretes nigricans (Anderson, 1875): Brahmaputra-Flusssystem im Nordosten Indiens und Osten Bangladeschs.

Chitra Gray, 1844

Kurzkopf-Weichschildkröten

Die Arten der Gattung *Chitra* sind völlig an das Wasser gebunden, ernähren sich vor allem von Fischen, aber auch von Schnecken und Krebsen. Jungtiere verzehren auch Insekten, deren Larven und andere Wirbellose. Liegen häufig regungslos auf dem Grund oder graben sich in den Sand ein, sodass nur noch die Augen herausschauen. Dabei warten sie, bis ein Fisch dicht über ihrem Kopf vorbeischwimmt. Nun schnellt der lange Hals mit einer sehr raschen Bewegung vor, und der Fisch wird gepackt. Kleine Fische saugen die Tiere ähnlich wie die Fransenschildkröte (*Chelus fimbriatus*) in das Maul. Größere Fische packen sie im Bauchbereich und drehen sie im Maul, sodass sie mit dem Kopf zuerst verschlungen werden können. Besonders große Beute zerreißen sie wie viele Wasserschildkröten mit Hilfe der Vorderbeinkrallen.

Arten: *Chitra chitra* Nutaphand, 1986, 2 Unterarten: Zentral-Thailand bis Malaiische Halbinsel (Malaysia), Sumatra und Java (Indonesien).

Chitra indica (Gray, 1831): Pakistan, Indien, Süden Nepals und Bangladesch.

Chitra vandijki McCord & Pritchard, 2003): Myanmar (Irrawaddy-Flusssystem).

Dogania Gray, 1844

Malayen-Weichschildkröten

Monotypische Gattung mit der einzigen Art *Dogania subplana*.

- *Dogania subplana* Geoffroy Saint-hilaire, 1809
  Malayen-Weichschildkröte

Verbreitung: Süden Myanmars über die Malaiische Halbinsel (Thailand, Malaysia), Borneo (Indonesien, Brunei, Malaysia), Sumatra, Java und benachbarte Inseln (Indonesien) bis Palawan (Philippinen).

Beschreibung: Carapaxlänge 25–31 cm. Rückenpanzer graubraun und hell gesprenkelt. Entlang der Rückenmitte ein Aalstrich. Manche Exemplare mit symmetrisch angeordneten, scharf begrenzten, bis 3 cm großen Flecken, die im Alter verblassen. Bauchpanzer klein und hell, wird von rötlichen Adern durchzogen. Kopfoberseite mit dunklen Linien, die nach hinten auseinanderlaufen. Einige Exemplare mit orangefarbenem Fleck auf der Wange. Scharfe Kieferschneiden. Männchen größer und ausgewachsen flacher wirkend als Weibchen, außerdem mit kräftigerem Kopf.

Lebensweise: Vorzugsweise in Gebirgsbächen, weniger in langsam fließenden, schlammigen Gewässern. Vorwiegend in der Dämmerung oder nachts aktiv, völlig an das Wasser gebunden und sehr bissig. Die Tiere schwimmen wenig und leben meist recht versteckt unter großen Steinen am Bodengrund des Gewässers.

Pflege: Siehe Tabelle S. 119.

Vermehrung: 3–7 Eier (Ø etwa 22–31 mm). Bei 28 °C (relative Luftfeuchtigkeit 80–95 %) Schlupf nach etwa 72 Tagen, bei 25–30 °C nach 110 Tagen.

Nilssonia Gray, 1872

Birma-Weichschildkröten

Monotypische Gattung mit der einzigen Art *Nilssonia formosa* Gray, 1869: Mynamar (Flusssysteme von Irawaddy und Salween. Die Tiere können eine Carapaxlänge von 40 cm erreichen. Leben in Flüssen und Seen mit weichem Untergrund.

Oscaria Gray, 1873

Swinhoes Weichschildkröten

Monotypische Gattung mit der einzigen Art *Oscaria swinhoei* (wurde früher der Gattung *Rafetus* zugeordnet): China (Schanghai-Fluss und Tai-Hu-See]). Können eine Carapaxlänge von 33 cm erreichen. Lebensweise unbekannt, aber vermutlich ähnlich wie andere Weichschildkröten.

Palea MEYLAN, 1987

Nackendornen-Weichschildkröten
Monotypische Gattung mit der einzigen Art *Palea steindachneri*.

■ *Palea steindachneri* (SIEBENROCK, 1906)
Nackendornen-Weichschildkröte

Verbreitung: Südosten Chinas (einschließlich Insel Hainan) bis Nord- und Zentral-Vietnam. Auf Hawaii (Kauai, Oahu), in den USA und auf der Insel Mauritius angesiedelt.
Beschreibung: Carapaxlänge 40–50 cm. Rückenpanzer oval. Jungtiere mit vielen, in Längsreihen angeordneten Tuberkeln, die mit zunehmendem Alter verschwinden. Vorderer Rückenpanzerrand mit deutlichem, kräftigem Kamm mit großen Tuberkeln. Bei erwachsenen Exemplaren Rückenpanzer olivbraun oder graubraun, ohne Muster. Bauchpanzer einfarbig gelb oder cremefarben. Kopf von mittlerer Größe, mit knöcherner Schnauze, die etwas länger als der Augendurchmesser ist. Kopf und Gliedmaßen oliv bis braun. Kopf schwarz gestreift, ein breiter gelber Streifen zieht sich vom Auge zum Hals, wird zum Körper hin schmaler. Im Mundwinkel ein gelber Fleck. Mit dem Alter verschwinden auch die Kopf- und Halsmarkierungen. Charakteristisch sind die großen Tuberkel an der Halsbasis. Männchen bleiben kleiner als Weibchen und haben einen längeren und dickeren Schwanz. Die Kloakenöffnung liegt bei ihnen näher an der Schwanzspitze.
Lebensweise: Auf Hawaii leben die Schildkröten in Marschen und Entwässerungskanälen. Im Ngoi-Tio (Tongking, China) fand man sie selbst in etwa 1000 m ü. NN. Lebensweise wenig bekannt, vermutlich ähnlich wie bei anderen Weichschildkröten. Man hat beobachtet, dass die Weibchen im Juni kugelrunde Eier legen, aus denen Ende August oder im September die Jungen schlüpfen. Carapaxlänge der Schlüpflinge rund, im Durchmesser 54–58 mm. Kann orange bis braun gefärbt sein und schwarze Flecke aufweisen. Auf Mauritius werden auf Märkten und in Zoohandlungen immer wieder Schlüpflinge angeboten (ROGNER 2006).
Pflege: Siehe Tabelle S. 119.
Vermehrung: 3–28 Eier (Ø etwa 22 mm). Bei 28–30 °C Schlupf nach 72–89 Tagen.

Pelochelys GRAY, 1864

Riesen-Weichschildkröten
Alle drei *Pelochelys*-Arten können eine Rückenpanzerlänge von weit über 1 m erreichen. Sie leben im Bereich der Mündungen von Flüssen in das Meer, außerdem aber auch in Strömen und größeren Flüssen. Zur Eiablage wandern die Tiere häufig zu den Meeresstränden, um dort ihre Nester anzulegen. Zudem findet man die Schildkröten auch in kleineren Gewässern entlang der Flüsse und Ströme, selbst in Viehtränken und Seen. Die Gattung weist die größte Verbreitung aller Süßwasserschildkröten auf.
Arten: *Pelochelys bibroni* (OWEN, 1853): Süden Neuguineas.
Pelochelys cantorii (GRAY, 1864): Indien, Bangladesch und Myanmar über Thailand, Kambodscha, den Süden von Laos, Vietnam und den Süden Chinas (mit Insel Hainan) über die Malaiische Halbinsel (Malaysia) bis zu den Philippinen und Indonesien (Sumatra, Java, Borneo).
Pelochelys signifera WEBB, 2002: Norden Papua-Neuguineas.

Pelodiscus FITZINGER, 1835

Chinesische Weichschildkröten
Die Gattung *Pelodiscus* umfasst zwei Arten. Bei der dritten, *Pelodiscus parviformis* TANG, 1997 aus China, handelt es sich um ein Synonym von *P. sinensis* (FRITZ & OBST 1999).
Arten: *Pelodiscus maackii* (BRANDT, 1858): Äußerster Südosten Sibiriens (Russland), Norden Südkoreas sowie Nordosten Chinas.
Pelodiscus sinensis WIEGMANN, 1835: Siehe unten.

■ *Pelodiscus sinensis* WIEGMANN, 1835
Chinesische Weichschildkröte

Verbreitung: Norden, Osten und Süden Chinas (einschließlich Hainan), Japan (Taiwan und Honshu, Shikoku, Kyushu und benachbarte Inseln, eingeschleppt in die USA (Kalifornien und Hawaii).
Beschreibung: Carapaxlänge 20–26 cm. Rückenpanzer flach, bräunlich bis olivgrün, kann auch mit einem Muster aus unregelmäßigen dunklen Flecken oder Schnörkeln ausgestattet sein. Bauchpanzer bei Erwachsenen weiß, bei Jungtieren zum Teil lachsrot und/oder dunkel gefleckt. Weichteile olivgrün bis grau. Vom Auge strahlen dunkle Längsstreifen aus. Runde weiße, dunkel umrandete Tupfen am Unterkiefer, an den Kopfseiten, hin und wieder auch auf der Oberlippe und der Kehlpartie. Nase bildet langen Schnorchel. Vorder- und Hinterbeine mit Schwimmhäuten und je drei Krallen. Männchen mit längerem und dickerem Schwanz.
Lebensweise: Langsam fließende Flüsse, Seen und größere Teiche mit weichem Bodengrund. Die Tiere leben fast ausschließlich im Wasser. Dämmerungsaktiv, vergraben sich tagsüber meist in den

sandigen Bodengrund und fressen vorwiegend animalische Kost, wie Frösche, Fische, Krebse, Schnecken, Muscheln und Insekten, selten aber auch Pflanzenteile. Sie erreichen mit etwa 6 Jahren die Geschlechtsreife. In Japan legen die Weibchen in der Zeit von Mai bis Mitte August 2–3 Gelege. In der Natur schlüpfen die ungefähr 23–28 mm langen, fast runden Jungtiere nach 40–80 Tagen.
Pflege: Siehe Tabelle S. 119.
Vermehrung: 6–28 Eier (Ø etwa 16–24 mm) Bei 27 °C (hohe relative Luftfeuchtigkeit) Schlupf nach etwa 55 Tagen, bei 22–32 °C, meist 26 °C nach 54 Tagen, bei 25–30 °C nach 54–75 Tagen.

Rafetus GRAY, 1864

Monotypische Gattung mit der einzigen Art *Rafetus euphraticus*. Lebensweise kaum bekannt, vermutlich ähnlich wie bei anderen Weichschildkröten. Sehr stark gefährdet.
Arten: *Rafetus euphraticus* (DAUDIN, 1802): Südost-Türkei, Norden Syriens, Irak und Südwesten des Iran (Flusssysteme des Euphrat und Tigris).

Trionyx GEOFFROY SAINT-HILAIRE, 1809

Afrikanische Weichschildkröten
Monotypische Gattung mit der einzigen Art *Trionyx triunguis* (FORSKÅL, 1775): Süden der Türkei und Südosten Griechenlands (?), südlich bis Afrika (von Senegal bis Angola, Norden Namibias, Somalia, Ägypten und Kenia). Carapaxlänge bis 95 cm. Leben in Flüssen, Seen, Kanälen. Im östlichen Mittelmeergebiet kommen die Tiere noch regelmäßig vor und suchen dort auch immer wieder das Meer auf. Jungtiere werden gelegentlich angeboten. Der Kauf ist jedoch nicht empfehlenswert, da die Tiere fast einen Meter lang werden können.

Familie Dermatemydidae Tabascoschildkröten

Die Familie Dermatemydidae GRAY, 1870 ist monogenerisch mit der Gattung *Dermatemys*.

Dermatemys GRAY, 1847

Tabascoschildkröten
Monotypische Gattung mit der einzigen Art *Dermatemys mawii* GRAY, 1847, Tabascoschildkröte: Mexiko (Veracruz und nördliches Oaxaca bis zur Yucatán-Halbinsel), Belize und der Atlantikküste Guatemalas und des benachbarten Honduras.

Die Großkopf-Kreuzbrustschildkröte, *Claudius angustatus*, ist sehr bissig und kann erhebliche Verletzungen verursachen.

Familie Staurotypidae Kreuzbrustschildkröten

Zur Familie Staurotypidae GRAY, 1869 gehören lediglich die beiden Gattungen *Claudius* und *Staurotypus*.

Claudius COPE, 1865

Großkopf-Kreuzbrustschildkröten
Monotypische Gattung mit der einzigen Art *Claudius angustatus*.

- *Claudius angustatus* COPE, 1865
  Große Großkopf-Kreuzbrustschildkröte

Verbreitung: Mexiko (östliches und mittleres Veracruz) bis Guatemala und Belize.
Beschreibung: Kleine Form mit 11–12 cm, große mit 12–18 cm Carapaxlänge. Rückenpanzer dunkeloliv bis dunkelbraun. Jeder der Schilde kann mehr oder weniger deutliche, strahlenförmig angeordnete dunkle Punkte und Strichreihen aufweisen. Es gibt auch melanistische Exemplare. Der Rückenpanzer weist drei mehr oder weniger stark ausgeprägte Längskiele auf. Panzerrand glatt. Bauchpanzer klein, kreuzförmig, gelblich und manchmal dunkelrotbraun. Rückenpanzer und Bauchpanzer sind an der Brücke lediglich durch einen schmalen Streifen häutigen Bindegewebes miteinander verbunden. Kopf sehr groß, passt nicht völlig unter den Panzer. Oberkiefer mit drei spitzen, zahnartigen Fortsätzen, Unterkiefer hakenartig nach oben gezogen. Kinn trägt ein Paar Barteln. Weich-

Pflege von Vertretern der Familien Kinosternidae und Staurotypidae

	Terrarientyp	Nahrung	Vergesell-schaftung	Terrarien-größe	Wasser-stand und -temperatur	Über-winterunng	Literatur
Claudius angustatus Großkopf-Kreuzbrustschildkröte	A	A	einzeln	4	2 25–30 °C, nicht unter 20 °C	–	SCHOLZ (1990) PAULER (1981) GRYCHTA et al. (1994) SCHILDE (2002)
Kinosternon acutum Spitzschnauzen-Klappschildkröte	A	A	einzeln	4	2	–	RUDLOFF (1982)
Kinosternon baurii Dreistreifen-Klappschildkröte	A	O	GT	4	2	nur etwas kühler halten	SACHSSE (1977) PRASCHAG (1983)
Kinosternon cruentatum Mittelamerikanische Klappschildkröte	A	A	GT	4	2	–	KÖHLER (1997)
Kinosternon flavescens Gelbliche Klappschildkröte	A	O	Gruppe (1 ♂, 2–3 ♀)	4	2	nur etwas kühler halten	DREWS (1982) KÖHLER 1997
Kinosternon hirtipes Raufuß-Klappschildkröte	A	A	GT	4	2	nur etwas kühler halten	KÖHLER 1997
Kinosternon integrum Mexikanische Klappschildkröte	A	A	einzeln	4	2	–	GRYCHTA 1996 KÖHLER 1997
Kinosternon leucostomum Weißmaul-Klappschildkröte	A	A	einzeln	4	2	–	FRITZ 2007 RUDLOFF 1990 SACHSSE 1980 SCHUSTER 1980 SCHILDE 2002
Kinosternon scorpioides Skorpions-Klappschildkröte	A	A	GT	4	2	–	KÖHLER 1997
Kinosternon subrubrum Gewöhnliche Klappschildkröte	A	O	einzeln	4	2	Nominatform bei 4–8 °C	OBST 1984 KÖHLER 1997
Kinosternon s. steindachneri Florida-Klappschildkröte	A	O	einzeln	4	2	nur etwas kühler halten	KÖHLER 1997
Staurotypus salvinii Salvins Kreuzbrustschildkröte	A	A	einzeln	4	2 24–28 °C	–	SCHMIDT 1970 SACHSSE et al. 1976 KÖHLER 1997
Staurotypus triporcatus Große Kreuzbrustschildkröte	A	A	einzeln	4	2	–	NÖLLERT 1992 KÖHLER 1997
Sternotherus carinatus Dach-Moschusschildkröte	A	O	einzeln	4	2	ca. 2 Monate 10–15 °C	BECKER 1995 BAUR 1995 KÖHLER 1997 HENNIG 2002
Sternotherus minor Zwerg-Moschusschildkröte	A	O (va)	einzeln	4	2	ca. 2–3 Monate ca. 10 °C.	SACHSSE 1977 RÖDEL 1989 KÖHLER 1997 BECKER 2003
Sternotherus odoratus Gewöhnliche Moschusschildkröte	A	A	einzeln	4	2	ca. 2 Monate bei 4–8 °C	BUDDE 1982, 2002 GAD 1987 KÖHLER 1997 HENNIG 1999, 2002

Terrarientyp: siehe S. 20
Nahrung: A = animalisch; O = omnivor; O (va) = omnivor, vorwiegend animalisch
Vergesellschaftung: GT = nach Geschlechtern getrennt
Terrarienlänge = Panzerlänge × angegebener Faktor; Terrarienbreite = halbe Terrarienlänge; Wasserstand = Panzerbreite × angegebener Faktor

teile schwarzgrau oder gelblichbraun, dunkles Flecken- und Strichmuster. Kopfoberseite netzförmig gezeichnet, Unterseite heller als Oberseite. Männchen werden größer, mit größerem Kopf und längerem Schwanz. Im mittleren Veracruz (Mexiko) gibt es eine offenbar kleinköpfigere Variante.
Lebensweise: Sumpfgebiete und Tümpel in der Nähe langsam fließender Flüsse. In der Dämmerung und nachts aktiv, sehr versteckte Lebensweise. Verzehren Würmer, Schnecken, Krebse, Amphibien und Fische, aber auch Aas. In Trockenzeiten graben sie sich oft für mehrere Monate in den Bodengrund der Gewässer oder an Land ein. Die Zeit der Eiablagen fällt offenbar mit Beginn der Regenzeit zusammen. Mehrere Gelege pro Saison möglich. Eier werden oft nur zwischen der Vegetation abgelegt. Vorsicht – sehr bissig, kann springen! Dennoch sehr sensibel. Carapaxlänge der Schlüpflinge etwa 30 mm. Temperatur hat offenbar keinen Einfluss auf das Geschlechterverhältnis.
Pflege: Siehe Tabelle links.
Vermehrung: Kleine Form: 2–4 (max. 5) Eier (31–34 × 18-20 mm). Große Form: Meist 4–6 (max. 8) Eier (etwa 33,5–34,6 × 20,0–20,9 mm), Diapause während der Inkubation möglich. Bei 25 °C Schlupf nach 130–150 Tagen, bei 27–30 °C nach 94–116 Tagen, bei 28–30 °C (relative Luftfeuchtigkeit 80–100 %) nach 94 Tagen, bei 25–30 °C (relative Luftfeuchtigkeit 98 %) nach 113 Tagen, bei 28 °C (relative Luftfeuchtigkeit 98 %) nach 70–125 Tagen, bei 25 °C nach etwa 150 Tagen.

Staurotypus Wagler, 1830

Echte Kreuzbrustschildkröten

Der Rückenpanzer der *Staurotypus*-Arten trägt drei deutliche Kiele. Der Bauchpanzer ist sehr klein, kreuzförmig und starr. Vorsicht! Bisse der Tiere können zu erheblichen Verletzungen führen! Sie ernähren sich animalisch. Vorzugsweise sollte man sie einzeln in geräumigen Aqua-Terrarien mit großem Wasser- und kleinem Landteil halten. Die Weibchen sind oft problemlos zu mehreren haltbar. Sehr wärmebedürftig. Die Tiere benötigen Wassertemperaturen zwischen 25 und 28 °C und über dem Landteil etwas höhere Temperaturen. Sie graben sich oft in den Landteil ein und halten dort eine Ruhepause. In dieser Zeit kann auf eine Beleuchtung, aber nicht auf die hohen Temperaturen verzichtet werden. Bei *Staurotypus* wird das Geschlecht durch entsprechende Chromosomen bestimmt und nicht durch die Bruttemperaturen.
Arten: *Staurotypus salvinii* Gray, 1864.
Staurotypus triporcatus (Wiegmann, 1828): Mexiko (Veracruz) bis nach Belize, Guatemala und dem Nordwesten von Honduras.

■ *Staurotypus salvinii* Gray, 1864
Salvins Kreuzbrustschildkröte

Verbreitung: Mexiko (Osten von Oaxaca, Süden Chiapas, Belize, Süden Guatemalas, El Salvador und Nordwesten von Honduras).
Beschreibung: Carapaxlänge 20–25 cm. Rückenpanzer dunkel oliv bis braun, hellt sich später auf. Drei hohe, leistenförmige Längskiele. Bauchpanzer hellgelblich. Kopf massig, dunkel, mit orangegelblichem Schnörkel- und Fleckenmuster. Kiefer hellgelb, Unterkiefer mit Barteln. Bräunliche Weichteile hellen sich auf der Unterseite auf. Männchen mit kräftigerer Schwanzbasis und sehr kleinem Bauchpanzer. Bei ihnen an den Innenseiten der Hinterbeine hornige Tuberkel. Männchen auf der hellen Unterkieferregion mit schwarzer Strichzeichnung, Weibchen hier zeichnungslos.
Lebensweise: Ruhige Gewässer aller Art mit schlammigem, weichem Untergrund. Die Tiere sind nachtaktiv und gehen nur selten an Land. Sehr gute Schwimmer, leben aber ansonsten wie Kinosterniden. Paarungen offenbar nur im Wasser. Dabei hält sich das Männchen mit den Hinterbeinen, unterstützt von den rauen Stellen an den Schenkeln, am Rückenpanzer des Weibchens fest. Mehrere Gelege in einer Saison möglich. Carapaxlänge der Schlüpflinge 25–31 mm.
Pflege: Siehe Tabelle links.
Vermehrung: 6–10 Eier (32–40 × 20–31 mm). Bei bei 24–25 °C Schlupf nach 120-207 Tagen, bei 25–30 °C nach 127-161 Tagen; manchmal sogar erst nach 210 Tagen.
Staurotypus triporcatus: 3–6 (max. 10) Eier (etwa 35–48 × 20–26 mm). Angeblich sogar 12–19 Eier. Bei 24–25 °C Schlupf nach etwa 120 Tagen, bei 25–30 °C nach 120–170 Tagen.

Familie Kinosternidae Schlammschildkröten

Die Vertreter der Familie Kinosternidae Gray, 1869 werden gern gehalten, da sie nicht sehr groß werden und leicht zu vermehren sind.

Kinosternon Spix, 1824

Klappschildkröten

Zur Gattung *Kinosternon* gehören kleine bis mittelgroße Schildkröten-Arten. Am Bauchpanzer befinden sich zwei Quergelenke, die ihn im vorderen und hinteren Bereich beweglich machen. Einige südamerikanische Arten sind dadurch in der Lage, ihren Panzer wie Dosenschildkröten (*Terrapene*) völlig zu verschließen. Rückenpan-

Verbreitung der *Kinosternon*-Arten und -Unterarten	
Kinosternon acutum GRAY, 1831	Mexiko (Atlantikküste von Süd-Veracruz bis Belize und Guatemala)
Kinosternon alamosae BERRY & LEGLER, 1980	Mexiko (südliches Sonora und nördliches Sinaloa)
Kinosternon angustipons LEGLER, 1965	Karibikküste von Südost-Nicaragua bis Nordwest-Panama
Kinosternon arizonense (GILMORE, 1922)	USA/Mexiko (südwestliches Arizona und weiter südlich bis zum mittleren Sonora)
Kinosternon chimalhuaca BERRY, SEIDEL & IVERSON, 1997	Mexiko (Pazifikküste von Nayarit bis Colima)
Kinosternon creaseri HARTWEG, 1934	Mexiko (Yucatán-Halbinsel)
Kinosternon cruentatum cruentatum DUMÉRIL & BIBRON, 1851	Mexiko (Pazifikküste vom Isthmus von Tehuantepec bis El Salvador)
Kinosternon cruentatum abaxillare BAUR, 1925	Mexiko (zentrales Tal von Chiapas)
Kinosternon cruentatum albogulare DUMÉRIL & BOCOURT, 1870	Pazifikküste von Honduras bis Panama
Kinosternon dunni SCHMIDT, 1947	Pazifikküste Kolumbiens vom Rio San Juan bis zum Rio Baudo
Kinosternon durangoense IVERSON, 1979	Mexiko (Süd-Chihuahua, West-Coahuila und Ost-Durango)
Kinosternon flavescens (AGASSIZ 1857)	USA (Südost-Arizona bis Nordwest-Nebraska, westliches Illinois und Süd-Texas), Mexiko (Nord-Chihuahua bis Tamaulipas und Nord-Veracruz)
Kinosternon herrerai STEJNEGER, 1925	Mexiko (Süd-Tamaulipas, Nord-Veracruz und östliches San Luis Potosi, Hidalgo und Puebla im östlichen Zentral-Mexiko)
Kinosternon hirtipes hirtipes (WAGLER, 1830)	Mexiko (Tal von Mexiko)
Kinosternon hirtipes murrayi GLASS & HARTWEG, 1951	USA (südöstliches Texas), Mexiko (Chihuahua über die mexikanische Hochebene bis zum Bundesstaat Mexiko)
Kinosternon hirtipes chapalense IVERSON, 1981	Mexiko (Chapala-See und Zaotlán-Lagune in Jalisco und Michoacán)
Kinosternon hirtipes magdalense IVESON, 1981	Mexiko (Magdalena-Tal in Michoacán)
Kinosternon hirtipes tarascae IVERSON, 1981	Mexiko (Pátzcuaro-See, Michoacán)
Kinosternon integrum LE CONTE, 1854	Mexiko (Sonora und West-Tamaulipas südwärts bis Oaxaca)
Kinosternon leucostomum leucostomum (DUMÉRIL & BIBRON, 1951)	Mexiko (Veracruz) bis Nicaragua
Kinosternon leucostomum postinguinale (COPE, 1887)	Nicaragua bis Ecuador
Kinosternon oaxacae BERRY & IVERSON, 1980	Mexiko (Süd-Oaxaca und Guerrero: Rio Colotepec und Rio-Tonameca-Becken an der Pazifikküste)
Kinosternon scorpioides scorpioides (LINNAEUS, 1766)	Panama bis nördliches Peru
Kinosternon scorpioides seriei FREIBERG, 1936	Nord-Argentinien, West-Paraguay und Süd-Bolivien
Kinosternon sonoriense sonoriense LE CONTE, 1854	USA/Mexiko (unterer Abschnitt des Colorado–Flusssystems in Arizona, dem westlichen New Mexico und südöstlichen Kalifornien bis zum Yaqui-Flusssystem im nördlichen Sonora und zum Casa-Grandes-Flusssystem im westlichen Chihuahua)
Kinosternon sonoriense longifemorale IVERSON, 1981	USA/Mexiko (Sonoyta–Flusssystem in Arizona und Sonora)
Kinosternon subrubrum subrubrum (LACEPÉDE, 1788)	USA (vom südlichen Illinois und Indiana bis zum Süden Alabamas, Nord-Florida und äußersten Südosten New Yorks)
Kinosternon subrubrum hippocrepis GRAY, 1855	USA (Texas und Oklahoma bis Missouri und Mississippi)
Kinosternon subrubrum steindachneri (SIEBENROCK, 1906)	USA (Halbinsel Florida)

Am Bauchpanzer der Klappschildkröten der Gattung *Kinosternon* kann man deutlich die Scharniere erkennen.

zer für gewöhnlich bräunlich bis schwarz und zeichnungslos. Männchen mit deutlich verdickter Schwanzwurzel und kleinerem, konkav geformtem Bauchpanzer. Die meisten Kinosterniden, vor allem Männchen, haben am Schwanzende einen hornigen Endnagel. Arten aus dem Norden des Verbreitungsgebiets überwintern am Grund des Gewässers oder an Land im Boden eingegraben. Südliche Arten sind oft längeren Trockenzeiten ausgesetzt, die sie ebenfalls eingegraben überdauern und mit der einsetzenden Regenzeit wieder beenden. Das Balzverhalten ist nicht sehr ausgeprägt. Manche Männchen überfallen nach Sichtkontakt oder intensivem Beschnuppern einfach das Weibchen und unternehmen Paarungsversuche. Bei anderen Arten nähert sich das Männchen dem Weibchen von vorn und führt pendelnde Kopfbewegungen aus. Etwa 3–6 Wochen nach der Befruchtung graben Weibchen eine Nistgrube, in die sie je nach Art 3–8 Eier legen. Anschließend bleiben sie oftmals noch einige Tage in der Nähe des Geleges oder gehen in der Nacht zum Gewässer zurück. Stellvertretend für die anderen Arten wird in diesem Buch *Kinosternon baurii* vorgestellt, da die Art wohl neben *K. leucostomum* am häufigsten gehalten wird. Der Landteil dient den *Kinosternon*-Weibchen lediglich als Eiablageplatz und sollte deshalb mindestens so tief wie ihre Carapaxlänge sein. Man hält die Tiere im Jahresrhythmus bei Wassertemperaturen von 22–28 °C, südamerikanische Arten bei 25–28 °C.

Arten: Siehe Tabelle S. 124. Empfohlene Literatur: SCHILDE (2001, 2002).

Kinosternon baurii GARMAN, 1891
Dreistreifen-Klappschildkröte

Verbreitung: USA (Osten von North Carolina und Virginia, Südosten von South Carolina entlang der Atlantikküste von Georgia südwärts zur Halbinsel Florida und den Keys).

Beschreibung: Carapaxlänge 10–13 cm. Rückenpanzer bräunlich bis schwarz, drei helle Längsstreifen. Kopfseiten mit je zwei hellen Streifen. Marginalschilde mit hellem Fleck. Einige Exemplare können fast durchsichtige Rückenpanzerschilde besitzen, sodass man die Umrisse der Knochenplatten darunter erkennt. Kiele fehlen, Panzerrand glatt. Bauchpanzer gelb bis hellbraun, einige verwaschene graue Flecke. Die Panzeröffnungen können fast völlig verschlossen werden. Kopf klein, konisch verlaufend, mit dunklen Makeln. Männchen kleiner, mit längerem und kräftigerem Schwanz mit Endnagel. Hornschuppen an den Innenseiten der Hinterbeine als Kopulationshilfen vergrößert.

Lebensweise: Alle möglichen stehenden Gewässer, Sumpfgebiete mit dichter Vegetation und weichem Bodengrund, auch in Brackwasser. In der Natur legen die Weibchen in der Zeit von April bis Juni bis zu drei Gelege.

Pflege: Siehe Tabelle S. 124.

Dreistreifen-Klappschildkröte, *Kinosternon baurii*.

Vermehrung: 1–5 (max. 8) Eier (etwa 28,5–33,5 × 18,5–20 mm, 7,5 g). Bei 27–30 °C (relative Luftfeuchtigkeit 85–95 %) Schlupf nach etwa 130, bei 25–30 °C nach 98–114 (103–119) Tagen.
Kinosternon acutum: 2, seltener 3 Eier (etwa 35 × 20 mm, ungefähr 7,5 g). Bei 25–30 °C (relative Luftfeuchtigkeit 80–95 %) Schlupf nach 98–114 Tagen.
Kinosternon cruentatum: Bis zu 10 Eier. Bei 25–30 °C Schlupf nach 130–163 Tagen.
Kinosternon flavescens: 2–7 Eier (etwa 24–28 × 13–16 mm). Bei 26–28 °C Schlupf nach 94–108 Tagen. Bei 27–30 °C entstehen Männchen, bei 31–32 °C Weibchen.

Mittelamerikanische Klappschildkröte, *Kinosternon cruentatum*.

Kinosternon hirtipes: 1–5 (max. 9) Eier. Bei 29 °C Schlupf nach 196–201 Tagen.
Kinosternon integrum: 2–4 Eier (15–17 × 8 mm). Bei 28 °C (relative Luftfeuchtigkeit 95 %) Schlupf nach 102–105 Tagen.
Kinosternon leucostomum: 1–4 (maximal 6) Eier (etwa 33 × 17–22 mm, 7,5 g). Bei 24–30 °C erfolgt der Schlupf nach 100–180 (max. 236) Tagen, bei 28 °C nach 89–130 Tagen. Eine Diapause ist möglich, Schlupf bis nach 230 Tagen. Bei 24–25 °C entstehen Männchen, bei 27–30 °C Weibchen. In einem anderen Fall bei 25–26 °C (relative Luftfeuchtigkeit 90–95 %) fast nur Männchen, bei 29 °C Weibchen.
Kinosternon scorpioides: 3–7 Eier. Bei 30–31 °C Schlupf nach 112 Tagen. Bei 24–27 °C entstehen 70–80 % Männchen, bei 30 °C nur Weibchen.
Kinosternon subrubrum: 1–8 Eier. Bei 25–30 °C Schlupf nach 90–176 Tagen, bei 28–30 °C nach 92–119 Tagen.
Kinosternon s. steindachneri: 3–4 Eier. Bei 29–31 °C Schlupf nach 64–82 Tagen.

Sternotherus GRAY, 1825

Moschusschildkröten

Es gibt und gab immer wieder Versuche, die Arten der Gattung *Sternotherus* zur Gattung *Kinosternon* hinzuzufügen. Auch diese kleinen Schildkröten besitzen am Bauchpanzer Scharniere, die es ihnen ermöglichen, den Panzer zum Schutz gegen Feinde völlig zu verschließen. Es ist sinnvoll, einige Arten, etwa *S. odoratus*, von Ende Mai bis Ende September in einer Freilandanlage zu halten (THIERFELD et al. 2005). Die Moschusschildkröten gehören zu den häufig gehaltenen Arten.
Arten: *Sternotherus carinatus* GRAY, 1855: Siehe unten.
Sternotherus depressus TINKLE & WEBB, 1955: USA (Alabama: Black-Warrior-Flusssystem oberhalb der Falllinie).
Sternotherus minor AGASSIZ, 1857: Siehe unten.
Sternotherus odoratus LATREILLE, 1801: Süden Kanadas (Ontario und südliches Québec), USA (Maine bis Süden Wisconsin, Texas und Florida).

■ *Sternotherus carinatus* GRAY, 1855
Dach-Moschusschildkröte

Verbreitung: USA (vom östlichen Oklahoma und Texas bis zum Osten von Mississippi).
Beschreibung: Carapaxlänge 13–18 cm. Hornfarben oder hellbrauner bis oliv gefärbter Rückenpanzer mit dachfirstartigem Längskiel, Weibchen oft heller und zeichnungslos. Schildnähte mit deutlichem, manchmal fast schwarzem Rand. Wirbel-

schilde nach hinten spitz auslaufend. Im Bereich der Wachstumsfelder manchmal ausgeprägte schwarze Zeichnung (radiär nach hinten verlaufende Striche und Flecke). Zum Schildrand hin wird die Zeichnung immer schwächer oder verliert sich ganz. Bauchpanzerschilde stellenweise, vor allem längs der Mittellinie, rückgebildet und durch helle Hautpartien ersetzt, bei Männchen deutlicher ausgeprägt. Zwischen Brust- und Bauchschilden schwach bewegliches, bindegewebsartiges Quergelenk. Nase recht lang, ragt einige Millimeter über die Hornscheiden des Oberkiefers hinaus. Am Kinn 3–4 mm lange Barteln. Männchen deutlich größer als Weibchen, mit massigerem Kopf und kräftigeren Kiefer sowie längerem und dickerem Schwanz. An den Hinterbeinen findet man bei ihnen etwa centgroße raue Stellen, mit denen sie sich am Carapax der Weibchen zusätzlich festhalten können.

Lebensweise: Dicht bewachsene Uferbereiche von Bächen und ruhigen Flüssen, Ströme, aber auch Schwemmbereiche mit weichem Untergrund und stellenweise dichter Vegetation. Allesfresser, die vor allem Insekten, Krebse, Schnecken und Amphibien und deren Larven, aber auch ab und zu Wasserpflanzenteile verzehren. Im Frühjahr finden die Paarungen statt, und von April bis Juni erfolgen die Eiablagen. Innerhalb der Saison können bis zu zwei Gelege abgesetzt werden. Im August/September kann man die ersten, 23–31 mm langen Schlüpflinge beobachten, die häufig drei Kiele aufweisen.

Pflege: Siehe Tabelle S. 124.

Vermehrung: 2–4 (max. 5) Eier (etwa 30–36 × 16 mm). Bei 27–30 °C (hohe relative Luftfeuchtigkeit) Schlupf nach etwa 95 Tagen, bei 27 °C nach 98–103 Tagen, bei 28–30 °C nach 109–120 Tagen, bei 29 °C (nachts kühler) nach 85–93 Tagen. Bei 27 °C entstehen Männchen, bei 22,5 °C und 30 °C Weibchen!

■ *Sternotherus minor* Agassiz, 1857
Zwerg-Moschusschildkröte

Verbreitung: *Sternotherus m. minor* (Agassiz, 1857): USA (mittleres Georgia und Südosten Alabamas bis Mitte Floridas).
Sternotherus m. peltifer Smith & Glass, 1947: USA (Osten Tennessees und Südwesten Virginias bis zum Osten Mississippis und Alabamas).

Beschreibung: Carapaxlänge 12–15 cm. Hellbrauner bis schwarzer Rückenpanzer mit drei Kielen, im Alter bilden sich die seitlichen zurück. Schilde tragen mehr oder weniger deutliches Strahlenmuster aus schwarzen Strichen. Bauchpanzer gelblich. Zwischen den Schilden breite Bindegewebsstreifen. Kopf graubraun, dunkel gestrichelt, recht groß. Beine kurz und dünn. Unterkiefer mit zwei Barteln. Männchen mit längerem Schwanz mit Endnagel, oft mit konkav geformtem Bauchpanzer. Alte Männchen besitzen einen deutlich größeren Kopf.

Sternotherus m. minor: Kopf und Hals für gewöhnlich nicht gestreift. Jungtiere mit drei Rückenkielen.

Sternotherus m. peltifer: Jungtiere mit nur einem Kiel auf dem Rücken. Deutliche Streifenzeichnung am Hals.

Lebensweise: Stehende und sehr langsam fließende Gewässer mit weichem Bodengrund sowie Quellbereiche. Stark an Gewässer gebunden. Tiere gehen selten an Land. Sowohl tagsüber als auch

Die Dach-Moschusschildkröte, *Sternotherus carinatus*, kann selbst von Anfängern relativ leicht vermehrt werden.

Die Zwerg-Moschusschildkröte, *Sternotherus minor*, hat meistens nur eine Panzerlänge von 12 cm.

Pflege von Vertretern der Familie Chelidae, Teil 1	Terrarientyp	Strahlungs-wärme	Nahrung	Vergesell-schaftung	Terrarien-größe	Wasser-stand und -temperatur	Literatur
Acanthochelys spixii	D	35 °C	A	Gruppe (1 ♂, 2–3 ♀)	6	2–3 25–28 °C	LEHMANN (1988)
Batrachemys nasuta	E	35 °C	A	Gruppe (1 ♂, 2–3 ♀)	6	4–5 25–28 °C	MEDEM (1960) KÖHLER (1997)
Batrachemys tuberculatus	E	35 °C	A	einzeln	6	4–5 25–28 °C	GROSSMANN et al. (1991) KÖHLER (1997)
Chelodina expansa Riesen-Schlangenhalsschildkröte	E	35 °C	A	Gruppe (1 ♂, 2–3 ♀)	6	2–3 25–28 °C	KÖHLER (1997)
Chelodina longicollis Glattrücken-Schlangenhalsschildkröte	D	35 °C	A	Gruppe (1 ♂, 2–3 ♀)	6	2–3 25–28 °C	BUDDE (1983) KÖHLER (1997) THIEME (1998)
Chelodina mccordi McCords Schlangenhalsschildkröte	D	35 °C	A	Gruppe (1 ♂, 2–3 ♀)	6	2–3 25–28 °C	KÖHLER (1997) SYMANSKI (2004)
Chelodina novaeguineae Neuguinea-Schlangenhalsschildkröte	D	35 °C	A	Gruppe (1 ♂, 2–3 ♀)	6	2–3 25–28 °C	KÖHLER (1997) EWERT (1979)
Chelodina oblonga Schmalbrust-Schlangenhalsschildkröte	E	35 °C	A	Gruppe (1 ♂, 2–3 ♀)	6	2–3 25–28 °C	KÖHLER (1997)
Chelodina parkeri Parkers Schlangenhalsschildkröte	D	35 °C	A	Gruppe (1 ♂, 2–3 ♀)	6	2–3 25–28 °C	FRITZ et al. (1989) KÖHLER (1997)
Chelodina reimanni Reimanns Schlangenhalsschildkröte	D	35 °C	A	Gruppe (1 ♂, 2–3 ♀)	6	2–3 25–28 °C	GROSSMANN (1990) ARTNER (1995)
Chelodina rugosa Nordaustralische Schlangenhalsschildkröte	E	35 °C	A	Gruppe (1 ♂, 2–3 ♀)	6	2–4 25–28 °C	KÖHLER (1997)
Chelodina siebenrocki Siebenrock-Schlangenhalsschildkröte	D/E	35 °C	A	Gruppe (1 ♂, 2–3 ♀)	6	2–3 25–28 °C	KÖHLER (1997)
Chelus fimbriata Fransenschildkröte	B	keine	A*	einzeln oder Gruppe (1 ♂, 2–3 ♀)	4–5	2–3 25–28 °C	NÖLLERT (1992) SCHAEFER (1986) MEIER et al. (2003 a, b)

Terrarientyp: siehe S. 20
Nahrung: A = animalisch
Terrarienlänge = Panzerlänge × angegebener Faktor; Terrarienbreite = halbe Terrarienlänge
Wasserstand = Panzerbreite × angegebener Faktor
* vor allem lebende, aber auch aufgetaute Fische

nachts am Grund der Gewässer auf der Suche nach Nahrung zu beobachten. Bevorzugen Schnecken, verzehren außerdem Insekten, Spinnen, kleine Krebse und Fische, aber auch Pflanzenteile. Paarungen ganzjährig möglich. Die Männchen verfolgen die Weibchen, beschnuppern deren Analregion, machen oft mit ausgestrecktem Hals nickende Kopfbewegungen und versuchen bald aufzureiten. Von Oktober bis Juli können die Weibchen 2–3 Gelege produzieren. Carapaxlänge der Schlüpflinge ungefähr 25 mm.

Pflege: Siehe Tabelle S. 124.

Vermehrung: 1–5 (max. 6), meist 3–4 Eier (27–35 × 14,5–18 mm). Um 27 °C (relative Luftfeuchtigkeit 90–95 %) Schlupf nach etwa 115 Tagen, bei 25–30 °C nach 61–119 (100–130) Tagen, bei 22–32 °C nach 99–103 Tagen, bei 24,9–29,3 °C nach 74–107 Tagen. Bei 25 °C entstehen zu 76–80 % Männchen, bei 22,5–24 °C und 30–32 °C Weibchen.

Sternotherus odoratus: 3–4 (max. 8) Eier (etwa 24,5–35 × 17–22 mm). Bei 25–30 °C Schlupf nach 61–77 (max. 132) Tagen, bei 28 °C Schlupf nach 65–72 Tagen, bei 28–30 °C nach etwa 65 Tagen. Bei 27 tagsüber und 23 °C in der Nacht Schlupf nach 82–88 Tagen. Bei 25 °C entstehen Männchen, bei 21,5–22,5 °C sowie bei 28–30 °C Weibchen.

Unterordnung Pleurodira Halswenderschildkröten

Die Halswenderschildkröten der Unterordnung Pleurodira COPE, 1864 zeichnen sich dadurch aus, dass sie ihren meist langen Hals seitlich unter den Panzerrand anlegen und nicht wie die Halsberger vollständig einziehen können. Die Vertreter der Familie Pelomedusidae ziehen ihren Hals etwas ein und legen ihn erst anschließend an den Panzer.

Familie Chelidae Schlangenhalsschildkröten

Nur wenige Arten der Familie Chelidae GRAY, 1825 gelangen zu uns in Menschenobhut. Einige seltenere Arten, etwa *Pseudemydura umbrina* SIEBENROCK, 1901 oder *Rheodytes leukops* LEGLER & CANN, 1980 sind wohl bisher überhaupt nicht gepflegt worden. Andererseits werden einige Arten bereits seit Jahrzehnten auch in Mitteleuropa erfolgreich gehalten und vermehrt, wie *Emydura subglobosa* oder *Chelodina longicollis*. Wichtig ist eine Trennung nach Arten, da einige miteinander Hybriden produzieren können.

Acanthochelys GRAY, 1873

Plattschildkröten

Die Arten der Gattung *Acanthochelys* zählte man früher zur Gattung *Platemys*. Unterschiede zwischen diesen beiden Gattungen bestehen in der Struktur ihres Knochenpanzers. Über die Lebensweise und Haltung ist bisher nicht viel bekannt.

Arten: *Acanthochelys macrocephala* (RHODIN, MITTERMEIER & MCMORRIS, 1984): Zentralbolivien (Rio-Grande-Einzugsgebiet) bis zum Süden Brasiliens und Zentralparaguay (Pantanal-Region).

Acanthochelys radiolata (MIKAN, 1820): Brasilien (atlantische Flusssysteme im Norden von der Umgebung von Maceió, im Süden bis in die Umgebung von São Paulo).

Acanthochelys spixii (DUMÉRIL & BIBRON, 1835): Siehe unten.

■ *Acanthochelys spixii* DUMÉRIL & BIBRON, 1824
Stachelhals-Plattschildkröte

Verbreitung: Argentinien, Uruguay, Süden Brasiliens, eventuell auch in Paraguay (vom Rio São Francisco und den Küstenbecken im São-Paulo-Staat südwärts bis zum Rio-Paraná-Becken, eingeführt in der Nähe von Mendoza, Argentinien).

Beschreibung: Carapaxlänge bis zu 17,2 cm. Rückenpanzer flach elliptisch, in Rückenmitte eine flache Furche. Bei ausgewachsenen Exemplaren 1. und 5. Wirbelschild deutlich breiter als lang. Hintere Randschilde höchstens etwas, meist aber nicht gesägt. Einzelne Rückenpanzerschilde oft mit konzentrischen oder strahlenförmigen Streifen. Rückenpanzer bei ausgewachsenen Tieren für gewöhnlich dunkelgrau bis schwarz, an der Basis der Rippenschilde manchmal gelbe Makel. Bauchpanzer und Brücke meist einfarbig dunkelgrau oder schwarz, bei manchen Exemplaren entlang des mittleren Saums gelbe Flecke. Breite Analkerbe. Kopf grau bis oliv, gelb oder beige gefärbte Kiefer. Kopfoberseite mit einer Vielzahl verschiedener Schuppen. Oberhalb des Trommelfells bilden sie drei oder vier Reihen. Das Kinn trägt zwei kleine graue Barteln. Arttypisch sind im Nackenbereich die vielen, länglichen, zugespitzten Tuberkel, die zu den Seiten hin immer weniger und kürzer werden. Zehen mit Schwimmhäuten. Auf den Schenkeln einige Tuberkelreihen. Weichteile grau bis oliv. Schwanz kurz. Männchen mit etwas dickerem und längerem Schwanz und konkavem Bauchpanzer.

Lebensweise: Langsam fließende Gewässer mit weichem Bodengrund und dichtem Pflanzenwuchs. Man hat in der Natur im November Paarungen beobachtet und von Mitte Januar bis März trächtige Weibchen gefangen. Jungtiere haben keine Furche im Rückenpanzer, sondern einen flachen Mittelkiel.

Pflege: Siehe Tabelle S. 130.

Vermehrung: 4–5 Eier (etwa 27 mm, 10 g). Bei 29 °C tagsüber und 30 °C nachts (relative Luftfeuchtigkeit über 90 %) Schlupf nach etwa 152–159 Tagen.

Batrachemys STEJNEGER, 1909

Große Krötenkopfschildkröten

Die Arten der Gattung *Batrachemys* wurden früher zur Gattung *Phrynops* gezählt.

Arten: *Batrachemys dahli* (ZANGERL & MEDEM, 1958): Nordosten Kolumbiens (nur von der Terra typica in der Nähe von Sincelejo, Bolivar, bekannt).

Batrachemys heliostemma MCCORD, JOSEPH-OUNI & LAMAR, 2001: Süden Venezuelas, Osten Ecuadors, Nordosten Perus, Westen Brasiliens (oberes Amazonasgebiet.

Batrachemys nasuta (SCHWEIGGER, 1812): Französisch-Guayana, Surinam und eventuell im angrenzenden Brasilien.

Batrachemys raniceps (GRAY, 1856): Osten Kolumbiens, Süden Venezuelas, Peru, Brasilien und Bolivien (Flusssysteme von Orinoko bis Amazonas).

Batrachemys tuberculatus (LUEDERWALDT, 1926): Osten Brasiliens (Rio São Francisco und benachbarte Flusssysteme).
Batrachemys zuliae (PRITCHARD & TREBBAU, 1984): Venezuela (Flusssysteme, die in den westlichen Teil des Maracaibo-Sees münden).
Der Lebensraum von *Batrachemys dahli* wird auch für die Entsorgung von Haus- und Industriemüll missbraucht. Die Art steht offenbar kurz vor dem Aussterben und befindet sich in der IUCN-Kategorie „stark gefährdet".
Pflege: Siehe Tabelle S. 130.
Vermehrung: *Batrachemys nasuta* 3–8 Eier. Bei 28–32 °C Schlupf nach 120–150 Tagen.
Batrachemys tuberculatus: 4–9 Eier. Bei 28–32 °C Schlupf nach 180–190 (max. 254) Tagen.

Bufocephala MCCORD et al., 2001

Südliche Krötenkopfschildkröten

Die Gattung *Bufocephala* MCCORD, JOSEPH-OUNI & LAMAR, 2001 ist monotypisch mit der einzigen Art *Bufocephala vanderhaegei* (BOUR, 1973): Süden Brasiliens, Osten Boliviens, Paraguay und Nordosten Argentiniens (Paraná-Flusssystem). Die Art wurde früher zur Gattung *Phrynops* gezählt und führt auch eine ähnliche Lebensweise wie diese Schildkröten.

Chelodina FITZINGER, 1826

Australische Schlangenhalsschildkröten

Bei den Arten der Gattung *Chelodina* sind Kopf- und Halsoberseite mit netzartiger Haut oder mit kleinen Tuberkeln bedeckt. Bauchpanzer breit, etwa anderthalbmal so lang wie breit, außer Brücke. Die Tiere bevorzugen oft trübe Gewässer. Daher reichen rein optische Reize bei der Werbung nicht aus. Männchen versuchen, die Weibchen visuell und taktil zur Paarung zu stimulieren. Paarungswillige Männchen verfolgen Weibchen und richten meist zuerst den Kopf zu deren Schwanzregion aus. Das Männchen schiebt sich nun mit gestrecktem, leicht nach oben gebogenem Hals über den Panzer des Weibchens, nimmt Schnauzenkontakt auf und berührt dabei dessen Unterkiefer. Verharrt das Weibchen, nickt das Männchen schnell und stoßweise mit dem Kopf. Das Männchen beknabbert mit zupfenden Bewegungen (Werbungs-Grooming) die Weichteile der Partnerin, vor allem die Vorder- und Hinterbeine. Reitet das Männchen auf, pendelt es mit dem Kopf weit ausholend von einer Rückenpanzerseite des Weibchens zur anderen. Ist das Weibchen jetzt paarungsbereit, kommt es zur etwa 10–15 Minuten dauernden Kopulation. Auch bei Jungtieren konnte man Bewegungsabläufe wie beim Werbungs-Grooming beobachten (LEGLER 1978). FRITZ & BAUR (1995) berichten von Hybriden zwischen *Emydura subglobosa* und *Chelodina longicollis*.

Arten: *Chelodina burrungandjii* THOMSON et al., 2000: Australien (Westen und zentrales Arnhem-Land, Northern Territory und Kimberley, Westaustralien).
Chelodina canni MCCORD & THOMSON 2002: Nordosten des Northern Territory, Nordwesten Queenslands (Roper-Flusssysteme, ostwärts Flusssysteme, die in den Golf von Carpentaria münden, in Cap York in den Flusssystemen von Cairns).
Chelodina expansa GRAY 1857: Australien (Murray-Darling-Flusssystem in Südaustralien, Neusüdwales, Queensland und Küstenbecken des Südosten Queenslands).
Chelodina longicollis (SHAW, 1802): Australien (Südosten Südaustraliens bis Osten Queenslands).
Chelodina kuchlingi CANN, 1997: Westaustralien, Kimberley (bisher nur ein Einzelexemplar bekannt geworden).
Chelodina mccordi RHODIN, 1994: Nur von der Roti-Insel bekannt, etwa 20 km südwestlich vom Westende der Insel Timor (Kleine Sundainseln), Osten der Nusa-Tenggara-Provinz des südöstlichen Indonesischen Archipels. Kommt nicht auf Timor selbst vor. Die Art lebt in einem weniger als 70–100 km² großen Gebiet und steht in der IUCN-Kategorie „stark gefährdet".
Chelodina novaeguineae BOULENGER, 1888: Australien (Nordosten Queenslands und Nordterritorium), Südwesten Papua-Neuguineas, Roti-Insel (südlich der Insel Timor).
Chelodina oblonga GRAY, 1841: Australien (Südwesten Westaustraliens).
Chelodina parkeri RHODIN & MITTERMEIER, 1976: Süden Neuguineas.
Chelodina pritchardi RHODIN 1994: Papua-Neuguinea (Kemp-Welch-Flussbecken, südöstlich von Port Moresby, Zentralprovinz).
Chelodina reimanni PHILIPPEN & GROSSMANN, 1990: Grenzgebiet zwischen Irian Jaya (Indonesien) und Papua-Neuguinea im Bereich des Meranke River.
Chelodina rugosa OGILBY, 1890: Norden Australiens (von der Cape York-Halbinsel von Queensland westlich zum Nordterritorium und zur Kimberley-Region von Westaustralien).
Chelodina siebenrocki WERNER, 1901: Süden Neuguineas (Irian Jaya, Indonesien, Papua-Neuguinea).
Chelodina steindachneri SIEBENROCK, 1914: Australien (Westaustralien, Gegend zwischen DeGrey-River- und Irwin-River-Flusssystemen).
Die Zuchtbücher führt W. FONTIJNE, E-Mail-Adresse locorlaw@kabelfoon.nl.

Jungtier der Glattrücken-Schlangenhalsschildkröte, *Chelodina longicollis*.

■ *Chelodina expansa* Gray, 1857
Riesen-Schlangenhalsschildkröte

Verbreitung: Australien (Murray-Darling-Flusssystem von Südaustralien, Neusüdwales, Queensland und Küstenbecken von Südost-Queensland).
Beschreibung: Carapaxlänge 42–50 cm. Rückenpanzer oval, glatt gerandet, hinter der Mitte etwas breiter als vorn. Der braun bis oliv gefärbte Rückenpanzer ist in der Mitte kiel- und furchenlos und wird im Alter immer flacher. Die hinteren Randschilde können leicht abgeflacht über den Schwanz hinausragen, die seitlichen sind nicht heruntergebogen. Bauchpanzer schmal, etwa zweimal so lang wie breit. Vorderer Lappen vorn rundlich, wird nach hinten leicht breiter; hinterer nach hinten zugespitzt, mit deutlicher Analkerbe. Brücke schmal. Bauchpanzer und Brücke grau bis cremefarben oder gelblich. Kopf groß, breit und abgeflacht; leicht heruntergebogene Schnauze. Kinn mit 2 bis 4 kleinen Barteln. Hals dick, Länge entspricht etwa 65 % der Rückenpanzerlänge. Kopf- und Halsoberseite grau bis oliv, Unterseite gelblich. Kiefer und Kehle cremefarbig bis gelb. Gliedmaßen nach außen grau bis oliv oder bräunlich, nach innen gelblich gefärbt. Vorderbeinoberseiten mit 7–8 großen, quer verlaufenden Schuppen. Männchen mit längerem, dickerem Schwanz und leicht konkav geformtem Bauchpanzer.
Lebensweise: Murray-Fluss und seine Nebenflüsse sowie seine toten Seitenarme. Die Tiere bevorzugen offenbar trübe und vegetationsreiche, langsam fließende oder stehende Gewässerabschnitte. Stark an Gewässer gebunden, verlassen die Schildkröten sie fast nur zur Eiablage. Selbst Sonnenbäder werden oft an der Wasseroberfläche treibend genommen. Mit etwa 6–7 Jahren geschlechtsreif. Weibchen legen im Herbst Eier. Schlüpflinge verlassen das Nest erst im folgenden Frühjahr.
Pflege: Siehe Tabelle S. 130.
Vermehrung: 5–28 Eier. Bei 27–30 °C Schlupf nach 88–135 (–324) Tagen.

■ *Chelodina longicollis* (Shaw, 1802)
Glattrücken-Schlangenhalsschildkröte

Verbreitung: Australien (Südosten Südaustraliens bis Osten Queenslands).
Beschreibung: Carapaxlänge bis zu 20 cm, maximal 27,5 cm. Rückenpanzer flach, gelbbraun bis fast schwarz, leicht ausladendes Hinterteil, Panzermitte gefurcht. Tiere aus dem nördlichen Teil des Verbreitungsgebiets werden offensichtlich etwas größer als die aus dem Süden. Bauchpanzer gelblich braun. Schildnähte mit dunklen Linien. Kopf klein, schmal, Hals so lang wie Rückenpanzer. Weichteile gelbbraun. Hornschuppen auf der Halsoberseite bilden raue Oberfläche. Geschlechter kaum zu unterscheiden. Männchen bleiben etwas kleiner und besitzen einen schwach konkav geformten Bauchpanzer sowie einen längeren und etwas dickeren Schwanz.
Lebensraum: Flussläufe und tote Flussarme, vor allem aber Sümpfe. Die Tiere sind tagaktiv und fangen geschickt Fische, die sie durch Aufreißen des Mauls einsaugen. Sie halten keine Sommerruhe, können jedoch in den kühleren Teilen des Verbreitungsgebiets eine Winterruhe einlegen. Eiab-

Parkers Schlangenhalsschildkröte, *Chelodina parkeri*, hält sich besonders gern im Flachwasser auf, wenn die Oberfläche dicht mit Vegetation bedeckt ist.

lagen im Frühjahr und Sommer. Eiablageplätze können 2–90 m weit vom Wasser entfernt sein. Nestgrube etwa 60 cm tief, verbreitert sich unten zu einer länglichen Kammer. Schlupf zwischen Januar und März. Schlüpflinge ungefähr 29 mm lang und 25,7 mm breit.

Pflege: Siehe Tabelle S. 130.

Vermehrung: 4–15 (max. 24) Eier (etwa 25–30 mm × 17–19 mm). Bei 27 °C tagsüber und 30 °C nachts (im Mittel 29 °C, relative Luftfeuchtigkeit fast 100 %) Schlupf nach 65–78 Tagen, bei 27–31 °C nach 60–78 (48–168) Tagen.

■ *Chelodina novaeguineae* Boulenger, 1888
Neuguinea-Schlangenhalsschildkröte

Verbreitung: Australien (Nordosten Queenslands und Nordterritorium), Südosten Papua-Neuguineas, Roti-Insel (südlich der Insel Timor).

Beschreibung: Carapaxlänge bis zu 30 cm. Rückenpanzer rundlich-oval, hinter der Mitte am breitesten, mittel- bis dunkelbraun und glattrandig. Im Bereich des 2.–4. Wirbelschilds gefurcht. Wirbelschilde bei Erwachsenen breiter als lang, 1. Wirbelschild am größten und nach vorn verbreitert, 4. Wirbelschild am kleinsten, das 5. nach hinten verbreitert. Plastron gelblich bis graugelblich, schmale braune Schildnähte und deutliche Analkerbe. Kopf flach, breit, mit leicht vorspringender Schnauze. Hinterkopf und Hals mit kleinen Tuberkeln. Halsunterseite hellgrau bis gelblich, Halsoberseite dunkelbraun bis grau. Hals erreicht nur etwa 55 bis 60 % der Rückenpanzerlänge. Sonstige Weichteile dunkelgrau bis fast schwarz. Männchen mit längerem und kräftigerem Schwanz.

Lebensweise: Lagunen, Sümpfe, langsam fließende Flussbereiche, Seen und seltener auch Teiche. Verzehren vorwiegend Würmer, Krabben, Insekten, Schnecken und Aas. Vor der Paarung schiebt sich das Männchen von hinten auf das Weibchen. Wenn sein Kinn den Hals des Weibchens erreicht hat, befinden sich die Vorderfüße am Rückenpanzerrand. Das Männchen klettert nun auf den Rücken der Partnerin, legt seine Hinterbeine über ihre und sein Kinn auf ihren Hals. Gewöhnlich erfolgt nun die eigentliche Paarung.

Pflege: Siehe Tabelle S. 130.

Vermehrung: 9–12 (max. 21). Bei 26–28 °C Schlupf nach etwa 90–95 Tagen.

■ *Chelodina oblonga* Gray, 1841
Schmalbrust-Schlangenhalsschildkröte

Verbreitung: Südwesten Westaustraliens.

Beschreibung: Carapaxlänge bis zu 40 cm. Panzer lang, sehr schmal, wirkt im Verhältnis zum Körper viel zu klein. Kopf und Hals sehr lang und dick. Rückenpanzer mehr oder weniger blaugrau, kann oliv und braun gesprenkelt sein. Kopf und Hals grau oder oliv, Unterseite blass cremefarben. Vorderer Bauchpanzerlappen abgerundet und vor der Brücke schmaler. Vorderseite der Vorderbeine mit 6 oder 7 Lamellen. Männchen bleiben kleiner, mit längerem und dickerem Schwanz und konkav geformtem Bauchpanzer.

Lebensweise: Ströme, Sümpfe und Schwemmbereiche. Auch an Land sind die Tiere sehr schnell. Verzehren offenbar ausschließlich tierische Kost. Weibchen legen vor allem in der Zeit zwischen September und Oktober ihre Eier ab. Eine weitere Eiablageperiode in Dezember und Januar. Erst wenn die Tagestemperatur über 17,5 °C steigt, verlassen die trächtigen Weibchen das Wasser, um die Nester zu graben. Nester können sich 20 bis über 100 m vom Wasser entfernt befinden. In der Natur dauert ihre Entwicklung bis zum Schlupf der Jungen 183–222 Tage. Schlüpflinge haben eine Rückenpanzerlänge von etwa 32 mm.

Pflege: Siehe Tabelle S. 130.

Vermehrung: 3–12 (max. 14) Eier (etwa 36,7–30,0 × 23,4–18,0 mm). Schlupf bei 26–28 °C nach 183–222 Tagen.

■ *Chelodina parkeri* Rhodin & Mittermeier, 1976
Parkers Schlangenhalsschildkröte

Verbreitung: Neuguinea.

Beschreibung: Carapaxlänge bis zu 23 cm. Von allen anderen bekannten *Chelodina*-Arten unterscheidet sich *C. parkeri* durch das feine helle Schlingenmuster auf der Kopfoberseite und dem Unterkiefer. Auffälliger größerer heller Fleck direkt hinter dem Trommelfell. Bei älteren Exemplaren kann dieses Zeichnungsmuster jedoch stark verblassen. Männchen mit konkav geformtem Bauchpanzer und längerem, dickerem Schwanz.

Lebensweise: Gras-Sümpfe um den Lake Murrey und Lake Balimo sowie um den Fly River und den

Aramia River. Die Flachwasserzonen sind mit einer dichten Schwimmvegetation bedeckt. Manchmal fallen sie ganz oder zumindest teilweise trocken. Offenbar sind die Tiere sehr an Gewässer gebunden und verlassen sie lediglich zur Eiablage oder auf der Suche nach anderen Gewässern.
Pflege: Siehe Tabelle S. 130.
Vermehrung: 7–11 Eier (25,5–31,9 mm × 25,4–30 mm). Bei 27–33 °C Schlupf nach etwa 90–100 Tagen, bei 27–33 °C nach 90–100 Tagen.

- *Chelodina reimanni* PHILIPPEN & GROSSMANN, 1990
  Reimanns Schlangenhalsschildkröte

Verbreitung: Grenzgebiet zwischen Irian Jaya (Indonesien) und Papua-Neuguinea im Bereich des Meranke River.
Beschreibung: Carapaxlänge bis zu 20,6 cm. Rückenpanzer oval, dunkelbraun bis oliv und hinter der Mitte am breitesten. Im Gegensatz zu *C. novaeguineae* ist der erste Wirbelschild an beiden Seiten nach vorn zipfelförmig ausgeweitet. Hals deutlich kürzer als der von *C. novaeguineae*. Bauchpanzer hornfarben, entlang der Schildnähte dunkelbraune Säume. Manche Exemplare mit sehr dunklem Bauchpanzer. Kopf sehr groß und wirkt bullig, deutlich breiter und massiger als bei den anderen *Chelodina*-Arten aus Neuguinea. Schädelumriss etwa oval, Schädelhöhe größer als bei *C. novaeguineae*, *C. siebenrocki* und *C. parkeri*. Augen etwas vertieft und leicht nach vorn gerichtet. Hals verhältnismäßig kurz. Hals und Kopflänge lediglich 60–65 % der Carapaxlänge. Kopf und Hals dunkelgrau bis schwarz, auf der Unterseite cremegelb bis weiß. Männchen etwas kleiner als Weibchen. Bauchpanzer der Männchen leicht eingedellt, Schwanzwurzel dicker, Schwanz länger.
Lebensweise: Leben nach ARTNER (1995) nicht nur in der unmittelbaren Umgebung der Stadt Merauke im Südosten der Provinz Irian Jaya. Man konnte die Schildkröten auch etwa 30 km weiter östlich und 100 km weiter westlich und nordwestlich von Merauke beobachten. Bewohnen dort fast ausschließlich Sumpfgebiete, in denen sie vor allem Flachwassertümpel bevorzugen, wie man beispielsweise im Wasur-Nationalpark (Irian Jaya) festgestellt hat. Dort leben sie oft gemeinsam mit *C. siebenrocki* im gleichen Gewässer. Über weite Teile des Jahres erreicht die Wassertemperatur dort über 30 °C. Selbst während der Regenzeit (Oktober bis März) soll die Tiefe der Gewässer kaum einmal über 1 m betragen. Zum Ende der Trockenzeit (Mitte August bis Mitte Oktober) trocknen die Gewässer häufig völlig aus, sodass die Schildkröten diese Zeit vermutlich im Schlamm überdauern müssen. Sie ernähren sich nach den Angaben Einheimischer vor allem von Süßwasserschnecken, Muscheln und Krebstieren. Eiablagen sollen Ende Juli und Anfang Oktober erfolgen, also zum Ende der Trockenzeit. Den größten Teil der ersten Wochen verstecken sich die Jungtiere zwischen Wasserpflanzen, vor allem im sehr warmen Flachwasser in Ufernähe (ARTNER 1995).
Pflege: Siehe Tabelle S. 130.
Vermehrung: 5–15 Eier (etwa 31–32 × 20 mm). Schlupf bei 29 °C tagsüber und 30 °C nachts bei 90 % relativer Luftfeuchtigkeit nach 80–100 Tagen. Bei 28 °C Schlupf nach 65–80 Tagen, bei 28–30 °C nach 65–93 Tagen.
Chelodina mccordi: 3–10 (max. 15) Eier (etwa 27,5–35,0 × 19,5–20,5 mm, 6–8 g). Bei etwa 29 °C (95 % relative Luftfeuchtigkeit) Schlupf nach 90 Tagen, bei 28 °C nach 120 (115–117) Tagen, bei 29 °C tagsüber und 30 °C nachts nach 77–96 Tagen, bei 28–31 °C nach 85–114 Tagen.
Chelodina rugosa: 8–16 Eier. Bei 29–33 °C Schlupf nach 130–150 Tagen.
Chelodina siebenrocki: 4–19 Eier. Bei 28–31 °C Schlupf nach 120–180 Tagen.

Chelus DUMÉRIL, 1806

Fransenschildkröten
Monotypische Gattung mit der einzigen Art *Chelus fimbriata*. Empfohlene Literatur: MEIER & SCHAEFER (2003 a, b).

- *Chelus fimbriata* (SCHNEIDER, 1783)
  Amazonas-Fransenschildkröte

Verbreitung: Venezuela, Kolumbien, Ecuador, Peru, Bolivien, Guayana-Staaten, Brasilien (Amazonas-Einzugsgebiet). Im Orinoko-Einzugsgebiet und den benachbarten Küstenflüssen (Venezuela, Kolumbien, auf Trinidad eingeführt) lebt eine etwas abweichende Form.

Die Fransenschildkröte, *Chelus fimbriata*, führt eine sehr versteckte Lebensweise.

Schlüpfling der Fransenschildkröte, *Chelus fimbriata.*

Beschreibung: Carapaxlänge etwas über 40 cm. Rückenpanzer mit drei kräftigen Kielen ausgestattet. Schilde am Rand ein wenig aufgewölbt, strahlenförmig gefurcht. Kopf flach, dreieckig, an den Seiten und Hals fadenähnliche bis lappig zottige Hautfransen, die mit Nervenbahnen durchsetzt sind und offensichtlich als zusätzliches „Sinnesorgan" dienen. Kinn mit einigen verzweigten Barteln, am Hals viele kleinere und größere Tuberkel. Winzige Augen. Nase mit schnorchelartigem Fortsatz, Maul sehr breit. Bauchpanzer olivgrün, gelblich oder bräunlich, auf den einzelnen Schilden dunkle Radiärzeichnungen. Jungtiere mit eher hellbraunem Rückenpanzer und rötlichen Bauch- und Halsunterseiten. Bauchpanzer mit Flecken-, Hals mit Streifenzeichnung. Füße mit sehr gut entwickelten Schwimmhäuten, vorn 5 und hinten 4 bekrallte Zehen. Männchen mit dickerer Schwanzwurzel, Kloake weiter vom Bauchpanzerhinterrand entfernt.

SANCHEZ-VILLAGRA et al. (1995) untersuchten den Panzerbau von 126 *Chelus frimbriata* auf geografische Variationen und stellten lokale Abweichungen beim Bau des Bauchpanzers und der Zwischenkehlschildgröße fest. Populationen des Amazonas und des Orinoko unterscheiden sich etwas in der Rückenpanzerform, Bauchpanzerfärbung, Färbung der Halsunterseite und im allometrischen Wachstum des Rückenpanzers.

Lebensweise: Lebt vor allem im Orinoko und dessen Seitengewässern sowie dem weit verzweigten Flusssystem des Amazonas und den nach Norden entwässernden Flüssen Britisch- und Französisch-Guayanas. Bevorzugt werden stagnierende, vegetationsreiche Seen, Teiche und langsam fließende Gewässer mit weichem Untergrund. Sehr versteckt lebend, gewöhnlich in der Dämmerung oder nachts aktiv. Tagsüber oft an schattigen Stellen des Flachwassers in den schlammigen Bodengrund eingegraben oder zwischen Pflanzen und Wurzeln verborgen. Die Tiere recken ab und zu den langen Hals und nehmen an der Oberfläche Luft auf. Mit Dämmerungsbeginn gehen sie in das tiefere Wasser. Wasserinsekten, Frösche, Kaulquappen und kleinere Wasservögel, vor allem jedoch Fische sind ihre natürliche Beute. Entdeckt eine hungrige Fransenschildkröte einen Fisch im Wasser, so hebt sie unendlich langsam Kopf und Hals und verfolgt die Bewegungen des Fisches mit den Augen. Kommt er in ihre Nähe und ist nicht weiter als 4–5 cm entfernt, reißt sie plötzlich ihr Maul unter gleichzeitigem Aufblähen des Halses auf. Dadurch entsteht ein Sog, der den Fisch in das Maul zieht. Kurz danach stößt sie unter erheblichem Druck das aufgenommene Wasser aus. Erst jetzt schluckt sie die Beute herunter. In Amazonien legen die Weibchen im November Eier, im Putumayo im November und Dezember.

Pflege: Siehe Tabelle S. 130.

Vermehrung: 8–30 Eier (etwa 35–39 mm, 35–40 g). Möglichst in feuchtem Sphagnum zeitigen, ideal bei 29 ± 1 °C. Bei 28–30 °C Schlupf nach 194 Tagen, bei 30 °C und 72 % relativer Luftfeuchtigkeit nach 172 Tagen, bei 29 °C tagsüber und 30 °C nachts (90 % relativer Luftfeuchtigkeit) nach 168–172 (182) Tagen.

Elseya GRAY, 1867

Elseya-Schildkröten

Australien und Neuguinea. Die Tiere besitzen einen starren, flachen Panzer. Ein mehr oder weniger stark entwickelter Rückenkiel kann vorhanden sein. Am Kinn befinden sich stets Barteln und im Nackenbereich findet man deutliche Tuberkel. FRITZ & BAUR (1995) berichten über Kreuzungen zwischen *Emydura subglobosa* × *Elseya novaeguineae.*

Arten: *Elseya dentata* GRAY, 1863: Australien (Osten von Queensland, Südosten der Cape-York-Halbinsel, Arnheimland im Nordterritorium, Kimberley-Region Westaustraliens).

Elseya georgesi CANN, 1997: Australien, New South Wales (Bellinger-Fluss).

Elseya irwini CANN, 1997: Australien, Norden Queenslands (Flusssysteme des Broken Bowen und Burdekin, Urunnah Dam).

Elseya latisternum GRAY, 1867: Australien (vom nördlichen New South Wales bis zur Cape-York-Halbinsel in bis zu 1000 m ü. NN).

Elseya lavarackorum WHITE & ARCHER, 1994: Australien, Queensland (Nicholson-Flusssysteme).

Elseya novaeguineae MEYER, 1874: Neuguinea (Irian Jaya, Indonesien, Papua-Neuguinea).

Elseya purvisi WELLS & WELLINGTON, 1985: New South Wales (Manning-Barnard-Flusssysteme).

■ *Elseya latisternum* GRAY, 1867
Breitbrust-Elseyaschildkröte

Verbreitung: Osten Australiens (von der Halbinsel Cape York südwärts bis in den Norden von New South Wales, North Territory, Queensland) bis 1000 m ü. NN.
Beschreibung: Carapaxlänge bis zu 28 cm. Panzer recht flach und breit, Rückenpanzer mit stark gesägtem Hinterrand. Bauchpanzer graubraun, mehr oder weniger hell gefleckt. Hals kurz, auf der Oberseite braun, zahlreiche Tuberkel. Kinn mit zwei Barteln. Schädel breit, Schnauze spitz. Kräftige, leicht gebogene Kiefer. Kopfoberseite dunkelbraun. Vorder- und Hinterbeine sowie Schwanzoberseite aschgrau, Unterseiten deutlich heller. Männchen mit flacherem Panzer und längerem Schwanz.
Lebensweise: Flüsse, Sümpfe, Lagunen und Marschen. Ernähren sich von Amphibien, Krebsen, Mollusken und Insekten, selten auch von Pflanzenteilen. Bei der Werbung begegnet das Männchen dem Weibchen mit nickenden Kopfbewegungen. Anschließend berührt es die Kloake des Weibchens mit der Schnauze, schwimmt dann vor das Weibchen und streicht mit den Vorderfüßen und Zehen über dessen Schnauze und Barteln. In Queensland legen die Tiere in der Zeit zwischen September und Oktober Eier.
Pflege: Siehe Tabelle S. 138.
Vermehrung: 9–17 (max. 22) Eier (etwa 33–40,8 × 21–25,7 mm). Bei 25–32 °C Schlupf nach etwa 90–110 Tagen, bei 28–31 °C nach 60–78 Tagen.
Elseya dentata: 3–5 Eier. Bei 30 °C Schlupf nach etwa 160 Tagen.
Elseya novaeguineae: 6–15 Eier. Bei 28–31 °C Schlupf nach 70–90 Tagen.

Elusor CANN & LEGLER, 1994

Mary-Flussschildkröten
Monotypische Gattung mit der einzigen Art *Elusor macrurus*, die wahrscheinlich die größte Kurzhalsschildkröte Australiens ist. Der Mary River ist ein großer, breiter Fluss mit einer Tiefe von etwa 3–5 m und nur geringer Fließgeschwindigkeit. Sein Wasser ist bräunlich gefärbt. Allesfresser. Die Schildkröten sonnen sich auf Felsen in Ufernähe oder im Uferbereich. Neben Wasserpflanzen verzehren sie auch Schnecken und andere Wassertiere. In Menschenobhut fressen sie bereitwillig Fisch, Rinderherz und Wasserpflanzen. Die natürlichen Bestände von *E. macrurus* sind durch menschliche Aktivitäten (Tierhandel, Lebensraumveränderungen, Nestplünderungen durch Haustiere) stark beeinträchtigt. IUCN-Kategorie „gefährdet"!
Pflege: Siehe Tabelle S. 138.
Vermehrung: 14–15, max. 25 Eier (durchschnittlich 34,0 × 23,6 mm). Bei 25–30 °C und hoher relative Luftfeuchtigkeit Schlupf nach 65–80 Tagen.

Emydura BONAPARTE, 1836

Spitzkopf-Schlangenhalsschildkröten
Arten der Gattung *Emydura* leben in Australien und Neuguinea. Der Intergularschild ist breit und in der Gestalt unregelmäßig. Kopf mit glatter Haut bedeckt, bei älteren Exemplaren kann eine hornige „Kappe" vorhanden sein. Haut über den Schläfen runzelig gefaltet, mit kleinen Tuberkeln bedeckt. Kopfoberseite mit kleinen Tuberkeln. Schnauzenspitze ragt nicht besonders hervor. Barteln klein und zurückgebildet, können auch fehlen. Gute Schwimmer. Weniger kälteempfindliche Arten kann man im Sommer auch in einer Freilandanlage halten. FRITZ & BAUR (1995) berichten von Kreuzungen zwischen *Emydura subglobosa* und *Elseya novaeguineae* sowie *Chelodina longicollis*.
Arten: *Emydura australis* GRAY, 1841: Norden Australiens (Queensland, Cape-York-Halbinsel, bis Nordterritorium, Arnheimland).
Emydura krefftii GRAY, 1871: Australien (Osten und Norden Queenslands, von der Brisbane-Region zur Cape Charlotte Bay).
Emydura macquarii CUVIER, 1827: Südosten Australiens (Flusssysteme des Murray- und Darling-River).
Emydura subglobosa KREFFT, 1876: Siehe unten.
Emydura tanybaraga CANN, 1997: Norden Australiens (Daly-, McKinle-, South Alligator und Walsh River), Norden Queenslands (Mitchell-River).
Emydura victoriae GRAY, 1842: Australien (Norden Westaustraliens bis zur Darwin-Region im Nordwesten des Nordterritoriums).

Die Elseya-Schildkröte, *Elseya dentata*, wird nur sehr sporadisch angeboten.

Pflege von Vertretern der Familie Chelidae, Teil 2							
	Terrarientyp	Strahlungs-wärme	Nahrung	Vergesell-schaftung	Terrarien-größe	Wasser-stand und -temperatur	Literatur
Elseya dentata Elseyaschildkröte	D/E	35 °C	O (va)	Gruppe (1 ♂, 2–3 ♀)	6	2–3 25–28 °C	KÖHLER (1997)
Elseya latisternum Breitbrust-Elseyaschildkröte	D/E	35 °C	O (va)	Gruppe (1 ♂, 2–3 ♀)	6	2–3 25–28 °C	TRUTNAU (1982) KÖHLER (1997)
Elseya novaeguineae Rückenflecken-Elseyaschildkröte	D/E	35 °C	O (va)	Gruppe (1 ♂, 2–3 ♀)	6	2–3 25–28 °C	KÖHLER (1997)
Elusor macrurus Mary-Flussschildkröte	E	35 °C	O (va)	Gruppe (1 ♂, 2–3 ♀)	6	2–3 25–28 °C	
Emydura australis Australische Spitzkopfschildkröte	D/E	35 °C	O (va)	Gruppe (1 ♂, 2–3 ♀)	6	2–3 25–28 °C	KÖHLER (1997)
Emydura krefftii Kreffts Spitzkopfschildkröte	D	35 °C	O (va)	Gruppe (1 ♂, 2–3 ♀)	6	2–3 25–28 °C	KÖHLER (1997)
Emydura macquarii Breitrand-Spitzkopfschildkröte	D/E	35 °C	O (va)	Gruppe (1 ♂, 2–3 ♀)	6	2–3 25–28 °C	KÖHLER (1997)
Emydura subglobosa Rundliche Spitzkopfschildkröte	D	35 °C	O (va)	Gruppe (1 ♂, 2–3 ♀)	6	2–3 25–28 °C	PODLOUCKY (1984) GRYCHTA (1987) JUNGNICKEL (1990) RUDLOFF (1990) PAWLOWSKI (2001, 2004) HENNIG (2004)
Hydromedusa maximiliani Brasilianische Schlangenhalsschildkröte	D	35 °C	A	Gruppe (1 ♂, 2–3 ♀)	6	4–5 25–28 °C	YAMASHIRA (1990) zitiert in GUIX et al. (1992)
Hydromedusa tectifera Argentinische Schlangenhalsschildkröte	D/E	35 °C	A	Gruppe (1 ♂, 2–3 ♀)	6	4–5 25–28 °C	BENEFIELD (1979) WOLF (2002)
Mesoclemmys gibba Buckel-Krötenkopfschildkröte	D	35 °C	A	Gruppe (1 ♂, 2–3 ♀)	6	4–5 25–28 °C	MEDEM (1973) GROSSMANN (1989) ERNST & BARBOUR (1989) GOODE (1988)
Phrynops geoffroanus Dunkle Krötenkopfschildkröte	E	35 °C	A	Gruppe (1 ♂, 2–3 ♀)	6	4–5 25–28 °C	GRYCHTA et al. (1995)
Phrynops hilarii Hilaires Krötenkopfschildkröte	E	35 °C	A	Gruppe (1 ♂, 2–3 ♀)	6	4–5 25–28 °C	GROSSMANN (1986)
Platemys platycephala Plattschildkröte	D.	35 °C	A	Gruppe (1 ♂, 2–3 ♀)	5	2–3 25–28 °C	THIEME (1985, 1996) BLAINVILLAIN (2005) MÉTRAILLER (2002)

Terrarientyp: siehe S. 20
Nahrung: A = animalisch; O (va) = omnivor, vor allem animalisch
Terrarienlänge = Panzerlänge × angegebener Faktor; Terrarienbreite = halbe Terrarienlänge
Wasserstand = Panzerbreite × angegebener Faktor

Emydura subglobosa KREFFT, 1876
Rundliche Spitzkopfschildkröte

Verbreitung: Australien (nördlichste Spitze der Cape-York-Halbinsel), vor allem jedoch in Neuguinea (Papua-Neuguinea, Irian Jaya).

Beschreibung: Carapaxlänge bis zu 26,5 cm. Rückenpanzer braun, hinten breiter als vorn. Bei erwachsenen Exemplaren Rückenpanzer etwas gewölbt, aber kiellos. Jungtiere noch mit deutlichem Kiel. Die Schildkröten besitzen einen gut entwickelten Nackenschild. Wirbelschilde breiter als lang. Hintere Randschilde glatt. Unterseite der Randschilde rot. Bauchpanzer schmal, hinten gekerbt. Bauchpanzer gelb, seitlich breiter Streifen rötlicher Pigmente. Intergularschild länger als breit. Kopf oliv. Gelber Streifen zieht sich von der Schnauzenspitze übers Auge bis zum Trommelfell. Unterkiefer kann ebenfalls einen gelben Streifen aufweisen. Vom Unterkiefer zum Hals ein unterbrochener roter Streifen, am Kinn zwei gelbe Barteln. Halsoberseite dunkelgrau, Unterseite heller grau gefärbt, rötlicher Streifen. Oberseite der Gliedmaßen und des Schwanzes gräulich, Unterseite weiß mit roten Streifen. Oberseite der Vorder- und Hinterbeine mit einer Reihe schmaler, horizontaler Schuppen. Vor allem Jungtiere mit vielen roten Pigmenten, verblassen im Alter immer mehr zu einem Rosa. Männchen mit längerem Schwanz, weiter nach hinten verlagerter Kloakenöffnung und schmalerer Analkerbe als Weibchen.

Lebensweise: Große Flüsse der tropischen Monsun-Regenwaldgebiete und angrenzenden Savannen, aber auch Gewässer in deren Randbereichen. Die Tiere nehmen an geschützten Stellen ausgiebige Sonnenbäder und sind gute Schwimmer. Sie verzehren Wasserinsekten, Schnecken und andere Tiere, aber auch Wasserpflanzen. Weibchen legen am Ende der Trockenzeit (im September) die Eier, aus denen zu Beginn der Regenzeit (November) die Jungen schlüpfen. Jungtiere sind wohl mehr dämmerungs- oder nachtaktiv und verstecken sich tagsüber zwischen Pflanzen oder Wurzeln.

Pflege: Siehe Tabelle links.

Vermehrung: 4–20 (meist 8–11) Eier (etwa 33–40 × 17–20 mm). Bei schwankenden Temperaturen (22–33 °C) Schlupf nach 44–57 Tagen, bei 25–28 °C (relative Luftfeuchtigkeit fast 100 %) nach 50 beziehungsweise 51 Tagen, bei 26–30 °C (relative Luftfeuchtigkeit 95 %) nach 56 Tagen, bei 27–30 °C nach 45–50 Tagen, bei 28–30 °C (relative Luftfeuchtigkeit 95 %) nach 48–49 Tagen.

Emydura australis: 3–19 Eier. Bei 28–31 °C Schlupf nach 44–56 Tagen.

Emydura krefftii: 4–18 Eier. Bei 27–31 °C Schlupf nach 60–90 Tagen.

Emydura macquarii: 6–20 (max. 28) Eier. Bei 25–30 °C Schlupf nach 44–85 Tagen.

Hydromedusa Wagler, 1830

Südamerikanische Schlangenhalsschildkröten

Die beiden Arten der Gattung *Hydromedusa* haben einen flachen, starren und vor allem bei Jungtieren mehr oder weniger stark gekielten Rückenpanzer. Durch ihren Nackenschild unterscheiden sie sich von den Arten der Gattung *Chelodina*. Der Nackenschild befindet sich jedoch nicht in der Reihe der Randschilde, sondern in der Reihe der Wirbelschilde. Außerdem erreicht der Zwischenkehlschild-Vorderrand immer den Vorderrand des Bauchpanzers.

Einer der am häufigsten gehaltenen Halswender: die Rundliche Spitzkopfschildkröte, *Emydura subglobosa*.

Arten: *Hydromedusa maximiliani* (Mikan, 1820): Südosten Brasiliens (küstennahe Flüsse in den Bundesstaaten Espiritu Santo, Minas Gerais, Rio de Janero und São Paulo.

Hydromedusa tectifera Cope, 1870: Südosten Brasiliens, Uruguay, Nordosten Argentiniens, Südosten Paraguays. In Argentinien gibt es isolierte Populationen (südwestlich von Córdoba und nordwestlich von Santiago del Estero).

Hydromedusa maximiliani (Mikan, 1820)
Brasilianische Schlangenhalsschildkröte

Verbreitung: Südosten Brasiliens (küstennahe Flüsse in den Bundesstaaten Espiritu Santo, Minas Gerais, Rio de Janero und São Paulo).

Beschreibung: Carapaxlänge bis zu 21 cm. Rückenpanzer flach, oval geformt, fast parallele Seiten. Rückenmitte mit flachem Kiel, der im Alter verschwinden kann. Nackenschild hinter den ersten beiden vorderen Randschilden. Seitliche Randschilde etwas hochgebogen. Rückenpanzer bräunlich. Bauchpanzer, Brücke und Unterseite der Randschilde gelblich mit dunklen Säumen oder Flecken. Kopf mittelgroß, Oberseite braun und glatt. Kopfseiten und Unterseite heller. Ab Augenhöhe auffällige Schuppen, in jedem Mundwinkel auffällige Falten. Hals wie Kopf gefärbt, Seiten mit spitzen Tuberkeln. Außenseiten der Gliedmaßen dunkelgrau, Innenseiten heller. Zehen mit Schwimmhäuten. An jedem Fuß vier Klauen. Männchen mit konkav geformtem Bauchpanzer und längerem, dickerem Schwanz. Die Analkerbe ist bei ihnen tiefer als bei den Weibchen.

Lebensweise: Langsam fließende Gewässer. Man hat die Schildkröten von 1987 bis 1990 im Park Estadual de Carlos Bothelo (700 bis 800 m ü. NN), im Gebiet um Sao Paulo und im Südosten Brasiliens beobachtet. Im Park Estadual fand man ganzjährig aktive Exemplare. Manche lebten in schmalen Bächen mit tonigem Grund, andere aber auch in kühlen Flüssen mit klarem Wasser (14,5–20 °C, pH-Wert 5,3–7,0), Sandgrund, Steinen und heruntergefallenen Blättern der Ufervegetation. Erwachsene Exemplare hielten sich mehr in den gestauten Gewässerabschnitten der Flussschleifen auf, die oft durch umgefallene Bäume entstehen. Dort ist der sandige Grund meist mit herabgefallenen Blättern bedeckt. Schwimmen nur wenig und bevorzugen es, langsam über den Boden zu gehen, auch wenn sie sich vor möglichen Feinden verbergen. Werden sie gestört, verstecken sie sich sofort in Höhlen zwischen der Ufervegetation, die oft halb unter der Wasseroberfläche liegen. Beanspruchen offenbar innerhalb eines Gewässers einen gewissen Bereich für sich, den sie möglicherweise auch anderen gegenüber verteidigen. Man hat bei fünf Exemplaren eine Magenwäsche durchgeführt und in den Mägen von drei Exemplaren (1 Männchen, 2 Weibchen) Folgendes gefunden: 21 Insektenlarven, 3 ausgewachsene Insekten, 3 24–155 mm lange Fadenwürmer. Außerdem befanden sich ein Echsenschwanz von 82 mm Länge im Magen, 17 Würmer, Sandkörner und Fragmente von Blättern. Über die Fortpflanzung der Art ist kaum etwas bekannt. Am 17. Mai 1987 fand man im Park Estadual de Carlos Botelho Jungtiere in einem temporären Waldtümpel inmitten des Walds, etwa 11 m vom nahe gelegenen Flüsschen entfernt. Sie hatten eine Rückenpanzerlänge von 40 mm.

Pflege: Siehe Tabelle S. 138.

Vermehrung: 3 Eier (40–42,5 × 20–22 mm). Bei 25–30 °C und hoher relativer Luftfeuchtigkeit Schlupf nach 100–110 Tagen.

■ *Hydromedusa tectifera* Cope, 1869
Argentinische Schlangenhalsschildkröte

Verbreitung: Südosten Brasiliens, Uruguay, Nordosten Argentiniens, Südosten Paraguays. In Argentinien isolierte Populationen südwestlich von Córdoba und nordwestlich von Santiago del Estero.

Beschreibung: Carapaxlänge bis zu 29 cm. Der dunkelbraune Rückenpanzer ist oval geformt und hat fast parallele Seiten. Der Mittelkiel verschwindet im Alter immer mehr. Der Nackenschild liegt hinter den ersten beiden Randschilden. Die seitlichen Randschilde sind leicht hochgebogen. Alle Randschilde sind auf der Unterseite braun gefärbt. Auch die schmale Brücke ist braun gefärbt oder gelblich mit braunen Flecken. Das Bauchpanzer kann entweder durchgängig gelb gefärbt sein oder braune Flecken aufweisen. Die Analkerbe ist tiefer als bei *H. maximiliani*. Der Kopf ist von normaler Größe und im Gesichtsfeld mit unregelmäßigen Schuppen bedeckt. Bei dieser Art fehlen die Hautfalten in den Mundwinkeln. Der Kopf ist dunkelgrau mit einem breiten, schwarz gerandeten, weißen oder cremefarbenen Streifen, der vom Oberkiefer nach hinten zum Hals verläuft. Kinn und Halsunterseite sind gelb mit dunklen Flecken. An den Halsseiten findet man zugespitzte Tuberkel. Die Gliedmaßen sind außen dunkelgrau und auf den Innenseiten schmutzig weiß bis gelblich. An jedem Fuß befinden sich vier Klauen. Männchen haben einen konkav geformten Bauchpanzer, einen dickeren, längeren Schwanz und bleiben wesentlich kleiner als Weibchen. Außerdem ist die Analkerbe bei den Männchen stärker ausgeprägt.

Lebensweise: Langsam fließende Flüsse, Ströme, Marschen. Vor allem kleinere, langsam fließende oder stehende Gewässer und flache Sümpfe mit weichem Bodengrund. Manchmal sind einige Gewässer so dicht bewachsen, dass das Wasser kaum noch eine freie Oberfläche aufweist. Im Küstenbereich soll die Art auch im Brackwasser vorkommen und in kühleren Bereichen unter Wasser im Schlamm überwintern. Die scheuen, dämmerungsaktiven Schildkröten sind geschickte Schwimmer und graben sich bei Störungen oft schnell in den Bodengrund des Gewässers ein. Hier lauern sie häufig auch auf ihre Beute. Ziehen sie ihre Gliedmaßen ein und legen den Hals an, kann man sie mit einem am Grund liegenden Stein verwechseln.

Pflege: Wassertemperatur von März bis Oktober bei 25 °C. November bis Mitte Februar max. bei 21 °C, in dieser Zeit wöchentlicher Wasserwechsel mit kaltem Wasser auf 14 °C. Langsames Ansteigen innerhalb von zwei Tagen auf 20 °C löst Balz- und Paarungsverhalten aus (Wolff, 2002). Ansonsten siehe Tabelle S. 138.

Vermehrung: 7–14 Eier (etwa 36–38 × 20–22 mm, 19–25 g). Verhältnis Vermiculit/Wasser 1 : 1. Bei 25–30 °C Schlupf nach 105–110 Tagen, bei 28,5 °C beziehungsweise 30,5 °C (nachts etwas geringer) nach 75–90 Tagen.

Mesoclemmys Gray, 1873

Buckel-Krötenkopfschildkröten

Monotypische Gattung mit *Mesoclemmys gibba* als einziger Art. Sie wurde früher der Gattung *Phrynops* zugeordnet.

■ *Mesoclemmys gibba* Schweigger, 1812
Gewöhnliche Buckel-Krötenkopfschildkröte

Verbreitung: Kolumbien, Osten Ecuadors, Osten Perus, Norden Boliviens, Venezuela, Guayana-Staaten und Norden Brasiliens (Orinoko- und Amazonas-Einzugsgebiet).

Die Gewöhnliche Buckel-Krötenkopfschildkröte, *Mesoclemmys gibba*, bevorzugt schlammige, trübe Gewässer.

Beschreibung: Carapaxlänge des Weibchens bis zu 25 cm. Rückenpanzer dunkelbraun bis schwarz, ausgeprägter Längskiel. Sehr alten Exemplaren fehlt oft der Längskiel. Der Bauchpanzer ist gräulich hellbraun bis dunkelbraun oder schwarz, hinten tief gekerbt. Der Rand kann von hellgelb bis dunkelgrau variieren. Je nach Alter Brücke und untere Randschilde gelblich bis schwarz. Kopfoberseite und an den Seiten hellgrau bis braunschwarz, bei Jungtieren gelb bis grau marmoriert. Halsoberseite grau bis braunschwarz, mit kleinen Tuberkeln. Hellgelbe bis hellgraue Unterseite mit schwarzen Tupfen bedeckt. Kinn mit zwei weißen Barteln. Weichteile unterschiedlich hellgrau bis schwarz, weisen helle Stellen auf. Gliedmaßen mit spitzen Krallen und Schwimmhäuten. Männchen mit längerem Schwanz und konkav geformtem Bauchpanzer. Sie bleiben auch kleiner als die Weibchen.

Lebensweise: Der Lebensraum besteht aus schlammigen und langsam fließenden Gewässern (Ströme, Schwarzwasserflüsse, Marschen, Tümpel, Teiche), vor allem in und am Rand von Regenwäldern. Die Schildkröten sind dämmerungsaktiv. Sie verbringen den Tag ruhend in Verstecken (Uferböschungen, Hohlräume unter Wurzeln oder Steinen). Ernähren sich von Insekten, Kaulquappen und anderen Tieren, aber auch von Pflanzenteilen. Werden nur selten beim Sonnenbaden beobachtet. Eiablagen erfolgen von Juli bis November. Die ersten exakten Daten über das Schlüpfen der Buckel-Schildkröte erhielt man im Jahre 1972 an der Biologischen Station „Roberto Franco" in Villavicencio (Meta), Kolumbien. Die Schlüpflinge hatten Rückenpanzerlängen von 43–48 mm und wogen 10–15,55 g.

Pflege: Siehe Tabelle S. 138.

Vermehrung: 3–4 Eier (etwa 34–50 × 24–32 mm 24, 22–28 g). Bei 26–30 °C (relative Luftfeuchtigkeit 70-90 %) nach 140–160 Tagen sind die Eier geöffnet worden; sie enthielten fertige Jungtiere. Weitere Jungtiere schlüpften nach 184–220 Tagen selbstständig.

Phrynops WAGLER, 1830

Kleine Krötenkopfschildkröten

Früher war *Phrynops* eine sehr artenreiche Gattung. Inzwischen sind etliche Arten eigenen Gattungen zugeordnet worden.

Arten: *Phrynops geoffroanus* (SCHWEIGGER, 1812): Kolumbien, Venezuela, Brasilien, Peru, Ecuador, Bolivien, Paraguay, Norden Uruguays und Nordosten Argentiniens (Flusssysteme von Orinoko, Amazonas, São Francisco und Parana).

Phrynops hilarii (DUMÉRIL & BIBRON, 1835): Süden Brasiliens, Uruguay, Norden Argentiniens und Süden Paraguays (Rio Paraná und benachbarte Flusssysteme).

Hilaires Krötenkopfschildkröte, *Phrynops hilarii.*

Phrynops tuberosus (Peters, 1870): Osten und Süden Venezuelas, Guyana, Surinam, Französisch-Guayana und Norden Brasiliens.
Phrynops williamsi Rhodin & Mittermaier, 1983: südliches Brasilien, der Norden Uruguays, der Südosten Paraguays und der Nordosten Argentiniens.

■ *Phrynops hilarii* (Duméril & Bibron, 1835) Hilaires Krötenkopfschildkröte

Platemys platycephala melanonota, eine Unterart der Plattschildkröte.

Verbreitung: Süden Brasiliens, Uruguay, Norden Argentiniens und Süden Paraguays (Rio Paraná und benachbarte Flusssysteme).

Beschreibung: Carapaxlänge bis zu etwa 45 cm. Rückenpanzer abgeflacht, oval, olivbraun bis grau, in der Mitte am breitesten. Hinten glatt gerandet, Rückenmitte leicht eingedrückt. Jungtiere besitzen oft einen schwachen Kiel. Bauchpanzer gelblich bis weiß, bedeckt mit symmetrisch angeordneten schwarzen Tupfen. Analkerbe vorhanden. Breite Brücke, Unterseite der Randschilde und Bauchpanzer gelb, unregelmäßig schwarz gefleckt. Kopf groß, breit, vorspringende Schnauze. Ein Paar zweifarbige Kinnbarteln. Kopfoberseite hellgrau, Halsunterseite weißlich. Dunkler Streifen trennt die Farben der Kopfoberseite, zieht sich von den Nasenlöchern bis zum Auge und dahinter bis zu den Weichteilen. Kopfunterseite und Weichteile schwarz getupft. Männchen mit längerem, dickerem Schwanz und konkav geformtem Bauchpanzer.
Lebensraum: Die Schildkröten bewohnen Flüsse, Seen und größere Teiche. Sie ernähren sich wohl vorwiegend von Fisch und Mollusken. Weibchen legen ihre Nester vor allem auf Sandbänken und in sandigen Uferbereichen an. Die Eier sollen einen Durchmesser von etwa 31 mm haben und die Schlüpflinge einen 33–35 mm langen Rückenpanzer. Der Rückenpanzer der Schildkröten ist oval geformt. Lüling (1984) fand die Tiere recht oft in den Mäanderschleifen des Rio Salada (Nähe des mittleren Paraná) im Bereich der Isla los Sapos. Das Wasser ist dort oft milchigtrüb und verdunstet im Lauf des Jahres zu einem großen Teil. Von Mitte bis Ende Dezember bilden die wenigen noch mit Wasser gefüllten Schleifen nur noch eine Kette von Restwassertümpeln mit zum Teil sehr schlechter Wasserqualität. Dort halten sich die Schildkröten häufig zwischen der dichten Bepflanzung auf und ernähren sich offenbar lediglich von Insekten, die auf das Wasser fallen. Die im gleichen Gewässer vorkommenden Fische sterben zum großen Teil nach und nach an Sauerstoffmangel. Bevor die Tümpel vollkommen austrocknen, wandern die Schildkröten in die größeren Tümpel oder in den Salado (Salzfluss). Inzwischen weiß man durch Terrarienbeobachtungen, dass die Schildkröten auch Früchte fressen können. Fritz & Schneider (1995) berichteten, dass eine *Phrynops hilarii* gezielt zu einem Futternapf ging (der für Echsen bestimmt war), Obststücke in das Maul nahm, sie zum Wasser trug und dort verzehrte.
Pflege: Siehe Tabelle S. 138.
Vermehrung: 8–23 Eier pro Gelege (etwa 33–38 mm Ø). Nach 137 Tagen bei 26–29 °C geöffnet. Einige Jungtiere waren fertig entwickelt, andere noch nicht.
Phrynops geoffroanus: 7–12 Eier. Bei 28–30 °C (relative Luftfeuchtigkeit 98 %) Schlupf nach 103–123 Tagen.

Die Plattschildkröte, *Platemys platycephala platycephala*, ist eine Bewohnerin der Flachwasserzonen.

Platemys Wagler, 1830

Plattschildkröten

Monotypische Gattung mit der einzigen Art *Platemys platycephala*. Man unterscheidet zwei Unterarten, die auch in der Natur Hybriden bilden können (Métrailler 2002).

- *Platemys platycephala* (Schneider, 1792) Plattschildkröte

Verbreitung: *Platemys p. platycephala* (Schneider, 1792): Einzugsgebiet des Orinoko und des Amazonas (mit Ausnahme des oberen Abschnitts) in Venezuela, Kolumbien, Ecuador, Peru, Bolivien, den Guayana-Staaten und Brasilien.
Platemys. p. melanonota Ernst, 1984: Oberer Amazonas in Peru, Ecuador, Kolumbien.

Beschreibung: Carapaxlänge bis zu etwa 20 cm. Rückenpanzer breit, flach, Einbuchtung entlang der Rückenmitte. Grundfarbe gelblich bis nussbraun, darauf dunkle, kreuzartige Figur. Randschilde bei jungen Tieren leicht, bei ausgewachsenen nicht gesägt. Seitliche Randschilde hochgebogen. Großschuppige Kopfoberseite lebhaft, in der Mitte etwas dunkler gelb- bis ziegelrot gefärbt. Kopfseiten und -unterseite dunkelbraun bis schwarz. Zwei kleine Kinnbarteln. Hals wie Kopf gefärbt, auf der Oberseite und an den Seiten stumpfe Tuberkel. Bauchpanzer dunkelbraun bis schwarz mit gelbem Rand. Vorderlappen breiter als der hintere. Füße nur mit geringen Schwimmhautansätzen. Männchen werden etwas größer, mit konkav geformtem Bauchpanzer und längerem, dickerem Schwanz.

Lebensweise: Die Schildkröten bewohnen Gewässer und die Nähe von Gewässern des Regenwaldes. Die Tiere leben mehr terrestrisch und suchen oft flache Wasserstellen auf. Sie ernähren sich von Kaulquappen, Fröschen, selten Fischen, auf dem Land auch von Würmern und Schnecken. Sie graben sich häufig in den lockeren Erdboden ein und meiden offenbar direkte Sonneneinstrahlung. Werbung und Paarung können in und außerhalb des Wassers erfolgen, vor allem während der Regenzeit vom späten März bis Anfang Dezember. Das Männchen reitet von hinten auf und berührt mit seinen Barteln den Kopf der Partnerin. Dabei bewegt es den Kopf seitlich oder vor und zurück. Bei trächtigen Weibchen wird die helle „Naht" an der Brücke etwa 3–4 mm breit. Weibchen graben lediglich eine flache Mulde und legen ein, sehr selten zwei Eier ab, die sie mit Laub oder Erde zuscharren. Die Schale ist relativ dick und wird wohl durch Bodensäure und Mikroorganismen während der Inkubation immer dünner. Bei künstlich bebrüteten Eiern gelingt es den Schlüpflingen oft nicht, die noch zu dicke Schale zu durchbrechen. Carapaxlänge der Schlüpflinge 43–57 mm. Auf dem Rückenpanzer tragen sie eine Vielzahl rundlicher, kleiner Unebenheiten.

Pflege: Siehe Tabelle S. 138.

Vermehrung: Meist nur 1 Ei (etwa 45–61 × 24–29 mm, 18–20 g). Sehr selten 2 Eier! Bei etwa

Pflege von Vertretern der Familien Pelomedusidae und Podocnemididae								
	Terraientyp	Strahlungswärme	Nahrung	Vergesellschaftung	Terrariengröße	Wasserstand und -temperatur	Überwinterung	Literatur
Pelomedusa subrufa Starrbrust-Pelomedusenschildkröte	E	35 °C	O (va)	Gruppe (1 ♂, 2–3 ♀)	6	4–5 24–26 °C	nur etwas kühler halten	BOYCOTT et al. (1988) KNIRR (1982) KÖHLER (1997) BÜTTNER (2003)
Pelusios castaneus Westafrikanische Klappbrust-Pelomedusenschildkröte	D	35 °C	A	Gruppe (1 ♂, 2–3 ♀)	4	4–5 24–26 °C	–	KÖHLER (1997) BÜTTNER (2004) KLEIN (2006)
Pelusios castanoides Gelbbauch-Klappbrust-Pelomedusenschildkröte	D	35 °C	O (va)	Gruppe (1 ♂, 2–3 ♀)	4	4–5 24–26 °C	–	MITCHELL in: BROADLEY (1981)
Pelusios subniger Dunkle Klappbrust-Pelomedusenschildkröte	D	35 °C	A	Gruppe (1 ♂, 2–3 ♀)	4	4–5 24–26 °C	–	GRYCHTA (1999)
Pelusios williamsi Ostafrikanische Klappbrust-Pelomedusenschildkröte	D	35 °C	A	Gruppe (1 ♂, 2–3 ♀)	4	4–5 24–26 °C	–	GIEBNER et al. (1997)
Podocnemis unifilis Terekay-Schienenschildkröte	E	35 °C	O (va)	Gruppe (1 ♂, 2–3 ♀)	6	4–5 24–26 °C	–	RUDLOFF (1990) KÖHLER (1997)

Terrarientyp: siehe S. 20
Nahrung: A = animalisch; O (va) = omnivor, vor allem animalisch
Terrarienlänge = Panzerlänge × angegebener Faktor; Terrarienbreite = halbe Terrarienlänge
Wasserstand = Panzerbreite × angegebener Faktor

28 °C (relative Luftfeuchtigkeit 95 %) nach 150 Tagen ein Jungtier mit linsengroßem Dottersack geschlüpft. Bei 28 °C (relative Luftfeuchtigkeit etwa 95 %) nach 145–149 Tagen je ein Schlüpfling dem Ei entnommen.

Pseudemydura SIEBENROCK, 1901

Falsche Spitzkopfschildkröten

Monotypische Gattung. *Pseudemydura umbrina* SIEBENROCK, 1901: Westaustralien (Bullsbrook, etwa 30 km nordöstlich von Perth), Sumpfgebiete in der Swan-Küstenebene (Twin Swamps Nature Reservat, 155 ha; Ellen Brock Reservat, 65 ha). Streng geschützt.

Ranacephala MCCORD et al., 2001

Paraíba-Krötenkopfschildkröten

Die Gattung *Ranacephala* MCCORD, JOSEPH-OUNI & LAMAR, 2001 ist monotypisch mit der einzigen Art *Ranacephala hogei* (MERTENS, 1967), Paraíba-Krötenkopfschildkröte: Südost-Brasilien (Küstenflüsse der Bundesstaaten Espiritu Santo, Minas Gerais, Rio de Janeiro). Leben in schwach fließenden Gewässern, Sumpfbereichen und Tümpeln. Ist früher zu *Phrynops* gezählt worden. Sehr selten, gelangt kaum in Menschenobhut. Vermehrung bisher unbekannt.

Rheodytes LEGLER & CANN, 1980

Fitzroy-Schildkröte

Monotypische Gattung. *Rheodytes leukops*, Fitzroy-Schildkröte (Australien, Osten Queenslands, Fitzroy-Fluss). „Wasserschildkröte", die sich offenbar ausschließlich animalisch ernährt.

Rhinemys WAGLER, 1830

Rote Krötenkopfschildkröten

Monotypische Gattung. *Rhinemys rufipes* (SPIX, 1824), Rote Krötenkopfschildkröte: Amazonasbecken im Südosten Kolumbiens und Nordwesten Brasiliens sowie äußerster Süden Venezuelas. Die Art ist in der Vergangenheit zur Gattung *Phrynops* gezählt worden. Die Tiere sind selten und gelten als heikel und kaum haltbar. Müssen offenbar in leicht saurem Wasser gepflegt werden, damit es nicht zu Hauterkrankungen kommt.

Familie Pelomedusidae
Pelomedusenschildkröten

Die Familie Pelomedusidae COPE, 1868, die ebenfalls zu den Halswendern gehört, erschien vor etwa 120 Millionen Jahren. Sie repräsentiert die ältesten noch heute lebenden Schildkröten-Arten und ihre Vertreter kommen ausschließlich auf der südlichen Hemisphäre vor.

Pelomedusa WAGLER, 1830

Starrbrust-Pelomedusenschildkröten
Monotypische Gattung mit der einzigen Art *Pelomedusa subrufa*.

■ *Pelomedusa subrufa* (LACEPÉDE, 1788)
Starrbrust-Pelomedusenschildkröte

Verbreitung: *Pelomedusa s. subrufa* LACEPÉDE, 1788: Somalia und Sudan westwärts bis Ghana und südwärts bis zum Kap der Guten Hoffnung sowie auf Madagaskar.
Pelomedusa s. nigra GRAY, 1863: Östliches Südafrika.
Pelomedusa s. olivacea (SCHWEIGGER, 1812): Südwesten der Arabischen Halbinsel und von Äthiopien westwärts bis Senegal, Nigeria und Kamerun.
Beschreibung: Carapaxlänge 27–33 cm. Rückenpanzer breit, stark abgeflacht, oval, am Hinterrand glatt oder leicht gesägt. Manchmal schwacher Kiel über 2.–4. Wirbelschild. Der 1. Wirbelschild breiter als lang. Bauchpanzer gelblich, selten bräunlich und dunkel gesäumt. Tiefe Analkerbe. Brücke gelb bis braun. Kopfoberseite braun bis oliv, hin und wieder hell/dunkel gesprenkelt. Kopfseiten gelb bis cremefarben. Augen stehen etwas hervor. Kinn mit zwei gelblichen Barteln. Weichteile gelbbraun, Unterseite deutlich heller. Männchen mit längerem und dickerem Schwanz und konkav geformtem Bauchpanzer.
Lebensweise: Die Tiere bevorzugen stehende, temporäre Gewässer mit zeitweise hohem Wasserstand, leben aber auch in Teichen und Bächen. Das Wasser ist oft sehr trüb und bietet den Tieren Sichtschutz. Bodengrund häufig lehmig und oft nur wenig Vegetation. Die Tiere sind eher dämmerungsaktiv und ernähren sich vorwiegend animalisch, vor allem von Fischen, Fröschen, Kaulquappen und anderen Wassertieren, aber auch von Vögeln, Aas und hin und wieder von Wasserpflanzen. Sie fressen ausschließlich im Wasser. Bei feuchter Witterung wandern sie, um andere Gewässer aufzusuchen, bei Trockenheit graben sie sich in den Bodengrund ein. Dort können sie Wochen oder sogar viele Monate verbringen. In Regionen mit niedrigen Wintertemperaturen überwintern die Schildkröten in der Zeit von Mai bis August, manchmal sogar bis Oktober, ebenfalls im Boden. Ihre Ruhephasen werden durch das Einsetzen von Regenfällen beendet, und sie kommen wieder hervor. Weibchen legen im November/Dezember Eier.
Pflege: Siehe Tabelle links.
Vermehrung: 12–20 (max. 42) Eier (etwa 25–40 mm × 18–30 mm, 10–15 g). Bei 30 °C (hohe relative Luftfeuchtigkeit) Schlupf nach 51 Tagen, bei 29 °C (relative Luftfeuchtigkeit 100 %) nach 53–55 Tagen. Bei 30 °C entstehen zu 71 % männliche, bei 24–27 °C und 33 °C weibliche Nachkommen.

Pelusios WAGLER, 1830

Klappbrust-Pelomedusenschildkröten
Leben in Südafrika, auf Madagaskar, Mauritius und den Seychellen in den unterschiedlichsten Gewässern. Rückenpanzer mäßig gewölbt, Bauchpanzer mit zentralem Quergelenk. Über die Lebensweisen der meisten Arten ist so gut wie nichts bekannt.
Arten: Siehe Tabelle links.

■ *Pelusios castanoides* HEWITT, 1931
Gelbbauch-Klappbrust-Pelomedusenschildkröte

Verbreitung: *Pelusios c. castanoides* HEWITT, 1931: Südostafrika und Madagaskar.
Pelusios c. intergularis BOUR, 1983: Seychellen.
Beschreibung: Carapaxlänge 22 bis 23 cm. Rückenpanzer gelblich, oliv bis schwarz, gelblich und braun marmoriert, bei Männchen häufig recht schmal. Hinterer Rückenpanzerrand kann leicht gesägt sein. Der 4. Wirbelschild weist oft nur einen schwachen Mittelkiel auf, auch weitere Wirbelschilder können leicht gekielt sein. Offensichtlich keine Tendenz, Kiele mit dem Alter zurückzubilden. Größere Exemplare stärker gekielt als kleinere. Die 3. oder 4. Wirbelschilde bei ausgewachsenen Tieren länger als breit, bei jüngeren ebenso lang wie breit. Bauchpanzer groß, Vorderlappen viel kürzer als hinterer. Tiefe Analkerbe. Brücke breit, Achselschilde fehlen. Bauchpanzer oft gelb, am Saum dunkel, kann aber auch sehr variabel von fast hellbeige bis nahezu schwarz sein. Kopf braun bis olivschwarz, leicht vorspringende Schnauze. Kinn mit zwei Barteln. Weichteile gelb bis braun. Männchen mit schmalerem Bauchpanzer und längerem, dickerem Schwanz. Bei Weibchen hinterer Bauchpanzerlappen recht breit.

Als Jungtiere wunderschön, als Erwachsene mit erheblichem Platzanspruch: die Terekay-Schienenschildkröte, *Podocnemis unifilis.*

Lebensweise: Flüsse, Marschen, Schwemmbereiche, aber auch andere Gewässer. Nach heftigen Regenfällen, sobald die Tümpel wieder ständig Wasser führen, hat man die Tiere auch in Wagenspuren, kleinsten Savannengewässern mit geringer Vegetation bis hin zu großen vegetationsreichen Gewässern gefunden. Oft in teilweise recht schattig liegenden Gewässern des Galeriewalds. Hier scheinen sie sogar häufiger als in der Savanne zu sein. In der Savanne konnte man die Schildkröten kaum einmal beim Sonnenbad beobachten, in den Waldsümpfen dagegen oft in größerer Anzahl! Die Tiere meiden offensichtlich das offene Wasser und leben vor allem in Schilfbereichen oder vegetationsreichen Uferzonen. Dort überdauern sie die Trockenzeit auch in einem Sommerschlaf. Außerdem hat man sie in stark verkrauteten Kanälen, kleinen Flussarmen, langsam fließenden, vegetationsreichen Bächen, kleineren Teichen und ähnlichen Gewässern gefunden. Die Tiere fressen offenbar gern Lungenschnecken, aber vor allem Wasserpflanzen, insbesondere Wassersalat. Weibchen legen in Afrika ihre Eier zu Beginn der Regenzeit, etwa Mitte September, aber auch über den anschließenden Sommer. Jungtiere vergraben sich tagsüber häufig im Bodengrund der Flachwasserzone.

Pflege: Siehe Tabelle S. 144.

Vermehrung: Bis zu 25 Eier (etwa 30–33 × 21,5–23 mm).

Pelusios castaneus: 16–22 (max. 27) Eier (etwa 36–39 × 21–26 mm). Bei 29–30 °C (relative Luftfeuchtigkeit 90–100 %) Schlupf nach 60–63 Tagen. Bei 29 °C Schlupf nach 62–66 Tagen. Bei 30 °C entstehen etwa 82 % männliche, bei 25–27 °C und 33 °C weibliche Nachkommen.

Pelusios subniger: Bis zu 21 Eier (Ø etwa 37 × 20 mm) Bei 28 °C am Tag und 26 °C nachts (relative Luftfeuchtigkeit 95 %) Schlupf nach 82–84 Tagen.

Pelusios williamsi: 7–18 Eier. Bei 26–33 °C (relative Luftfeuchtigkeit 100%) Schlupf nach 59–84 Tagen.

Familie Podocnemididae Schienenschildkröten

VETTER (2005) folgte DE BROIN (1988) und MEYLAN (1996), die diese Gruppe als Podocnemididae COPE, 1868 in den Familienrang erhoben, beziehungsweise es empfahlen. Von BONIN et al. (2007) wird die Gruppe wiederum als Unterfamilie angesehen. Da ich in diesem Buch VETTER folge, gehe ich auch hier von einer eigenen Familie aus (zur Systematik siehe auch S. 8).

Erymnochelys BAUR, 1888

Madagassische Schienenschildkröten

Monotypische Gattung. *Erymnochelys madagascariensis* GRANDIDIER, 1867, Madagassische Schienenschildkröte: Madagaskar (Flusssysteme und Seen des heißen, westlichen Tieflands, die in den Kanal von Mosambik fließen). Gelangen kaum in Privathände.

Peltocephalus DUMÉRIL & BIBRON, 1835

Großkopf-Schienenschildkröten

Monotypische Gattung mit der einzigen Art *Peltocephalus dumeriliana* SCHWEIGGER, 1812: Venezuela, Osten Kolumbiens, Osten Ecuadors, Nordosten Perus und Französisch-Guayana (Orinoko und Amazonas). Die Tiere leben in Flüssen und angrenzenden Schwemmbereichen, Lagunen, aber auch Viehtränken und anderen stehenden Gewässern. Die Allesfresser verzehren Wasserpflanzen, Früchte und andere Pflanzenteile, aber auch tierische Kost.

Podocnemis WAGLER, 1830

Südamerikanische Schienenschildkröten

Die Arten kommen im nordöstlichen Südamerika vor allem in den Regenwaldströmen vor. Zwischen ihren Augen haben die Tiere eine charakteristische Längsfurche. An ihren Vorderbeinen findet man fünf, an den Hinterbeinen vier Krallen.

Arten: *Podocnemis erythrocephala* (SPIX, 1824): Süden Venezuelas, Osten Kolumbiens und Norden Brasiliens (oberer Orinoko und Amazonas).
Podocnemis expansa (SCHWEIGGER, 1812): Kolumbien, Venezuela, Guyana, Osten Ecuadors, Nordosten Perus, Norden Brasiliens und Norden Boliviens (Flusssysteme von Orinoko, Essequibo und Amazonas).
Podocnemis lewyana DUMÉRIL, 1852: Kolumbien (Magdalena-Flusssystem).
Podocnemis sextuberculata CORNALIA, 1849: Norden Brasiliens, Südosten Kolumbiens, Nordosten Perus (Amazonas-Flusssystem).
Podocnemis unifilis TROSCHEL, 1848: Venezuela, Osten Kolumbiens, Osten Ecuadors, Nordosten Perus, die Guayana-Staaten, Brasilien und Norden Boliviens.
Podocnemis vogli MÜLLER, 1935: Venezuela und Kolumbien (Orinoko-Flusssystem).

■ *Podocnemis unifilis* TROSCHEL, 1848
Terekay-Schienenschildkröte
(Abbildung auch auf S. 17)

Verbreitung: Süden Venezuelas, Kolumbien, Osten Ecuadors, Osten Perus, in den Guayana-Staaten, Brasilien und im Norden Boliviens (Amazonas-und Orinoko-Flusssystem).

Beschreibung: Carapaxlänge der Männchen bis zu 35 cm, der Weibchen bis zu über 68 cm. Rückenpanzer dunkelgrau, oliv bis bräunlich, wenig gewölbt, Mittelkiel. Ovale Form, in der Mitte am breitesten, hinten mit glattem Rand. Hintere Randschilde über den Beinen und dem Schwanz etwas verbreitert. Oberfläche rau, deutliche Jahresringe. Bauchpanzer-Vorderlappen recht groß, vorn gerundet, hinterer Lappen etwas zugespitzt, hinten gekerbt. Bauchpanzer gelb. Breite Brücke. Dort bilden sich später dunkle Flecke. Kopf länglich, vorspringende Schnauze, Oberkiefer gekerbt, gräulich bis oliv gefärbt, gelb gefleckt. Ein Fleck befindet sich auf dem Kopf, je einer an den Kopfseiten am Oberkieferrand. An jeder Seite zieht sich ein Fleck vom hinteren Augenrand bis zum Mundwinkel und je einer befindet sich auf dem Trommelfell. Kiefer dunkel, Kinn mit gelben Querstreifen. Unterhalb des Mundwinkels auf jeder Seite ein gelber Fleck. Orinoko-Population mit einer Kinnbartel, Amazonas-Population mit zwei Barteln). Männchen mit längerem, dickerem Schwanz, Weibchen werden deutlich größer.

Lebensweise: Große Urwaldströme und Lagunen. In der Trockenzeit findet man die tagaktiven Schildkröten vor allem in den großen Flüssen und in den Lagunen. Während dieser Zeit meiden sie kleine Gewässer mit niedrigem Wasserstand. Von Anfang April bis Mitte Juni, also in der Regenzeit, dringen sie in den Llanos Orientales (Kolumbien) in die Seitenarme, Bäche und überschwemmten Wälder vor, um offenbar der starken Strömung zu entgehen, die durch die Regenfälle im Gebirge entsteht. In der Natur ernähren sich die Tiere fast ausschließlich von Pflanzenteilen. In den Mägen von 100 untersuchten Exemplaren in allen Größen befanden sich vor allem Wasserpflanzen (*Eichhornia*), aber auch in das Wasser gefallene Früchte. Während der Regenzeit besteht in den ruhigen Gewässern der überschwemmten Wälder die Nahrung mehr aus Gräsern, Blättern, dünnen Zweigen und Früchten. Ihre Eier legen die Weibchen häufig auf Sandbänken entlang der Flüsse ab. Dabei kann man oft mehrere Weibchen gleichzeitig bei der Eiablage beobachten. Die Carapaxlänge der Schlüpflinge beträgt etwa 43–48 mm.

Pflege: Siehe Tabelle S. 144.

Vermehrung: 18–25 (max. 40) Eier. Bei 26–32 °C (relative Luftfeuchtigkeit 60–85 %) Schlupf nach 59–78 (90) Tagen. Bei 28 °C entstehen männliche, bei 33–34 °C weibliche Nachkommen.

Serviceteil

Literatur

ABRAHAM, G. (1981): *Mauremis nigricans* – Dreikielschildkröte – Nachzucht im Zimmerterrarium. Sauria (Berlin), 3: 21–25.

ARTNER, H. (1993): Nachzucht von *Chelodina reimanni*. Journ. d. AG Schildkröten & Panzerechsen, 2: 5.

– (1995): Haltung und Nachzucht von *Chelodina reimanni* PHILLIPEN & GROSSMANN, 1990 – mit Beobachtungen zu ihrem Lebensraum in Irian Jaya, Neuguinea. Herpetozoa 8 (1/2): 17–24.

– (1996): Beobachtungen an der Zwerg-Breitrandschildkröte *Testudo weissingeri* in Messenien/Griechenland und Diskussion über die Validität ihres Artstatus. Emys 3 (3): 5–12.

– (2003): Nachzucht von McCords Scharnierschildkröte *Cuora mccordi* ERNST, 1988 in menschlicher Obhut. Emys, Sitenberg-Reidling, 10 (2): 4–22.

– H. BECKER & U. JOST (1999): Erstbericht über Haltung und Nachzucht der Japanischen Sumpfschildkröte (*Mauremys japonica*) (TEMMINCK & SCHLEGEL, 1835). SIGS-Info, Juni: 4–11.

– B. STEINER & N. STRAUSS (1995): Über Haltung und Zucht von *Clemmys insculpta*. Emys, 2 (6): 5–9.

BAUR, M. (1995): Erfolge und Mißerfolge bei der Pflege der Gekielten Moschusschildkröte. D. Aqu. u. Terr. Z. (Datz) 48 (4): 242–244.

– & I. JASSER-HÄGER (2004): Haltung und Nachzucht der Wasser-Dosenschildkröte (*Terrapene coahuila*, SCHMIDT & OWENS, 1944), Teil 1. Marginata, 1 (3): 52–59.

– & – (2006): Die Mexikanische Wasser-Dosenschildkröte, *Terrapene coahuila* SCHMIDT & OWENS, 1944. Haltung und Nachzucht bis zur F_2-Generation. Radiata 15 (4): 40–49.

BECKER, H. (1992): Beobachtungen bei der Haltung und Nachzucht von *Sternotherus carinatus* (GRAY, 1856). Salamandra 28 (1): 9–13.

– (1994): Bemerkungen zur Aufzucht und Haltung der Stachelerdschildkröte *Heosemys spinosa* (GRAY, 1831). Herpetofauna 16 (91): 6–10.

– (1994): Bemerkungen zur Nachzucht von *Clemmys guttata* (SCHNEIDER, 1792). Elaphe (N. F.) 2 (2): 17.

– (1995): Terrarien-Nachzucht von *Sternotherus carinatus* (GRAY, 1856). Sauria 17 (3): 29–33.

– (1996): Bemerkungen zur Haltung und Nachzucht von *Cuora flavomarginata flavomarginata* (GRAY, 1863). Salamandra 32 (2): 65–72.

– (1999): Ergänzende Bemerkungen zur Haltung und zur Nachzucht von *Cuora flavomarginata* (GRAY, 1863). Elaphe 7 (3): 2–10.

– (2002): Haltung, Aufzucht und kontinuierliche Nachzucht bis zur F_2-Generation der amerikanischen Waldbachschildkröte, *Clemmys insculpta* (LE CONTE, 1830). Elaphe 10 (2): 19–30.

– (2003): Bemerkungen über die Haltung und Nachzucht der Japanischen Sumpfschildkröte *Mauremys japonica* (TEMMINCK &SCHLEGEL, 1835). Draco-Terraristik-Themenheft Sumpfschildkröten, Nr. 13: 66–72.

– (2003): Bemerkungen zur Haltung und Nachzucht der Kleinen Moschusschildkröte *Sternotherus minor minor* (AGASSIZ, 1857). Radiata 12 (1): 3–10.

BEIL, J. (2005): Beobachtungen bei der Haltung und Vermehrung von *Cuora amboinensis kamaroma* RUMMLER & FRITZ, 1991. Radiata 14 (2): 61–62.

BERNHARDT, K: (1995): *Pyxidea mouhotii* (GRAY, 1862). Journ. d. AG Schildk. & Panzerechsen, (2): 7–18

BIDMON, H.-J. (2001): Regulation der Ruhephasen bei Schildkröten. Was ist bekannt und welche Konsequenzen ergeben sich für die erfolgreiche Haltung? Radiata 10 (4): 3–19.

– (2002): Die Indische Sternschildkröte *Geochelone elegans* (SCHOEPFF, 1795). Eine problematische tropische Landschildkröte? Mehrjährige Haltung und Vermehrung in Deutschland. Teil 1: Aussehen, Verbreitung und Lokalrassen, Eingewöhnung, Vorstellung der Zuchtgruppen. Teil 2: Haltung. Reptilia, 7 (1): 56–63. Reptilia, 6 (6): 56–64. Teil 3: Nachzucht. Reptilia, 7 (2): 56–62. Teil 4, Schlupf, Aufzucht und Krankheiten. Reptilia, 7 (3): 56–63.

– (2003): Indische Sternschildkröten *Geochelone elegans* (SCHOEPFF, 1795): Ihre Terrarien- und Freilandhaltung und Nachzucht. Emys 10 (1): 4–42.

BLANVILLAIN, R. (2005): Haltung und Vermehrung der Rotkopf-Plattschildkröte. *Platemys platycephala* (SCHNEIDER,1792). Radiata 14 (4): 25–28.

BONIN, F., B. DEVAUX & A. DUPRÉ (2007) : Enzyklopädie der Schildkröten. Frankfurt.

BOYCOTT, R. C., & N. H. G. JACOBSEN (1988): On the distribution, habitat and identification of *Kinixys natalensis* HEWIT, 1935 (Cryptodira: Testudinidae) in southern Africa. Durb. Mus. Nov. 14 (5): 93–101.

BRÄGGER, J. (2001): Mehrjährige Haltung und erfolgreiche Nachzucht der Indischen Dornschildkröte *Pyxidea mouhoti* (GRAY, 1862). SIGS-Info, 10 (1): 26–29.

BRANCH, W. R. (2007): A new species of tortoise of the genus *Homopus* (Chelonia: Testudinidae) from southern Namibia. African J. Herpetol. 56 (1): 1–21.

BREUER, I. (2005): Haltung und Nachzucht von *Testudo graeca soussensis* PIEH, 2000. Elaphe 13 (1): 16–19.

BROSCHELL, S. (2000): Leben und Fortpflanzung der Areolen-Flachschildkröte *Homopus areolatus* (THUNBERG, 1787) in menschlicher Obhut. Sauria 22 (3): 3–9.

BROIN, F. DE (1988): Les tortues et le Gondwana – Examen des raports entre le fractionnement du Gondwana et la dispersion géographique de tortues pleurodires à partir du Crétacé. Studia Palaeocheloniologica II (5), Ediciones Universidad de Salamanca, Studia Geologica Salamanticensis: 103–142.

BRUIN, R. DE, & H. ZWARTEPOORTE (1994): Captive Menagement And Breeding of *Cuora aurocapitata* (Testudines: Emydidae). Herpt. Rev. 25 (2): 58–59.

– & – (1994): Haltung und Nachzucht von *Cuora aurocapitata*. Journ. d. AG Schildkröten & Panzerechsen (2): 11–14 a.
– & – (2004): „Mock Turtles". Schildkröten-Hybriden aus Zuchtfarmen. Minor 3 (2): 26–31.
BUDDE, H. (1982): Durch Nachzucht erhalten: Die Moschusschildkröte. Aquarien-Magazin 16: 242–246.
– (1983): Durch Nachzucht erhalten: Die Australische Schlangenhalsschildkröte. Aquarien-Magazin 17: 514–520.
– (1991): Kurze Mitteilung: Angaben zur Gelegegröße bei *Platysternon megacephalum* (GRAY, 1831) mit Röntgenbild eines Weibchens vor der Eiablage. Salamandra 27 (3): 213–215.
– (2002): Haltung und Nachzucht der Gewöhnlichen Moschusschildkröte (*Sternotherus odoratus* LATREILLE, 1801). Testudo (SIGS) 11 (2): 8–16.
BÜDDEFELD, S., & V. BÜDDEFELD (2001): Haltung und Nachzucht der Glattrand-Gelenkschildkröte (*Kinixys belliana* GRAY, 1831). Draco Terraristik-Themenheft Tropische Landschildkröten, Nr. 8: 56–60.
BUNDESMINISTERIUM FÜR ERNÄHRUNG, LANDWIRTSCHAFT UND FORSTEN (1997): Gutachten über Mindestanforderungen an die Haltung von Reptilien. Referat Tierschutz, Bonn.
BUSKIRK, J. (2002): Die Pazifik-Wasserschildkröte, *Emys marmorata*. Radiata 11 (3): 3–30.
– (2002): Geheimnisvolle *Terrapene nelsoni* STEJNEGER, 1925, Nelsons Dosenschildkröte. Radiata 11 (1): 3–11.
BÜTTNER, E. (2003): Haltung und Vermehrung der Starrbrustpelomeduse *Pelomedusa subrufa olivacea* (SCHWEIGGER, 1812). Radiata 12 (4): 9–14.
– (2004): Haltung und Vermehrung der Braunen Klappbrustpelomeduse *Pelusios castaneus* (SCHWEIGGER, 1812). Radiata 13 (4): 13–18.
DAS, I. (1991): Colour Guide to the Turtles and Tortoises of the Indian Subcontinent. Portishead, Avon.
DALTON, R. (2003): Mock Turtles. Nature 423: 219–220.
DICK, A. (1998): *Geochelone elegans*. Pflege und Nachzucht der Indischen Sternschildkröte. Reptilia 3 (2): 50.
DREWS, J. C. (1982): Beitrag zur Pflege einiger *Kinosternon*-Arten. Elaphe (2): 17–19.
DUDA, P. L., & V. K. GUPTA (1981): Courtship and mating behaviour of the Indian soft shell turtle, *Lissemys puncata punctata*. Proc. Indian Acad. Sci. (Anim. Sci) 90 (4): 453–461.
DÜLLO, C. (1994): Beobachtungen bei der Haltung und Nachzucht von *Chrysemys picta dorsalis*. Elaphe (N. F.) 2 (1): 30–33.
EBERLING, G. (2001 a): Haltung und Nachzucht von *Indotestudo elongata* (BLYTH, 1853). Draco Terraristik-Themenheft Tropische Landschildkröten, Nr. 8: 61–71.
– (2001 b): Haltung und Vermehrung der Gelbkopfschildkröte, *Indotestudo elongata* (BLYTH, 1853). Elaphe 9 (2): 2–10.
EENDEBAK, B. T. (1995): Incubation period and sex ratio of Hermann's tortoise, *Testudo hermanni boettgeri*. Chel. Conserv. Biol. 1 (3): 227–230.
EGGENSCHWILER, U. (2000): Die Braune Landschildkröte (*Manouria emys pharei*, REIMANN & WIROT, 1979), 1. Teil. SIGS-Info, 9 (3): 4–11.
– (2000): Die Braune Landschildkröte (*Manouria emys pharei*, REIMANN & WIROT, 1979), 2. Teil. SIGS-Info 9 (4): 4–9.
– (2000): Die Braune Landschildkröte (*Manouria emys pharei* REIMANN & WIROT, 1979), Teil 3. SIGS-Info 10 (1): 4–6.
– (2005): Die Braune Landschildkröte *Manouria emys phayrei* (BLYTH, 1853). Haltung und Vermehrung einer recht wenig bekannten Schildkröte. Reptilia 10 (3): 71–79.
EGRETZBERGER, G. (2005): Erfahrungen bei der Haltung der Gelbrand-Scharnierschildkröte, *Cuora flavomarginata flavomarginata* (GRAY, 1863). Radiata 14 (2): 52–54.
ENGERT, R. (1986): Schildkröten der Gattung *Graptemys*, insbesondere *G. flavimaculata* (CAGLE, 1954) – ihre Pflege und Zucht. Herpetofauna 8 (42): 17–22.
ERNST, C. H., & R. BARBOUR (1989): Turtles of the World. Smithsonian Inst. Press.
ERNST, C., & A. F. LAEMMERZAHL (2002): Geographic variation in the Asian big-headed turtle, *Platysternon megacephalum* (Reptilia: Testudines: Platysternidae). Proc. Biol. Soc. Wash. 115 (1): 18–24.
EWERT, M. A. (1979): The Embryo and its Egg: Development and Natural History. In: HARLESS, M., & M. MORLOCK (1979): Turtles – Perspectives and Research, New York: 333–413.
FARKAS, B., & L. SASVARI (1993): Hybriden zwischen *Kinosternon bauri* und *K. subrubrum hippocrepis*. Salamandra 29 (2): 140–142.
FELDMAN, T. J., & T. PARHAM (2002): Molecular Phylogenetica of Emydine Turtles – Taxonomie Revision and the Evolution of Shell Kinesis. Mol. Phyl. Evol. 22 (3): 388–398.
FIEBIG, J., & E. LEHR (2000): Haltung und Erstnachzucht der Bourret-Scharnierschildkröte *Cuora galbinifrons bourreti* OBST & REIMANN, 1994 mit Anmerkungen zum Bedrohungsstatus. Salamandra 36 (3): 147–156.
FLECK, J., & S. FLECK (2001): Erfolgreiche Nachzucht von *Chersine angulata* und *Homopus areolatus* über mehrere Jahre. Elaphe 9 (3): 5–14.
FREYTAG, O. (1984): Zuchterfolge mit *Chelodina novaeguineae*. Das Aquarium (186): 649–651.
FRITZ, C. (2001): Erfolgreiche Haltung und Vermehrung der Köhlerschildkröte (*Geochelone carbonaria*) aus dem nördlichen Südamerika. Draco-Terraristik-Themenheft Tropische Landschildkröten, Nr. 8: 72–77.
– & B. PFAU (2002): Pflege und Vermehrung der Steppen- oder Vierzehenschildkröte *Testudo horsfieldii*. Radiata 11 (4): 21–41.
FRITZ, P. (2007): Haltung und Nachzucht der Weißmaulklappschildkröte *Kinosternon leucostomum* DUMÉRI, BIBRON & DUÉRIL, 1851. Sauria 29 (3): 5–12.
FRITZ, U. (1990): Haltung und Nachzucht der Jamaika-Schmuckschildkröte *Trachemys terrapen* (LACÈPÉDE, 1788) und Bemerkungen zur Fortpflanzungsstrategie von neotropischen Schmuckschildkröten der Gattung *Trachemys*. Salamandra 26 (1): 1–18.
– (2003): Die Europäische Sumpfschildkröte (*Emys orbicularis*). Suppl. D. Zeitschr. Feldherpetol. 1.
– T. FATTIZTO, D. GUCKING, S. TRIPEPI, M. G. PENNISI, P. LENK, U. JOGER & M. WINK (2005): A new Cryptic Species of Pond Turale from Southern Italy, the Hottest Spot in the Range of the Genus *Emys*. Zoologica Scripta 34 (4): 351–271.
– & D. JAUCH (1989): Haltung, Balzverhalten und Nachzucht von Parkers Schlangenhalsschildkröte *Chelodina parkeri* RHODIN & MITTERMEIER, 1976. Salamandra 25 (1): 1–13.

– & F. J. Obst (1999): Neue Schildkröten aus Südostasien – Teil II – Bataguridae (*Cyclemys, Heosemys, Mauremys, Ocadia, Pyxidea, Sacalia*) und Trionychidae. Sauria 21 (1): 11–26.

– & H. Schneider (1995): *Phrynops hilarii* ist kein reiner Fleischfresser! D. Aqu. u. Terr. Z. (Datz), 48 (1): 7.

Fritzsche, D., & M. Fritzsche (2002): Erfahrungen bei der Haltung und Nachzucht von *Testudo kleinmanni* Lortet, 1883 – der Ägyptischen Landschildkröte. Radiata 11 (3): 31–39.

– & – (2005): Erfahrungen mit der Gelbrand-Scharnierschildkröte *Cuora flavomarginata* (Gray, 1863). Radiata 14 (2): 50–51.

Freytag, O. (1984): Zuchterfolge mit *Chelodina novaeguineae*. Das Aquarium (186): 649–651.

Gad, J. (1987): Die Zucht von *Sternotherus odoratus* (Latreille, 1801) und die dabei auftretenden Schildanomalien (Testudines: Kinosternidae). Salamandra 23 (1): 1–9.

– (2000): Die Haltung und Zucht der Ägyptischen Landschildkröte *Testudo kleinmanni*. Salamandra 36 (2): 113–120.

Gerlach, J. (2004): Die Seychellen-Riesenschildkröten. Ein Beitrag zum Naturschutz und zur Arterhaltung. Marginata 1 (3): 36–43.

Giebner, I., & W. Helm (1997): Nachzucht der F_2-Generation von *Pelusios williamsi williamsi* Laurent, 1965. Sauria 19 (2): 23–28.

Giebner, I. (2003): Haltung und Vermehrung der Nicaragua-Schmuckschildkröte *Trachemys scripta emolli* (Legler, 1990). Radiata 12 (3): 3–10.

Golle, K. (1973) Gelungene Nachzucht einer Chinesischen Dreikiel-Schildkröte, *Chinemys reevesii*. Aquarien Terrarien 20 (8): 297.

Goode, M. (1988): Reproduction and growth of the chelid turtle *Phrynops (Mesoclemmys) gibbus* at the Columbus Zoo. Herp. Review 19 (1): 11–13.

Gramentz, D. (2001): Zur Ökologie und Ethologie von *Kinixys erosa* (Schweigger, 1812) in Gabun. Sauria, 23 (2): 17–23.

Grossmann, P. (1986): Zur Haltung und Nachzucht von *Phrynops hilarii*. Sauria 8 (2): 3–6.

– (1988): Beobachtungen an und Nachzucht von *Chelodina novaeguinea* (Boulenger, 1888). Sauria 10 (2): 7–11.

– (1989): Beiträge zur Haltung und Nachzucht der Buckelschildkröte *Phrynops (Mesoclemmys) gibbus* (Schweigger 1812). Sauria (3): 11–15.

– & M. Reimann (1991): Beiträge zum Verhalten und zur Nachzucht von *Phrynops tuberculatus* (Luderwald, 1926) im Aqua-Terrarium. Sauria 13 (2): 3–6.

Grychta, U. (1987): Erfolgreiche Nachzucht der Rotbauch-Spitzkopfschildkröte, *Emydura australis subglobosa*. Elaphe 9: 46–47.

– (1988): *Cuora amboinensis* (Daudin 1802) – die Amboina-Scharnierschildkröte. Ein Bericht über Haltung, Paarungsverhalten, Eiablage und gelungene Nachzucht. Sauria 10 (4): 27–29.

– (1996): Haltung und Nachzucht der Mexiko-Klappschildkröte *Kinosternon integrum* Le Conte, 1854. Sauria 18 (3): 13–15.

– (1999): *Pelusios subniger* (Lacépède, 1788), die Dunkle Pelomedusenschildkröte – ein Haltungs- und Zuchtbericht. Sauria 21 (4): 19–23.

– & R. Grychta (1994): Haltung, Paarungsverhalten, Eiablage und Nachzucht der Großkopf-Schlammschildkröte *Claudius angustatus* Cope, 1865. Sauria 16 (4): 11–14.

– & – (1995): *Phrynops geoffranus* (Schweigger, 1812)– Haltung und Zucht der Dunklen Krötenkopfschildkröte. Sauria 17 (1): 11–14.

Guix, S. C., J. R. Miranda & V. Da Silva Nunes (1992): Observaciones sobre la ecologia de *Hydromedusa maximiliani*, Biol. Assoc. herpetol. Esp. 3: 23–25.

Heinle, N., & H.-J. Bidmon (2002): Auf- und Nachzucht der Strahlenschildkröte *Geochelone radiata* (Shaw, 1802). Emys 9 (2): 4–28.

Hennen, U. (2000): Die Gelbrand-Scharnierschildkröte (*Cuora flavomarginata*) – eine interessante Schildkröte aus China. Radiata 9 (3): 3–15.

– (2003): Haltung und Vermehrung der Dreikiel-Wasserschildkröte *Mauremys mutica*. Draco-Terraristik-Themenheft Sumpfschildkröten, Nr. 13: 42–45.

Hennig, A. S. (1998): Haltung und Nachzucht von *Mauremys mutica* – der Dreikiel-Wasserschildkröte. Elaphe 6 (3): 5–8.

– (1999): Eine empfehlenswerte Wasserschildkröte – auch für den Anfänger: Haltung und Nachzucht der Gewöhnlichen Moschusschildkröte *Sternotherus odoratus*. Reptilia 4 (5): 65–68.

– (2002): Die Chinesische Sumpfschildkröte. In: Schildkröten, Sonderheft, D. Aqu. u. Terr. Z. (Datz): 54–55.

– (2002): Pflege und Vermehrung von Gewöhnlicher Moschusschildkröte (*Sternotherus odoratus*) sowie Dach-Moschusschildkröte (*Sternotherus carinatus*). Reptilia 7 (3): 36–40.

– (2003): Haltung und erste Erfahrungen mit der Nachzucht der Peninsula-Schmuckschildkröte *Pseudemys peninsularis* Carr, 1938. Radiata 12 (1): 28–34.

– (2004): Haltung und Zucht der Rotbauch-Spitzkopfschildkröte (*Emydura subglobosa*). Reptilia 9 (2): 70–73.

– V. Naths & W. Helm (2006): Haltung und Vermehrung der Kolumbianischen Schmuckschildkröte, *Trachemys calllirostris callirostris* (Gray, 1856). Radiata 15 (1): 23–31.

Hennig, W. (1966): Phylogenetische Systematik. Berlin, Hamburg.

Herbel, G. (2001): Haltung und Zucht der Waldschildkröte *Geochelone denticulata*. Radiata 10 (3): 29–32.

Hertwig, S. (2001): Ökologie, Haltung und Fortpflanzung im Terrarium von *Graptemys caglei, G. flavimaculata, G. nigrinoda nigrinoda* und *G. oculifera*. Salamandra 37 (1): 21–48.

– (2005): Haltung und Nachzucht von *Cuora mccordi* Ernst, 1988. Radiata 14 (2): 37–38.

– (2005): Haltung und Nachzucht von *Cuora pani* Song, 1984. Radiata 14 (2): 43.

Herz, M. (2005): Unerwartete Nachzucht von *Testudo hercegovinensis* Werner, 1899. Radiata 14 (4): 13–19.

Highfield, A. C., & J. Martin (1995): Captive Breeding of the Egyptian Tortoise (*Testudo kleinmanni*). Reptiles 3 (3): 48–52.

Hiller, A. (2005): Beobachtungen bei der Haltung von *Cuora galbinifrons galbinifrons* Bourret, 1939. Radiata 14 (2): 44–47.

Hofmann, T. (2007): Erfahrungen bei der Haltung und Vermehrung der Chinesischen Dreikielschildkröte *Chinemys reevesii* (Gray, 1831). Sauria 29 (3): 35–44.

Honegger, R. E. (1998): Zürichs Riesenschildkröten. Reptilia 3 (5): 13: 62–68.

HUFER, H. (2002): Die Tunesische Landschildkröte. In: Schildkröten, Sonderheft D. Aqu. u. Terr. Z. (Datz): 60–66.

HUFER, H., & V. BÜDDEFELS (2000): Haltung und Zucht der „Tunesischen Landschildkröte“. Radiata 9 (2): 3–14

JANZEN, D. H. (Hrsg.) (1983): Costa Rican Natural History. The University of Chicago Press.

JASSER-HÄGER, I., & H.-D. PHILIPPEN (2002): Langjährige Haltung und Zucht der Riesen-Dosenschildkröte – *Terrapene carolina major* (AGASSIZ, 1857). Radiata 11 (2): 3–13.

– & – (2003): Bemerkungen zur Haltung und Zucht der Zacken-Erdschildkröte (*Geoemyda spengleri* GMELIN 1789). Draco-Terraristik-Themenheft Sumpfschildkröten, Nr. 13: 46–52.

– & – (2004): Bemerkungen zur Biologie und zur alternativen Haltung und Zucht von *Kinixys belliana nogueyi* (LATASTE, 1886). Marginata 1 (1): 36–44.

JOST, U. (1998): Die Carolina-Dosenschildkröte (*Terrapene carolina*). Blatt Nr. 5, SIGS-Info 7 (3).

– (2000): Die ostafrikanische Pantherschildkröte *Geochelone pardalis babcocki* (LOVERIDGE, 1935). Bemerkungen zur Haltung, Nachzucht und Aufzucht, Teil II. SIGS-Info, Juni: 4–17.

– (2001): Die „Tunesische Landschildkröte“ (*Testudo graeca graeca*). SIGS-Info, 10 (3): 4–5.

– (2001): Zur Haltung und Nachzucht der ostafrikanischen Pantherschildkröte *Geochelone pardalis* (LOVERIDGE, 1935). Draco-Terraristik-Themenheft Tropische Landschildkröten, Nr. 8: 34–49.

– (2004): Die Dreikiel-Wasserschildkröte, *Mauremys mutica* (CANTOR, 1842): Bemerkungen zur Haltung, Nachzucht und Aufzucht. Testudo (SIGS) 13 (2): 7–23.

JUNGNICKEL, J. (1987): Die Gattung *Chelydra* – ein Überblick. Teil 1, Biologie. Sauria 9 (2): 15–18.

– (1987): Die Gattung *Chelydra* – ein Überblick. Teil 2, Haltung in Gefangenschaft. Sauria 9 (3): 9–12.

– (1987): Die Gattung *Chelydra* – ein Überblick. Teil 3, Nachzucht in Gefangenschaft. Sauria 9 (4): 21–23.

– (1990): Daten zur Fortpflanzung der Rotbauch-Spitzkopfschildkröte, *Emydura australis subglobosa*, in Gefangenschaft. Herpetofauna 12 (68): 11–14.

KABISCH, K. (2001): Bastardisierung von *Testudo horfieldii* GRAY, 1844 und *Testudo graeca ibera* PALLAS, 1814. Sauria 23 (2): 7–11.

KALTER, G. (2006): Haltung, Aufzucht und Nachzucht der Mittelländischen Zierschildkröte *Chrysemys picta marginata* AGASSIZ, 1857. Testudo (SIGS), 15 (1): 5–25

KAMPRATH, U. (1990): Nachzucht der Venezuela-Schmuckschildkröte *Chrysemys scripta (ornata) chichiriviche* (PRITCHARD & TREBBAU, 1984). Sauria 12 (1): 11–14.

– (1989): DDR-Erstnachzucht von *Chrysemys callirostris*, der Pfauenaugen-Schmuckschildkröte und die Zeitigung von Schmuck-Schildkröten-Bastarden. Aquarien Terrarien 36 (12): 415–417.

KLEIN, N. (2006): Verhalten, Haltung und Nachzucht von *Pelusios castaneus* (SCHWEIGGER, 1812). Radiata 15 (3): 12–18.

KNIRR, M. (1982): Pflege und Zucht von *Pelomedusa subrufa olivacea*. Herpetofauna 4 (16): 28–31.

KOBER, I., & U. GEISSEL (2006): Welcher Typ passt zu mir? Die verschiedenen Lampen in der Terraristik. Terraria 1 (1): 17–21.

KÖHLER, G. (1997): Inkubation von Reptilieneiern. Grundlagen, Anleitungen, Erfahrungen. Offenbach.

– (2004): Inkubation von Reptilieneiern. 2. Aufl. Offenbach.

KÖLLE, P. (2002): Reptilienkrankheiten. Stuttgart.

KORNMANN, C. (1995): Aufzucht und Pflege der Stutz-Gelenkschildkröte. D. Aqu. u. Terr. Z. (Datz) 48 (1): 32–34.

KUNDERT, S. (2001) Köhlerschildkröte *Geochelone carbonaria* (SPIX, 1824). SIGS, Blatt Nr. 17, Einlage in SIGS-Info 10 (4).

– (2004): Haltung und Vermehrung der Köhlerschildkröte *Geochelone carbonaria* (SPIX, 1824). Testudo (SIGS) 13 (1): 21–36.

– (2005): Haltung der Spornschildkröte *Geochelone sulcata* (MILLER, 1779). Testudo (SIGS) 14 (3): 31–47.

LAMBERTZ, H., & K. LAMBERTZ (2002): Langjährige Zuchterfolge von *Clemmys guttata*. Elaphe 10 (1): 37–41.

– & – (2003): Erfahrungen bei der Haltung und Vermehrung der Moorschildkröte *Glyptemys muhlenbergii* (SCHOEPFF, 1801). Draco Terraristik-Themenheft Sumpfschildkröten, Nr. 13: 32–36.

LAMBERTZ, K. (1993): Nachtrag zum Vortrag „Haltung und Zucht von *Clemmys marmorata*“. Elaphe (N. F.) 1 (4): 28.

LANGMANN, J. (1987): Haltung und Zucht der Riesen-Erdschildkröte, *Heosemys grandis*. Aquarien Terrarien 34: 242–244.

LEHMANN, H. (1987): Hypothetische Überlegungen zur Schlupfproblematik von künstlich inkubierten Gelegen südamerikanischer Schildkrötenarten der Familie Chelidae. Salamandra 23 (2/3): 73–75.

– (1988): Beobachtungen bei einer ersten Nachzucht von *Platemys spixii* (DUMERIL & BIBRON, 1835) (Testudines: Chelidae). Salamandra 24 (1): 1–6.

LINDNER, J. (1993): Einige Beobachtungen zur Haltung und Nachzucht der Indischen Dachschildkröte (*Kachuga tecta*) (GRAY, 1831). Elaphe (N. F.) 1 (2): 4–8.

LÖHR, B., & T. WILMS (2003): Zur Haltung, Pflege und Vermehrung der Dreizehen-Dosenschildkröte – *Terrapene carolina triunguis* (AGASSIZ, 1857) – bis zur F_2-Generation. Draco-Terraristik-Themenheft Sumpfschildkröten, Nr. 13: 59–65.

MÄHN, M. (2001): Zur Haltung und Nachzucht der Braunen Landschildkröte, *Manouria emys emys* (SCHLEGEL & MÜLLER, 1844). Draco-Terraristik-Themenheft Tropische Landschildkröten, Nr. 8: 50–55.

– (2003): Die Europäische Sumpfschildkröte *Emys orbicularis* (LINNAEUS, 1759) – die ideale Schildkröte für den Gartenteich. Draco-Terraristik-Themenheft Sumpfschildkröten, Nr. 13: 19–24.

– & N. GRAF (2000): Zur Fortpflanzungsbiologie europäischer Landschildkröten am Beispiel der Breitrandschildkröte (*Testudo marginata*, SCHÖPFF 1792). Draco-Terraristik-Themenheft Mediterrane Landschildkröten, Nr. 2: 32–41.

MARSCHALL, A., & G. MARSCHALL (1993): Erfahrungen bei der Haltung und Nachzucht der Glattrand-Gelenkschildkröte *Kinixys belliana* GRAY, 1831. Sauria 15 (2): 9–13.

MAYR, E. (1967): Artbegriff und Evolution. Hamburg und Berlin.

MEDEM, F. (1961): Contribuciones al conomicien-to sobre la morfologia *Kinosternon dunni* K. P. SCHMIDT. Novedades Colombianas 1 (6): 446–476.

- (1964): Morphologie, Ökologie und Verbreitung der Schildkröte *Podocnemis unifilis* in Kolumbien. Senck. biol. 45 (3/5): 353–368.
- (1966): Controbuciónes al conocimiento sobre la ecologia y distribución geográfica de *Phrynops (Batrachemys) dahli* (Testudinatas, Pleurodira, Chelidae). Caldasia 9: 467–489.
- (1973): Beiträge zur Kenntnis über die Fortpflanzung der Buckel-Schildkröte, *Phrynops (Mesoclemmys) gibbus*. Salamandra 9 (3/4): 91–98.

MEIER, E. (1993): Lebensweise, Haltung und Zucht der Moorschildkröte (*Clemmys muhlenbergi*). Journ. der AG Schildkröten & Panzerechsen 2: 6.
- (2005): Bemerkungen zu Zhous Scharnierschildkröte, *Cuora zhoui* ZHAO, 1990. Radiata 14 (2): 34.

MEIER, H., & I. SCHAEFER (2003 a): Erfahrungen und Beobachtungen an *Chelus fimbriatus*, deren Haltung im Terrarium sowie die erfolgreiche Nachzucht. Radiata 12 (2): 3–20.
- & – (2003 b): Ergänzende Bemerkungen zur Nachzucht von *Chelus fimbriatus*. Radiata 12 (4): 15–24.

MÉTRAILLER, S. (2002): Haltung und Nachzucht der Rotkopf-Plattschildkröte *Platemys platycephala* (SCHNEIDER, 1792). Testudo (SIGS) 11 (3): 9–21.

MEYLAN, P. A. (1996): Skeletal morphology and relationships of the Early Cretaceous side-necked turtle, Araropemys barretoi (Testudines: Pelomedusoides: Araripemydidae), from the Santana Formation of Brazil. Journal of Vertebrate Paleontology, Northbrook 16(11): 20–33.

MITTERMEIER, R. A. (1971): Notes on the behavior and ecology of *Rhinoclemys annulata* GRAY. Herpetologica 27: 485–488.

MOLL, E. O. (1989): *Geochelone elegans*. In: I. R. SWINGLAND & M. W. KLEMENS (Hrsg.), The conservation biology of tortoises, Gland, I.U.C.N., Occ. Pap. I.U.C.N. Species Survival Comm. 5: 113–114.

MURPHY, J. B., & L. A. MITCHELL (1984): Breeding of the Aquatic box turtle *Terrapene coahuila*. Intern. Zoo Yearbook 23: 135–137.

MÜLLER, I., & D. MÜLLER (1994): Erfolgreiche Nachzucht von *Kachuga smithii* (GRAY, 1863). Elaphe (N. F.) 2 (2): 24–27.

MÜLLER, J. (1994): Einige Beobachtungen bei der Nachzucht der häufig gehaltenen Rotwangenschmuckschildkröte *Trachemys scripta elegans* (WIED, 1839). Elaphe (N. F.) 2 (2): 28–32.

MÜLLER, M. (1996): Handbuch ausgewählter Klimastationen der Erde. Trier, Forschungsstelle Bodenerosion der Universität Trier Mertesdorf (Ruwertal).

NATHS, V., & A. S. HENNIG (2005): Bemerkungen zur Haltung der Venezuela-Schmuckschildkröte, *Trachemys callirostris chichiriviche* (PRITCHARD & TREBBAU, 1984). Radiata 14 (4): 20–24.

NÖLLERT, A. (1992): Schildkröten. 2. Aufl. Hannover.

OBST, F. J. (1985): Schmuckschildkröten. Wittenberg.
- K. RICHTER & U. JACOB (1984): Lexikon der Terraristik und Herpetologie. Hannover.

PAULER, I. (1980): Lebensweise, Ernährung und Nachzucht von *Geoemyda pulcherrima manni*. D. Aqu. u. Terr. Z. (Datz) 33: 103–107.
- (1981): Zur Pflege und Zucht von *Claudius angustatus*. Herpetofauna 3 (13): 6–8.
- (1990): Zur Nachzucht der Spaltenschildkröte *Malacochersus tornieri* (SIEBENROCK, 1903). Herpetofauna 12 (66): 6–10.

PAWLOWSKI, S. (2001): Nachzucht der Rotbauch-Spitzkopfschildkröte *Emydura subglobosa* (KREFFT, 1876) – Bemerkungen zu Eiablage und Schlupferfolg. Elaphe 9 (4): 2–6.
- (2004): Erfolgreiche Überwinterung verschiedener aquatischer Schildkröten im Haus bei Temperaturen von 12–15 °C. Radiata 13 (2): 3–9.
- (2004): Unerwarteter Nachzuchterfolg bei der Kaspischen Flussschildkröte *Mauremys rivulata* VALENCIENNES, 1833. Elaphe 12 (3): 19–27.
- (2004): Weitere Erkenntnisse zu Reproduktionsvermögen und Schlupferfolg zweier Weibchen der Rotbauch-Spitzkopfschildkröte, *Emydura subglobosa* (KREFFT, 1876). Elaphe 12 (1): 35–45.
- (2005): Vergleichende Ei-Entwicklungsdauer der Europäischen Sumpfschildkröte, *Emys orbicularis* (LINNAEUS, 1758) und der Kaspischen Flussschildkröte, *Mauremys rivulata* (VALENCIENNES, 1833). Elaphe 13 (3): 29–33.
- & M. STRMAC (2003): Bemerkungen zur Nachzucht der Gelbrandscharnierschildkröte, *Cuora flavomarginata*, im Zimmerterrarium. Elaphe 11 (2): 27–32.
- & – (2006): Haltung und Nachzucht der Gelbrand-Scharnierschildkröte *Cuora flavomarginata* ssp. (GRAY 1863). Testudo (SIGS) 15 (3): 7–18.

PERÄLÄ, J. (2002 a): The genus *Testudo* (Testudines: Testudinidae) – phylogenic inferences. Chelonii 3: 32–39.
- (2002 b): Biodiversity in relatively neglected taxa of *Testudo* L., 1758 s. l. Chelonii 3: 40–53.

PHILIPPEN, H.-D., & I. JASSER-HÄGER (2002): Die Afrikanische Schnabelbrustschildkröte. In: Schildkröten. Sonderheft. D. Aqu. u. Terr. Z. (Datz): 70–72.
- & – (2002): Langjährige Zucht der Dreizehen-Dosenschildkröte. In: Schildkröten. Sonderheft. D. Aqu. u. Terr. Z. (Datz): 48–53.

PHILLIPS, C. A., W. W. DIMMICK & J. L. CARR. (1996): Conservation genetics of the common snapping turtle (*Chelydra serpentina*). Conservation Biology 10: 397–405.

PIEH, A. (2000): Impressionen aus verschiedenen Lebensräumen der Maurischen Landschildkröte (*Testudo graeca*) in Marokko – ein Reisebericht. Draco-Terraristik-Themenheft Mediterrane Landschildkröten, Nr. 2: 25–31.

PODLOUCKY, R. (1984): Bemerkungen zur Biologie, Haltung und Zucht der Rotbäuchigen Spitzkopfschildkröte (*Emydura albertisii*) aus Neuguinea. Herpetofauna 6 (30): 6–13.

POLDER, R. (1978): Die Zucht von *Sternotherus odoratus*. D. Aqu. u. Terr. Z. (Datz) 31: 280–281.

PRASCHAG, R. (1983): Zur Fortpflanzungsbiologie von *Kinosternon baurii* (GARMAN, 1891) mit Bemerkungen über eine abnorme Gelegehäufigkeit und die Embryonalentwicklung (Testudines: Kinosternidae). Salamandra 19 (3): 141–150.

PRAEDICOW, G. (1993): *Terrapene ornata* (AGASSIZ). Sauria, Suppl., 15 (1–4): 269–272.

PROKOP, H. (2006): Chov a odchov kubánské želvy *Trachemys decussata* (GRAY, 1831). Klub Chovatelú Želv 17 (49): 4–13.

REINHARDT, R., & H. REINHARDT (2005): Die Zwerg-Breitrandschildkröte, *Testudo marginata weissingeri*, TRUTNAU 1994 – Bemerkungen zur Haltung, Fortpflanzung und Aufzucht. Testudo (SIGS) 14 (2): 5–23.

RIEPPEL, O., & M. KEARNEY (2007): The poverty of taxonomic characters. Biology & Philosophy 22 (1): 95–113.

RODAMER, J. (2006): Bemerkungen zur Haltung und Vermehrung von *Terrapene carolina carolina*, *Terrapene carolina major* und *Terrapene carolina triunguis*. Radiata 15 (4): 50–52.

RÖDEL, M.-O. (1989): Haltung und Zucht der Kleinen Moschusschildkröte *Sternotherus minor minor* (AGASSIZ, 1857). Aquarama (4): 46–49.

– (1989): Pflege und Zucht der ostafrikanischen Klappbrustpelomeduse *Pelusios williamsi williamsi*. D. Aqu. u. Terr. Z. (Datz) 42 (7): 409–412.

ROGNER, H. (2001): Landschildkröten. Stuttgart.

ROGNER, M. (1995): Schildkröten 1. Hürtgenwald.

– (1996): Schildkröten 2. Hürtgenwald.

– (2001): Die Nabeul-Landschildkröte. D. Aqu. u. Terr. Z. (Datz) 54 (5): 60–64.

– (2001): *Kinixys belliana*. Zur Biologie, Haltung und Zucht der Glattrand-Gelenkschildkröte. Das Aquarium 385: 61–66.

– (2003): Wasserschildkröten. Stuttgart.

– (2005): Europäische Landschildkröten. Über ihre falsche und richtige Ernährung. Das Aquarium 432: 65–71.

– (2005): Griechische Landschildkröten. *Testudo hermanni hermanni*, *Testudo hermanni boettgeri*, *Testudo hermanni hercegovinensis*. Münster.

– (2006): Die Tunesische Landschildkröte. Terraria 1 (1): 54–58

– (2006): Mauritius für Anfänger. Reptilia 11 (4): 43–50.

– (2007): Breitrandschildkröten. Münster.

– (2008): Die europäischen Sumpfschildkröten. Schildkröten-Bibliothek, Nr. 4. Frankfurt. Im Druck.

RUDLOFF, H.-W.(1986): Beitrag zur Kenntnis der Zacken-Erdschildkröte *Geoemyda spengleri spengleri* (GMELIN, 1789). Herpetofauna 8 (80): 14–20.

– (1990): Vermehrung von Terrarientieren – Schildkröten. Leipzig, Jena, Berlin.

RUDOLPHI, M., & R. WESER (2000): Zucht der F_2-Generation bei der Riesenerdschildkröte *Heosemys grandis* (GRAY, 1860). Sauria 22 (3): 17–24.

SACHSSE, W. (1977): *Sternotherus m. minor*, seine Nachzucht und die damit verbundenen biologischen Beobachtungen (Reptilia: Testudines: Kinosternidae). Salamandra 13 (3/4): 157–165.

– & A. A. SCHMIDT (1976): Nachzucht in der zweiten Generation von *Staurotypus salvinii* mit weiteren Beobachtungen zum Fortpflanzungsverhalten (Testudines, Kinosternidae). Salamandra 12 (1): 5–16.

SCHÄFER, C. (2006): Haltung und Nachzucht von *Lissemys punctata* (BONNATERRE, 1789) (Rept. Test. Tryoni. Cyclanorbinae), Sauria, 28 (4): 39–44.

SCHÄFER, F. (1997): Gelbrand-Scharnierschildkröte, *Cuora flavomarginata*, ist eine landbewohnende Sumpfschildkröte. Das Aquarium, 335: 25–28.

SCHAEFER, I. (1986): Haltung und Nachzucht der Fransenschildkröte *Chelus fimbriatus* (SCHNEIDER, 1783) (Testudines: Chelidae). Salamandra 22 (4): 229–241.

SCHILDE, M. (1999 a): Haltung und Zucht von *Sacalia bealei* und *Sacalia quadriocellata*. Elaphe 7 (2): 2–6.

– (1999 b): Weitere Erkenntnisse zur Nachzucht der Vieraugenschildkröte, *Sacalia quadriocellata*. Elaphe 7 (4): 5–8.

– (2001): Schlammschildkröten. Münster.

– (2002): Die Großkopf-Schlammschildkröte. In: Schildkröten. Sonderheft. D. Aqu. u. Terr. Z. (Datz): 56–59

– (2002): Die Haltung und Zucht der Weißmaul-Klappschildkröte. Reptilia 7 (3): 32–35.

– (2002): Die Schlammschildkröten. Reptilia 7 (3): 26–31.

– (2003): Die Dornschildkröten der Gattung *Cyclemys* BELL, 1834. Draco-Terraristik-Themenheft Sumpfschildkröten, Nr. 13: 37–41.

– & E. LEHR (2002): Zur Haltung und Nachzucht von *Cyclemys tcheponensis* (BOURRET, 1939). Radiata 11 (1): 31–34.

SCHIPPERIJN, A. J. M. (1992): Een gedeeltelijke tweede-generatie kweek met de kolenbranderschildpad (*Geochelone carbonaria*) in gevangenschap. Lacerta 50 (6): 205–206.

SCHLEICHER, A. (2005): Die Areolen-Flachschildkröte, *Homopus areolatus* (THUNBERG, 1787). Beobachtungen und Erfahrungen: Lebensweise, Haltung, Nach- und Aufzucht. Reptilia 10 (6): 36–40.

SCHMALZ, M., & R. STEIN (1994): *Malacocherus tornieri*: Beobachtungen bei Haltung und Nachzucht. Salamandra 30 (1): 12–21.

SCHMIDT, H.-D. (1981): Die Schnappschildkröte (*Chelydra serpentina*), ihre Pflege und Nachzucht. D. Aqu. u. Terr. Z. (Datz) 34: 436–437.

SCHOLZ, G. (1990): Die Haltung und Nachzucht der Großkopf-Schlammschildkröte *Claudius angustatus* COPE, 1865. Sauria 12 (4): 7–9.

SCHULZ, S. (2001): Erfahrungsbericht über die Haltung und Zucht der Höckerschildkröten der Gattung *Graptemys*, im Besonderen von *Graptemys pseudogeographica pseudogeographica*, *Graptemys ouchitensis ouachitensis*, *Graptemys nigrinoda nigrinoda* und *Graptemys barbouri*. Radiata 10 (2): 3–14.

SCHUSTER, B. (1980): Zur Biologie von *Kinosternon leucostomum* in Gefangenschaft (Reptilia: Testudines: Kinosternidae) II. Eine alternative Zuchtmethode und das Auftreten melanistischer Jungtiere. Salamandra 16 (4): 195–202.

SCHWEIZER, H. (1965): Ei-Zeitigung, Aufzucht und Entwicklung einer Strahlenschildkröte (*Testudo radiata* SHAW). Salamandra (3): 67–73.

STEEHOUDER, T. (1994): Een kweerkervaring met de Afrikaanse Snavelbortschildpad (*Chersine angulata*). Lacerta 52 (5): 106–110.

STEPHENS, P. R., & J. J. WIENS (2003): Ecological diversification and phylogeny of emydid turtles. Biological Journal 79 (4): 577–610.

STUMPF, W. E., & T. PRIVETTE (1991): The steroid hormone of sunlight soltriol (Vitamin D) as a seasonal regulator of biological activities and photoperiodic rhytms. Steroid. Biochem. Mol. Biol. 39: 283–289.

SYMANSKI, D. (2004): Haltung und Nachzucht von McCords Schlangenhalsschildkröte *Chelodina mccordi* RHODIN, 1994. Radiata 13 (2): 10–16.

– (2004): Haltung und Nachzucht von McCords Schlangenhalsschildkröte *Chelodina mccordi* RHODIN, 1994. Radiata 13 (2): 10–16.

SZYMANSKI, S. (2005): Erfahrungen bei der Aufzucht, Haltung und Nachzucht der Schmuck-Diamantschildkröte (*Malaclemys terrapin macrospilota*). Radiata 14 (4): 3–12.

THEILE, S. (2002): Ranching und Aufzucht von *Testudo horsfieldii* in Usbekistan. Radiata 11 (4): 3–20.

THEILER, M. R. (2005): Beobachtungen bei der Haltung und Vermehrung von *Cuora pani* SONG, 1984. Radiata 14 (2): 41–42.

THIEME, E., & U. THIEME (1996): Haltung und Vermehrung der Halswenderschildkröte *Platemys platycephala*. Herpetofauna 18 (101): 27–31.

THIEME, U. (1979): Erfahrungen mit Weichschildkröten: Erste Nachzucht der chinesischen Weichschildkröte *Trionyx sinensis*. Aquarien Terrarien 26: 26–29.
– (1985): *Trionyx sinensis*, die Chinesische Weichschildkröte. D. Aqu. u. Terr. Z. (Datz), 38: 326–328.
THIERFELD, S., & S. HÖFLER-THIERFELD (2005): Kontinuierliche Nachzucht und Jungtierentwicklung bei der Gewöhnlichen Moschusschildkröte, *Sternotherus odoratus* (LATREILLE, 1801). Radiata 14 (1): 12–22.
TIKADER, B. K., & R. C. SHARMA (1985): Handbook of Indian Testudines. Calcutta, Zoological Survey of India: i–xiii + 1–156.
TRUTNAU, L. (1982): Erfolge und Mißerfolge mit *Elseya latisternum*. D. Aqu. u. Terr. Z. (Datz) 35: 232–235.
UHRIG, D., & D. S. LEE (2006): Pflege und Nachzucht der hochgradig gefährdeten Vietnamesischen Sumpfschildkröte, *Mauremys annamensis* (SIEBENROCK, 1903). Radiata 15 (1): 3–10.
ULLRICH, W. (1998): Sumpf- und Wasserschildkröten. Niedernhausen.
VAN PELT, T. (2001): *Kinixys belliana nogueyi* – die Glattrand-Gelenkschildkröte. Radiata 10 (4): 24–29.
VETTER, H. (2002): Terralog: Schildkröten der Welt Band 1, Afrika, Europa und Westasien. Frankfurt/M.
– (2004): Terralog: Schildkröten der Welt Band 2, Nordamerika. Frankfurt/M.
– (2005): Panther- und Spornschildkröte, *Stigmochelys pardalis* und *Centrochelys sulcata*. Schildkrötenbibliothek. Frankfurt.
– (2005): Terralog: Schildkröten der Welt Band 3, Mittel- und Südamerika. Frankfurt/M.
– & P. P. VAN DIJK (2006): Terralog: Schildkröten der Welt, Band 4, Ost- und Südasien. Frankfurt/M.
VINKE, T., & S. VINKE (1996): Köhlerschildkröte. Pflege und Zucht von *Chelonoidis carbonaria*. Das Aquarium 328: 44–47.
– & – (1998): Die Spaltenschildkröte. Das Aquarium 346: 50–54.
– & – (2001): Zwischen gnadenloser Trockenheit und tropischer Feuchte: Lebensräume der Köhlerschildkröte in Südamerika. Draco-Terraristik-Themenheft Tropische Landschildkröten, Nr. 8: 78–86.
– & – (2002): Der Chaco Boreal – Lebensraum der Argentinischen Landschildkröte. In: Schildkröten. Sonderheft. D. Aqu. u. Terr. Z. (Datz): 32–36.
– & – (2005): Die Strahlenschildkröte, eine faszinierende Schönheit (Schluss). D. Aqu. u. Terr. Z. (Datz) 58 (9): 30–34.
VISSER, G., & H. ZWARTEPOORTE (2005): Die Nachzucht der Papua-Weichschildkröte *Carettochelys insculpta* (RAMSAY, 1886). Radiata 14 (3): 3–12.
WEISSINGER, H. (1984): Erfolgreiche Haltung und Nachzucht der China-Sumpfschildkröte, *Chinemys megalocephala* FANG, 1934. Aquaria 9: 139–142.
WICKER, R. (1984): Beobachtungen bei mehrjähriger Zucht von *Phrynops geoffroanus geoffroanus* (SCHWEIGGER, 1812) (Testudines: Chelidae). Salamandra 20 (4): 185–191.
WILHOFT, D. C., E. HOTALING & P. FRANKS (1983): Effects of Temperature on Sex Determination in Embryos of the Snapping Turtle, *Chelydra serpentina*. Journ. Herpet. 17 (1): 38–42.
WILMS, T., & B. LÖHR (2000): Zur Haltung und Vermehrung der Steppenschildkröte (*Testudo horsfieldii* GRAY, 1844). Draco-Terraristik-Themenheft Mediterrane Landschildkröten, Nr. 2: 56–59.
– & – (2006): Häufig gestellte Fragen: „Wie lange sollte die Überwinterung dauern?" Reptilia, 11 (5): 90.
WIRTENSOHN, R. (1998): Die Zackenerdschildkröte (*Geoemyda spengleri*). SIGS, Blatt 2, SIGS-Info 7 (1).
WITTMUND, P. (2005): Haltung und Nachzucht von *Testudo kleinmanni* LORTET, 1883. Elaphe 13 (2): 33–34.
WOLFF, B. (2002): Haltung und Nachzucht der Argentinischen Schlangenhalsschildkröte, *Hydromedus tectifera* (COPE, 1869). Elaphe 10 (1): 31–36.
– (2003): Erfahrungen bei der Haltung und Nachzucht der Waldschildkröte (*Geochelone denticulata*). Radiata 12 (4): 3–8.
– (2004): Beschreibung einiger Habitate der Pantherschildkröte *Geochelone pardalis* (BELL, 1828), sowie Bericht über die Haltung und Zucht dieser Art. Radiata 13 (3): 3–15.
YASUKAWA, Y., H. OTA & T. HIKIDA (1992): Taxonomic Re-evaluation of the Two Subspecies of *Geoemyda spengleri spengleri* (GMELIN, 1789) (Reptilia: Emydidae). Jap. J. Herpetol. 14 (3): 143–159.
ZWARTEPOORTE, H. (2004): Haltung und Nachzucht der Madagassischen Spinnenschildkröte, *Pyxis arachnoides* BELL, 1827. Radiata 13 (1): 3–10.
– & R. DE BRUIN (2000): Haltung und mehrjährige Zucht der Chinesischen Gelbrand-Scharnierschildkröte *Cuora flavomarginata flavomarginata*. Reptilia 5 (3), 23: 56–59.

Vereinigungen

Um Mitglied in der Schildkröten-Arbeitsgemeinschaft werden zu können, muss man auch Mitglied in der DGHT sein. Dabei handelt es sich um die: **Deutsche Gesellschaft für Herpetologie und Terrarienkunde e. V.**, Postfach 1421, D-53351 Rheinbach, Tel. 02225-7033-33, Fax -38; www.dght.de, E-Mail gs@dght.de.

Schildkrötenfreunde Österreichs, Maria Ponsee 32, A-3454 Sitzenberg-Reidling.

Schildkröten-Interessengemeinschaft Schweiz (SIGS). Urs Jost, Dörfli 7, CH-6212 St. Erhard, ursh.jost@bluewin.ch, www.sigs.ch, E-Mail: sigs@sigs.ch.

Internationale Schildkröten-Vereinigung, Gerhard Schaffer Kirchplatz 6, A-3562 Stiefern.

Tierärzte, Untersuchungsstellen

Bei der DGHT wird eine Liste geführt, auf der die Tierärzte aufgeführt sind, die sich mit Reptilien beschäftigen:
http://dght.de/amphrep/tiergesundheit/tieraerzte.htm
Von diesen Tierärzten können Kotproben untersucht werden und Sektionen und andere Untersuchungen vorgenommen werden. Oft bedienen sie sich zur sicheren Diagnose auch der Dienste veterinärmedizinischer Untersuchungsstellen, die es in vielen Städten gibt. Einige dieser Einrichtungen sind überregional bekannt:

Exomed, Am Tierpark 64, D-10319 Berlin.

GEVO-Diagnostik, Jakobstr. 65, D-70794 Filderstadt.

Justus-von-Liebig-Universität Gießen, Institut für Geflügelkrankheiten, Frankfurter Str. 87, D-35392 Gießen.

Staatliches Veterinäruntersuchungsamt, Dr. Silvia Blahak, Westernfeldstr. 1, D-32758 Detmold.

Universität München, Institut für Zoologie, Fischereibiologie und Fischkrankheiten der tierärztlichen Fakultät, Kaulbachstr. 37, D-80539 München.

Register